大学数学の入門⑦

線形代数の世界

抽象数学の入り口

斎藤 毅――[著]

東京大学出版会

Linear Algebra
(Introductory Texts for Undergraduate Mathematics 7)
Takeshi SAITO
University of Tokyo Press, 2007
ISBN978-4-13-062957-7

はじめに

線形代数は，微積分とならんで，現代の数学を支える大きな柱である．数学のどの分野にも，線形代数的なものが現れる．代数では加群や表現，幾何では接空間や微分形式，解析では線形微分方程式や関数空間など，数え上げていけばきりがない．また，線形代数それ自体は，数学のさらに進んだ分野に比べれば簡単であり，それらの基礎になっている．

この本では，線形代数のふつうの入門書とは異なり，ベクトルや行列，行列式といった，基本的対象にはある程度慣れている読者を対象に，ジョルダン標準形などの進んだ話題や，双対空間，商空間，テンソル積などの抽象的な構成に重点をおいて解説する．より具体的には，数学を専攻して勉強しはじめた学生を，主な読者として想定している．

そのような読者には，数学独特の考え方や習慣，あるいは数学特有のことばの使いかたといったものはなじみが薄いかもしれない．そこでこうした点について，話の筋道からは逸れるかもしれないが知ってると役に立ちそうなことなどを，随所に「余談」としてつけ加えてある．

現代の数学では，抽象的，公理的方法が主流となっている．これは，鮮やかで強力な方法であり，この本の記述もそれによっている．一方で，数学を真に理解するには，抽象的な議論を追うだけではたりず，数学的な対象に実体感をもてるようになることが欠かせない．そのため，基本的な例をなるべく多数紹介し，演習問題では，具体例をたくさんとりあげている．

この本は，全 8 章からなり，その内容は，第 3 章までの前半と，第 4 章以降の後半に大きく分けられる．前半では，線形空間や線形写像についての定義やさまざまな例を紹介し，それらの基本的な性質を解説する．有限次元の線形空間には基底があり，基底によって，線形空間の典型的な例であるベクトルの空間からの同形が定まる．これを使えば，抽象的に定義された線形空間や線形写像も，ベクトルや行列で表示でき，線形空間と線形写像についての問題を，ベクトルと行列についての問題に翻訳できる．

第 3 章での目標は，有限次元線形空間の自己準同形についての，一般固有空間分解，ジョルダン標準形とケイリー - ハミルトンの定理である．ここでは，必要に応じ基底をとりかえて，自己準同形に適したものを選ぶことが要点である．この本では，自己準同形を調べるときに，その多項式への代入，特に最小多項式を重視する方法をとる．

後半では，双対空間，商空間，テンソル積などの，線形空間の標準的な構成を解説する．その他，双線形形式などの線形代数の進んだ話題や，群とその作用についても，簡単に紹介する．

この本のもととなったのは，2005 年度と 2006 年度に行った東京大学理学部数学科での 2 年生向け講義「代数と幾何」の講義ノートである．講義に出席し，多くの質問をとおしてノートの改良に寄与してくれた学生諸君に感謝する．

2007 年 5 月 3 日

斎藤　毅

目次

はじめに …… iii

この本の使い方 …… viii

第 1 章　線形空間 …… 1
1.1　体 …… 1
1.2　線形空間の定義 …… 6
1.3　線形空間の例 …… 12
1.4　部分空間 …… 17
1.5　次元 …… 25
1.6　無限次元空間* …… 32

第 2 章　線形写像 …… 38
2.1　線形写像の定義 …… 38
2.2　線形写像の例 …… 47
2.3　行列表示 …… 56
2.4　核と像 …… 64
2.5　完全系列と直和分解* …… 69

第 3 章　自己準同形 …… 76
3.1　最小多項式 …… 77
3.2　固有値と対角化 …… 85
3.3　一般固有空間と三角化 …… 92
3.4　巾零自己準同形とジョルダン標準形 …… 97
3.5　行列式 …… 105
3.6　固有多項式 …… 112

3.7　応用：漸化式をみたす数列と定数係数線形常微分方程式* …… 119

第 4 章　双対空間 …… 126
4.1　双対空間 …… 126
4.2　零化空間，再双対空間 …… 132
4.3　双対写像 …… 138
4.4　線形写像の空間* …… 144

第 5 章　双線形形式 …… 151
5.1　双線形形式 …… 151
5.2　対称形式 …… 157
5.3　エルミート形式 …… 164
5.4　交代形式* …… 171

第 6 章　群と作用 …… 173
6.1　群 …… 173
6.2　群の作用 …… 178
6.3　部分群 …… 184

第 7 章　商空間 …… 192
7.1　well-defined …… 192
7.2　商空間の定義 …… 194
7.3　商空間と線形写像 …… 199

第 8 章　テンソル積と外積 …… 207
8.1　双線形写像 …… 207
8.2　テンソル積 …… 209
8.3　線形写像のテンソル積 …… 218
8.4　外積と行列式* …… 223

問題の略解 …… 233

参考書 …… 269

記号一覧 …… 271

索引 …… 274

人名表 …… 278

第 3 刷以降での主な変更点

例 1.5.6 を例 1.5.10 に，定理 1.5.7 を定理 1.5.6 に，系 1.5.8 を系 1.5.7 に，系 1.5.9 を系 1.5.8 に，命題 1.5.10 を命題 1.5.9 にした．(第 3 刷)

さらに新しく補題 1.5.5 を加え，定義 1.5.5 を定義 1.5.6 に，定理 1.5.6 と系 1.5.7 をあわせて定理 1.5.7 にした．(第 6 刷)

命題 5.2.9 の証明を修正した．(第 5 刷)

命題 5.3.6 の証明を修正した．(第 6 刷)

この本の使い方

ベクトルや行列，行列式といった線形代数の基本的な概念について，最低限必要な定義などは書いてあるが，読者はそれらにある程度慣れていることを前提としている．集合や写像についての基本的な用語は，1.2 節などで必要に応じ簡単に復習するが，少しは慣れていることが望ましい．

定理や命題の証明は，かなりくわしく書いたが，それでも省略している部分もある．そのような部分は鵜呑みにせず，自分で確認することをすすめる．

各節の最後には，簡単なまとめと問題がある．問題は，A, B, C の 3 段階にわかれている．A は，定義や命題などの理解を確認するための問題である．B は，それよりは難しいが，やはり基本的な問題である．C は，進んだ話題と関係していたり，よく考えないと解けないような問題である．

巻末に，問題の略解がある．問題の答がわかったと思ったら，その解答を，細部まで正確に書いてみることをすすめる．そうすることで，理解が確かめられるし，もっとよい解き方がみつかることもある．明らかだと思ったところのほうがかえって思い違いはあるもので，専門の論文でも稀にみられる誤りは，簡単だから省略する，と書かれているところにみつかるものである．そうならないようにするには，証明を細部まで正確に書く習慣をつけることが，いちばんの近道である．

標題に * のついている節では，少し進んだ内容をあつかう．時間がないときなどはとばしても，先を読めるようになっている．各章の論理的なつながりは，だいたい下の図のようになっている．例えば，テンソル積を早く学びたいときは，第 1 章と第 2 章を読めば，第 7 章と第 8 章に進むことができる．第 6 章は，線形代数的に定義される群の例をのぞけば，他の章とは独立に読むこともできる．

各章のつながり

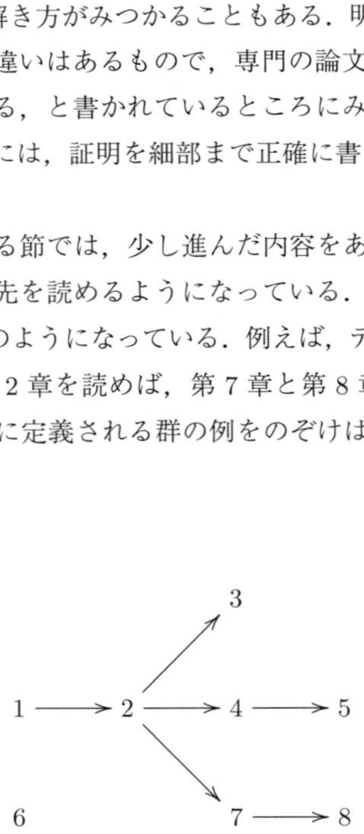

第1章 線形空間

線形代数であつかう対象は，まず第1に線形空間である．1.2節で線形空間を抽象的に定義し，1.3節でそのさまざまな例を紹介する．線形空間を考えるには，スカラー倍を考える範囲を決めておく必要があるので，1.1節で体の定義をしておく．線形空間のもっとも基本的な例は，ベクトルのなす線形空間である．ベクトルのなす線形空間の標準基底と同様な役割をはたすものとして，一般の線形空間の基底を1.2節で定義する．

線形空間の部分集合で線形空間になっているものが，部分空間である．1.4節では，部分空間のさまざまな例を紹介したあと，部分空間の和と共通部分について調べる．1.5節では，1次独立な元の性質を調べ，基底の元の個数として次元を定義する．基底の存在も証明し，部分空間の基底と次元についても調べる．

有限次元でない線形空間は，無限次元であるという．1.6節では，無限次元線形空間について簡単に解説する．

1.1 体

有理数や，実数，複素数には，加減乗除の四則演算が定義され，それらは，結合法則，交換法則，分配法則をみたしている．このような性質をみたすものを体(たい)とよぶ．有理数体 $\mathbb{Q}$，実数体 $\mathbb{R}$，複素数体 $\mathbb{C}$ が，体の典型的な例だが，他にも例1.1.2の有限体のように，いろいろな体がある．線形代数は，どんな体についても同じようになりたつので，体とは何か，抽象的に**定義** (definition) をしておく．「このような性質」ということばの意味を，はっきりさせておくためである．

抽象的な定義に慣れていなければ，これからでてくる K とは $\mathbb{R}$ か $\mathbb{C}$ のことだと思って読み進んでも，まったくさしつかえない．その場合には，体の定義とは，これから使うことになる $\mathbb{R}$ や $\mathbb{C}$ の性質を書きならべたものと考えれば十分である．

定義 1.1.1　K が**体** (field) であるとは，K に**加法** (addition) $+$ と**乗法** (multiplication) $\cdot$ が定義されていて，次の条件がみたされていることである．

(1) K の任意の元（げん） a, b, c に対し，$(a+b)+c = a+(b+c)$ がなりたつ．

(2) K の元 0 で，K の任意の元 a に対し，$a+0 = 0+a = a$ をみたすものがただ 1 つある．

(3) K の任意の元 a に対し，$a+b = b+a = 0$ をみたす K の元 b がただ 1 つある．

(4) K の任意の元 a, b に対し，$a+b = b+a$ がなりたつ．

(5) K の任意の元 a, b, c に対し，$(ab)c = a(bc)$ がなりたつ．

(6) K の 0 でない元 1 で，K の任意の元 a に対し，$a1 = 1a = a$ をみたすものがただ 1 つある．

(7) K の 0 でない任意の元 a に対し，$ab = ba = 1$ をみたす K の元 b がただ 1 つある．

(8) K の任意の元 a, b に対し，$ab = ba$ がなりたつ．

(9) K の任意の元 a, b, c に対し，$(a+b)c = ac+bc$, $a(b+c) = ab+ac$ がなりたつ．　□

体の乗法は記号 $\cdot$ で表わすが，積 $a \cdot b$ を ab とも書くのは，中学校以来やっているとおりである．

条件 (1)–(9) を，**体の公理** (axiom) という．(1) を加法に関する**結合則** (associative law) といい，(5) を乗法に関する結合則という．(4) を加法に関する**交換則** (commutative law)，(8) を乗法に関する交換則という．(9) を**分配則** (distributive law) という．

(2) の元 0 を体 K の**零元** (zero element) とよぶ．(2) では「ただ 1 つ」と書いたが，それは本当は余計で，零元がただ 1 つであることは次のように証明できる．$0_1, 0_2 \in K$ が，K の任意の元 a に対し，$a+0_1 = 0_1+a = a$, $a+0_2 = 0_2+a = a$ をみたすとすると，$0_1 = 0_1+0_2 = 0_2$ である．よって，(2) では「ただ 1 つ」と書かなくても同等な定義になる．(3), (6), (7) についても同様である．こういうことを1つ1つ確かめていくのはだいじなことだが，それではなかなか線形代数の話がはじまらないので，その証明は6.1節にまわして先に進むことにする．

(3) の元 b を $-a$ で表わす．(6) の元1を体 K の**単位元** (unit element) とよぶ．(7) の元 b を a^{-1} で表わし，a の**逆元** (inverse) とよぶ．体 K の零元と単位元は等しくないから，体 K は少なくとも2個の元を含む．

余談 1　上の定義で，記号 K は**集合** (set) を表わしている．この本では，集合とは何かということには立ち入らない．1つ1つの集合は，**元** (element) の集まりである．x が集合 X の元であるということを，$x \in X$ という記号で表わす．x が集合 X の元でないということは，$x \notin X$ という記号で表わす．

余談 2　「**任意の** (arbitrary) a に対して」とは，「どんな a についても」という意味である．(2) の文と (3) の文を比べてみると，(2) では，「ある」の意味上の主語の「0」が「任意の元 a」の前に出てくるのに対し，(3) では，「ある」の主語の「b」は「任意の元 a」の後に出てくる．この順序の違いは，次のような意味の違いを表わしている．

(2) では，K の元0があり，それは K のどんな元 a に対しても，$a+0=0+a=0$ をみたす，という意味になる．ここでは，0は a によらない1つの元でなくてはいけない．(3) では，K のどんな元 a に対しても，K の元 b で $a+b=b+a=0$ をみたすものがある，という意味になる．ここでは，b は a によってもかまわない．文の意味としては，b は a によってもよいし，よらない一定のものであってもよい．実際には，b は a によって変わるものである．

このように，ちょっとした言葉の順序の違いで，意味が大きく変わってしまうことがあるので，気をつけないといけない．

余談 3　(2) の文は「K の元0が一意的に存在して，K の任意の元 a に対し，$a+0=0+a=a$ をみたす.」のように書かれることがある．これは英文 “There exists a unique real number x satisfying the equation $ax=b$.” を，「実数 x が一意的に存在して，方程式 $ax=b$ をみたす.」と訳すようなもので，その意味は「方程式 $ax=b$ をみたす実数 x が存在し，しかもそのような x は1つだけである.」ということである．一意的というのは，unique の訳語で，ただ 1 つ，という意味である．

【例 1.1.2】 p を**素数** (prime number) として，$\mathbb{F}_p = \{0, 1, 2, \ldots, p-1\}$ とおく．$\mathbb{F}_p$ での加法，乗法を，$a, b \in \mathbb{F}_p$ に対し，$a+b$ を整数としての $a+b$ を p でわった余り，$a \cdot b$ を整数としての $a \cdot b$ を p でわった余りとして定義する．すると，$\mathbb{F}_p$ は体になる．

このように，有限個の元からなる体を，**有限体** (finite field) とよぶ．素数 p として 2 を考えれば，体 $\mathbb{F}_2$ はちょうど 2 個の元からなる．$\mathbb{F}_2$ では，$1+1=0$ であり，$-1=1$ である．有限体でない体を，無限体とよぶ．

定義 1.1.3 体 K が $\mathbb{Q}$ を含むとき，体 K の**標数** (characteristic) は 0 であるという．体 K が有限体 $\mathbb{F}_p$ を含むとき，体 K の標数は p であるという．□

ここで，体 K が $\mathbb{Q}$ を含むとは，**部分体** (subfield) として含むこと，つまり，$a, b \in \mathbb{Q}$ の和，積は $\mathbb{Q}$ の元として考えても，K の元として考えても同じということである．体 L が K を部分体として含むとき，L は K の**拡大体** (extension field) であるという．有限体 $\mathbb{F}_p$ についても同様である．

【例 1.1.4】 K を体とする．X の K 係数の有理式全体

$$K(X) = \left\{ \frac{f}{g} \;\middle|\; f, g \text{ は } X \text{ の } K \text{ 係数の多項式 (polynomial) で，} \quad g \neq 0 \right\}$$

は，体をなす．これを K 上の**有理関数体** (rational function field) という．

体の公理のうち，(1)–(7) と (9) をみたし (8) をみたさないものを，**斜体** (skew field) あるいは**非可換体** (non commutative field) という．(8) をみたすことを強調したいときは，体を**可換体** (commutative field) とよぶ．

余談 4 この本では，可換体だけを体とよび，非可換体を斜体とよぶことにするが，この用語の使い方は，本により異なる．条件 (8) をみたさなくても体とよぶこともあるし，みたしても斜体とよぶこともある．

【例 1.1.5】 $\mathbb{H} = \{a + bi + cj + dk \mid a, b, c, d \in \mathbb{R}\}$ とおく．$a + bi + cj + dk =$

$a'+b'i+c'j+d'k$ とは，$a=a', b=b', c=c', d=d'$ のこととする．$\mathbb{H}$ の加法を，

$$\begin{aligned}&(a+bi+cj+dk)+(a'+b'i+c'j+d'k)\\&=(a+a')+(b+b')i+(c+c')j+(d+d')k\end{aligned}$$

で定義する．乗法は，

$$i^2=j^2=k^2=-1, ij=-ji=k, jk=-kj=i, ki=-ik=j$$

と分配則で定義する．正確にいうと，

$$\begin{aligned}&(a+bi+cj+dk)\cdot(a'+b'i+c'j+d'k)\\&=(aa'-bb'-cc'-dd')+(ab'+ba'+cd'-dc')i\\&\quad+(ac'-bd'+ca'+db')j+(ad'+bc'-cb'+da')k\end{aligned}$$

で定義する．この加法と乗法により，$\mathbb{H}$ は斜体になる．これを**ハミルトンの 4 元数体** (Hamilton's quaternion field) という．

例題 1.1.6 $\mathbb{H}$ が，体の公理の (7) をみたすことを示せ．

解答 $x=a+bi+cj+dk\in\mathbb{H}$ に対し，$\overline{x}=a-bi-cj-dk$ とおく．すると，$x\overline{x}=\overline{x}x=a^2+b^2+c^2+d^2$ である．よって，$x=a+bi+cj+dk\neq 0$ ならば，$y=\dfrac{1}{a^2+b^2+c^2+d^2}\overline{x}$ とおけば，$xy=yx=1$ である．

まとめ
・実数の加減乗除の性質をまとめたものが，体の公理である．
・実数体，有理数体，複素数体が，体の基本的な例である．
・これらの他にも，有限体や，有理関数体など，いろいろな体がある．

問題

A 1.1.1 整数全体のなす集合 $\mathbb{Z}$ は，普通の加法と乗法に関して，体の公理の (7) をみたさないことを示せ．

B 1.1.2　有限体 $\mathbb{F}_p$ が，体の公理の (7) をみたすことを確かめよ．

1.2 線形空間の定義

数ベクトルの空間 $\mathbb{R}^n$ が $\mathbb{R}$ 線形空間の典型的な例だが，これからみるように，線形空間はそれ以外にもいくらでもある．それらすべてを統一的にあつかうことができるように，線形空間とは何か，抽象的に定義する．体の定義と同様に，線形空間の定義は，$\mathbb{R}^n$ の性質をまとめたものと考えることもできる．

定義 1.2.1　K を体とする．集合 V が **K 線形空間** (linear space) であるとは，V に**加法** $+$ と，K の元による**スカラー倍** (scalar multiplication) $\cdot$ が定義されていて，次の条件がみたされていることである．

(1) V の任意の元 x, y, z に対し，$(x+y)+z = x+(y+z)$ がなりたつ．

(2) V の元 0 で，V の任意の元 x に対し，$x+0 = 0+x = x$ をみたすものがただ 1 つある．

(3) V の任意の元 x に対し，$x+y = y+x = 0$ をみたす V の元 y がただ 1 つある．

(4) V の任意の元 x, y に対し，$x+y = y+x$ がなりたつ．

(5) K の任意の元 a と V の任意の元 x, y に対し，$a(x+y) = ax+ay$ がなりたつ．

(6) K の任意の元 a, b と V の任意の元 x に対し，$(ab)x = a(bx)$ と $(a+b)x = ax+bx$ がなりたつ．

(7) V の任意の元 x に対し，$1x = x$ がなりたつ．　□

条件 (1)–(7) を，**線形空間の公理**という．

余談 5　現代の数学では，まずこのように抽象的な定義からはじめる方法が主流になっている．その利点はまず，同じ議論を繰り返さないですむことである．これからみるように，線形空間には，ベクトルの空間，行列の空間，関数の空間，数列の空間など，さまざまな例がある．これらを個別にではなく，いっぺんにあつかうには，抽象的なあつかいが有効である．

もう少し積極的な理由としては，本来は違うはずのものが，同じ性質をもつことがわかることがある．例えば，漸化式をみたす数列と，定数係数線形常微分方程式の解は，まったく同じ性質をもつことが，3.7 節でわかる．これらは，数列と関数という，一見まったく違うものだが，抽象的に考えることにより，両者の共通の性質が明らかになる．さらにこれらは，同じものが 2 つの形をとって現われたものと考えることもできるようになる．抽象化によって，ものごとの本質がみえてくるということもできる．

直和をはじめ，双対空間，商空間，テンソル積など，いろいろな線形空間が，目的に応じて構成できるということも大きな利点である．これは，第 4 章以降の主題となる．もっと現代的な視点としては，線形空間を考える際に，それを 1 つだけとりあげて考えるよりは，他の線形空間との関係の中で考えた方がよい，という考え方がある．これについては 4.4 節で改めてふれる．

余談 6 線形空間や線形代数は，以前は線型空間や線型代数のように書くのがふつうだったが，最近は「型」よりも「形」を使う方が多くなってきている．この本では，これにあわせて，同形や準同形も「形」を使うことにした．

K 線形空間のことを，**$\boldsymbol{K}$ 上の線形空間**，**$\boldsymbol{K}$ ベクトル空間** (vector space) ともいう．K が文脈から明らかなときは，K を省略することが多い．(2) の元 0 を V の**零元**とよぶ．線形空間は必ず零元を含むから，**空集合** (empty set) $\emptyset$ ではない．(3) の y を $-x$ で表わす．問題 1.2.1 にあるように，任意の $x \in V$ に対し，$0x = 0$ であり，$-x = (-1) \cdot x$ である．

$V = K$ は，乗法をスカラー倍と考えることにより，K 線形空間となる．0 元だけからなる集合 $\{0\}$ は，線形空間になる．これを 0 で表わす習慣になっている．

余談 7 この記号では，$\{0\} = 0$ であり $0 \in 0$ ということになる．ここで，両辺の 0 は違うものを表わしているので，集合論の公理に反するわけではない．右辺は，線形空間としての 0 で，集合としては元として左辺の 0 だけを含む集合を略記したものである．左辺の 0 は 0 元であり，右辺の 0 とは違うものを表わしている．まぎらわしいが，慣れると特に違和感のない習慣である．

写像のことばを使えば，V に加法 $+$ が定義されているとは，写像 $+\colon V\times V \to V$ が定められているということである．K の元によるスカラー倍 $\cdot$ が定義されているとは，写像 $\cdot\colon K \times V \to V$ が定められているということである．

集合 X と Y の**積** (product)（**直積** (direct product) ともいう）$X \times Y$ とは，X の元と Y の元の対の集合 $\{(x, y) \mid x \in X, y \in Y\}$ である．積の元 (x, y) と (x', y') が等しいとは，$x = x'$ かつ $y = y'$ ということである．

ベクトル (vector) のなす空間が，線形空間のもっとも典型的な例である．K を体，$n \geq 0$ を自然数とすると，

$$K^n = \left\{ \begin{pmatrix} a_1 \\ \vdots \\ a_n \end{pmatrix} \middle| \; a_1, \ldots, a_n \in K \right\}$$

は，ベクトルの和とスカラー倍により K 線形空間になる．

$$\begin{pmatrix} a_1 \\ \vdots \\ a_n \end{pmatrix} + \begin{pmatrix} b_1 \\ \vdots \\ b_n \end{pmatrix} = \begin{pmatrix} a_1 + b_1 \\ \vdots \\ a_n + b_n \end{pmatrix}, \quad c \begin{pmatrix} a_1 \\ \vdots \\ a_n \end{pmatrix} = \begin{pmatrix} ca_1 \\ \vdots \\ ca_n \end{pmatrix}$$

である．$n = 0$ のとき，$K^0 = 0$ である．$n = 1$ のときは，$K^1 = K$ と考える．

K が有限体 $\mathbb{F}_p$ のとき，$\mathbb{F}_p^n$ の元の個数は p^n である．

余談 8　ベクトルは，高校では $\vec{a}$ や $\boldsymbol{a}$ のように特別な記号を使って表わした．数学の専門書では，ベクトルを表わすのにそのような特別な記号は使わない習慣なので，ここでもそれにしたがう．

ベクトルの空間を考えるとき，ベクトル $e_1 = \begin{pmatrix} 1 \\ 0 \\ \vdots \\ 0 \end{pmatrix}, \ldots, e_n = \begin{pmatrix} 0 \\ \vdots \\ 0 \\ 1 \end{pmatrix}$ は特別に役に立つものだった．一般の線形空間に対しても，これらのベクトルと同様の役割をはたすものを基底とよぶ．

定義 1.2.2　V を K 線形空間とし，$x_1, \ldots, x_n$ を V の元とする．$x_1, \ldots, x_n$

が V の**基底** (basis) であるとは，V の任意の元 x に対し，$x = a_1x_1 + \cdots + a_nx_n$ をみたすベクトル $a = \begin{pmatrix} a_1 \\ \vdots \\ a_n \end{pmatrix} \in K^n$ が，ただ 1 つ存在することをいう． □

$e_1, \ldots, e_n$ を K^n の**標準基底** (canonical basis) という．$V = 0$ のときは，0 個の元が V の基底である．$x_1, \ldots, x_n$ が基底であるというときは，その順序も考えている．例えば x_1, x_2 と x_2, x_1 とは，違う基底と考える．

余談 9　定義 1.2.2 の条件を，「V の任意の元は，$a_1x_1 + \cdots + a_nx_n$ の形に一意的に書ける」，あるいは，「$\cdots$ に一意的に表わされる」ともいう．これは，V のどんな元 x についても，$x = a_1x_1 + \cdots + a_nx_n$ と表わすことができて，しかもそのような表わし方はひととおりしかないという意味である．

余談 10　小学校で，かけ算とたし算のまざった式は，かけ算を先にすることを教わる．この規則の理由は，式 $a_1x_1 + \cdots + a_nx_n$ を，かっこを使わずに書くためと思われる．

基底の定義を写像の言葉を使って言い換える．そのまえに，写像について簡単に復習する．

写像 (mapping) $f\colon X \to Y$ とは，集合 X の各元 $x \in X$ に対し，集合 Y の元 $f(x) \in Y$ を対応させる規則のことである．X を f の**定義域** (domain) という．X, Y, Z が集合で，$f\colon X \to Y, g\colon Y \to Z$ が写像であるとき，**合成写像** (composition) $g \circ f\colon X \to Z$ は，$g \circ f(x) = g(f(x))$ で定義される．X, Y, Z, W を集合とし，$f\colon X \to Y, g\colon Y \to Z, h\colon Z \to W$ を写像とすると，写像の合成は**結合則** $h \circ (g \circ f) = (h \circ g) \circ f$ をみたす．

集合 X の任意の元 x を x 自身にうつす写像 $X \to X$ を，X の**恒等写像** (identity) とよび，id_X や 1_X という記号で表わす．もっと一般に，X が Y の**部分集合** (subset) のとき，X の任意の元 x を $x \in Y$ にうつす写像 $X \to Y$ を，**包含写像** (inclusion) とよび，ふつう i で表わす．積集合 $X \times Y$ の元 (x, y) に対し，第 1 成分 $x \in X$ を対応させる写像 $X \times Y \to X$ を**第 1 射影** (first projection) とよぶ．第 1 射影は pr_1 や p_1 で表わすことが多い．同様に，第

2 射影 $p_2 : X \times Y \to Y$ も定義される．

写像 $g\colon Y \to X$ が写像 $f\colon X \to Y$ の**逆写像** (inverse mapping) であるとは，$g \circ f = \mathrm{id}_X$ かつ $f \circ g = \mathrm{id}_Y$ がなりたつことをいう．写像 $f\colon X \to Y$ の逆写像が存在するとき，f は**可逆** (invertible) であるという．可逆な写像 $f\colon X \to Y$ の逆写像を，$f^{-1}\colon Y \to X$ で表わす．写像 $f\colon X \to Y$ が可逆であるためには，任意の $y \in Y$ に対し $y = f(x)$ をみたす X の元 x がただ 1 つ存在することが必要十分である．このとき，逆写像 $f^{-1} : Y \to X$ は $f^{-1}(y) = x$ で定まる．

X の部分集合 U に対し，Y の部分集合 $f(U) = \{f(x) \mid x \in U\}$ を U の**像** (image) とよぶ．$U = X$ のとき，X の像 $f(X) = \{f(x) \mid x \in X\}$ を f の像ともよぶ．Y の部分集合 V に対し，X の部分集合 $f^{-1}(V) = \{x \in X \mid f(x) \in V\}$ を V の**逆像** (inverse image) とよぶ．$y \in Y$ に対し，$\{y\}$ の逆像 $\{x \in X \mid f(x) = y\}$ を y の逆像ともよび，$f^{-1}(y)$ で表わす．部分集合 $U \subset X$ と $V \subset Y$ が $f(U) \subset V$ をみたすとき，$x \in U$ に対し $f(x) \in V$ を対応させる写像 $U \to V$ を f の U への**制限** (restriction) とよび，ふつう $f|_U$ で表わす．

写像 $f : X \to Y$ の像 $f(X)$ が Y に一致するとき，$f\colon X \to Y$ は**全射** (surjection, epimorphism) であるという．任意の $y \in Y$ に対し，逆像 $f^{-1}(y)$ の元の個数が 1 以下であるとき，$f\colon X \to Y$ は**単射** (injection, monomorphism) であるという．写像 $f\colon X \to Y$ が可逆であるためには，$f\colon X \to Y$ が全射かつ単射であることが必要十分である．

余談 11 可逆な写像は，ふつう**全単射** (bijection) とよばれるので，$f\colon X \to Y$ が可逆であることを証明するときには，$f\colon X \to Y$ が全射でありかつ単射であることを示そうと思うことが多い．しかし，実際には，逆写像を構成してしまうほうがわかりやすいことが多い．つまり，逆向きの写像 $g\colon Y \to X$ を定義して，合成 $g \circ f$ が X の恒等写像であることと $f \circ g$ が Y の恒等写像であることを示すということである．$g \circ f$ が X の恒等写像であるとは，X の任意の元 x に対し $g(f(x)) = x$ となることである．

双方向の写像を考えるということから，西欧語では全単射を bijection とよぶ．その訳語として，双射という言葉が全単射の同義語として提案されたが，定着しなかった．

余談 12 $f : X \to Y$ が写像であるとき，X を f の定義域とよぶが，Y については定着したよび方はないようである．

写像 $f\colon X \to Y$ が定める元の対応は，$x \mapsto f(x)$ のように，短いたて線のついた矢印で表わす．

一般の写像 $f : X \to Y$ に対しては，逆像 $f^{-1}(y) = \{x \in X \mid y = f(x)\}$ は X の部分集合を表わす．f が可逆なときには，同じ記号で逆写像 f^{-1} による像として X の元を表わす．このときは，1 つめの意味での $f^{-1}(y)$ はただ 1 つの元からなる集合であり，その元が 2 つめの意味での $f^{-1}(y)$ である．

$f : X \to Y$ の U への制限 $f|_U : U \to V$ を考えるとき，記号 $f|_U$ には，V は現われないので，注意する必要がある．

命題 1.2.3 V を線形空間とし，$x_1, \ldots, x_n$ を V の元とする．写像 $f\colon K^n \to V$ を，ベクトル $\begin{pmatrix} a_1 \\ \vdots \\ a_n \end{pmatrix} \in K^n$ を $a_1x_1 + \cdots + a_nx_n \in V$ にうつす写像とする．このとき，次の条件は同値である．

(1) $x_1, \ldots, x_n$ は V の基底である．

(2) 写像 $f\colon K^n \to V$ は可逆である．

(3) V の任意の元 x に対し，$x = a_1x_1 + \cdots + a_nx_n$ をみたす K の元 $a_1, \ldots, a_n$ が存在する．K の元 $b_1, \ldots, b_n$ が $b_1x_1 + \cdots + b_nx_n = 0$ をみたすならば，$b_1 = \cdots = b_n = 0$ である． □

余談 13 「条件 (1) と (2) が同値である」とは，「(1) ならば (2) であり，しかも (2) ならば (1) である」ということである．「(1) ならば (2) である」という命題を (1)⇒(2) という記号で表わし，「(1) と (2) が同値である」という命題を (1)⇔(2) という記号で表わす．この記号を使って書くと，(1)⇔(2) を証明したいときは，(1)⇒(2) と (2)⇒(1) を両方証明すればよいということになる．

証明 (1)⇔(2) を示す．基底の定義は，任意の $x \in V$ に対し，$f(a) = x$ をみたす $a \in K^n$ がただ 1 つ存在するということである．これは f が可逆ということである．

(1)⇒(3) は明らかである．(3)⇒(1) を示す．$x = a_1x_1 + \cdots + a_nx_n$ かつ $x = b_1x_1 + \cdots + b_nx_n$ とすると，$(b_1 - a_1)x_1 + \cdots + (b_n - a_n)x_n = 0$ である．よって，$b_1 - a_1 = \cdots = b_n - a_n = 0$ であり，$b_1 = a_1, \ldots, b_n = a_n$ である． ■

まとめ

- 加法とスカラー倍が定義されていて，数ベクトルの空間と同様な性質をみたすものを，線形空間とよぶ．
- 基底は，ベクトルの空間における標準基底と同じ役割をはたす．

問題

A 1.2.1 V を K 線形空間とし，x を V の元とする．

1. $x + x = x$ ならば $x = 0$ であることを示せ．
2. $0x = 0$ を示せ．
3. $(-1)x = -x$ を示せ．

A 1.2.2 $n \geq 2$ とし，$e_1, \ldots, e_n \in K^n$ を標準基底とし，$c_1, \ldots, c_n \in K$ とする．$1 \leq i < n$ に対し $x_i = e_i - e_{i+1}$ とおき，$x_n = c_1e_1 + \cdots + c_ne_n$ とおく．次の条件は同値であることを示せ．

(1) $x_1, \ldots, x_n$ は K^n の基底である．

(2) $c_1 + \cdots + c_n \neq 0$ である．

1.3 線形空間の例

線形空間とその基底の例を列挙する．

V, W が K 線形空間のとき，積 $V \times W = \{(x, y) \mid x \in V, y \in W\}$ は成分ごとの加法 $(x, y) + (x', y') = (x + x', y + y')$ とスカラー倍 $a(x, y) = (ax, ay)$ により，K 線形空間となる．これを V と W の**直和** (direct sum) とよび，$V \oplus W$ と表わす．$x_1, \ldots, x_n$ が V の基底で，$y_1, \ldots, y_m$ が W の基底であるとする．このとき，$(x_1, 0), \ldots, (x_n, 0), (0, y_1), \ldots, (0, y_m)$ は，$V \oplus W$ の基底である．これを，$x_1, \ldots, x_n$ と $y_1, \ldots, y_m$ をあわせて得られる基底という．

もっと一般に，$V_1, \ldots, V_n$ が K 線形空間のとき，$V_1 \times \cdots \times V_n = \{(x_1, \ldots, x_n) \mid x_1 \in V_1, \ldots, x_n \in V_n\}$ は成分ごとの加法とスカラー倍により，K 線形空間となる．これを $V_1, \ldots, V_n$ の直和とよび，$V_1 \oplus \cdots \oplus V_n$ と表わす．線形空間がいっぱいあるときも，上と同様に $V_1, \ldots, V_n$ の基底をあわせて，$V_1 \oplus \cdots \oplus V_n$ の基底が得られる．$V_1 = \cdots = V_n = V$ のとき，$V_1 \oplus \cdots \oplus V_n$ を $V^{\oplus n}$ あるいは V^n と表わす．

余談 14　直和の記号 V^n で，$V = K$ のときは，$K^n = \{(a_1, \ldots, a_n) | a_1, \ldots, a_n \in K\}$ となる．K の元 n 個の組 $(a_1, \ldots, a_n)$ をベクトル $\begin{pmatrix} a_1 \\ \vdots \\ a_n \end{pmatrix}$ と考えれば，この記号は前節の記号と矛盾しないことになる．

【例 1.3.1】　行列 (matrix) の空間：K を体，$m, n \geq 0$ を自然数とすると，

$$M_{mn}(K) = \left\{ \begin{pmatrix} a_{11} & a_{12} & \cdots & a_{1n} \\ a_{21} & a_{22} & \cdots & a_{2n} \\ \vdots & & \cdots & \vdots \\ a_{m1} & a_{m2} & \cdots & a_{mn} \end{pmatrix} \middle| \, a_{11}, \ldots, a_{1n}, \ldots, a_{mn} \in K \right\}$$

は行列の和とスカラー倍により K 線形空間になる．

$$\begin{pmatrix} a_{11} & a_{12} & \cdots & a_{1n} \\ a_{21} & a_{22} & \cdots & a_{2n} \\ \vdots & & \cdots & \vdots \\ a_{m1} & a_{m2} & \cdots & a_{mn} \end{pmatrix} + \begin{pmatrix} b_{11} & b_{12} & \cdots & b_{1n} \\ b_{21} & b_{22} & \cdots & b_{2n} \\ \vdots & & \cdots & \vdots \\ b_{m1} & b_{m2} & \cdots & b_{mn} \end{pmatrix}$$
$$= \begin{pmatrix} a_{11}+b_{11} & a_{12}+b_{12} & \cdots & a_{1n}+b_{1n} \\ a_{21}+b_{21} & a_{22}+b_{22} & \cdots & a_{2n}+b_{2n} \\ \vdots & & \cdots & \vdots \\ a_{m1}+b_{m1} & a_{m2}+b_{m2} & \cdots & a_{mn}+b_{mn} \end{pmatrix},$$

$$c\begin{pmatrix} a_{11} & a_{12} & \cdots & a_{1n} \\ a_{21} & a_{22} & \cdots & a_{2n} \\ \vdots & & \cdots & \vdots \\ a_{m1} & a_{m2} & \cdots & a_{mn} \end{pmatrix} = \begin{pmatrix} ca_{11} & ca_{12} & \cdots & ca_{1n} \\ ca_{21} & ca_{22} & \cdots & ca_{2n} \\ \vdots & & \cdots & \vdots \\ ca_{m1} & ca_{m2} & \cdots & ca_{mn} \end{pmatrix}$$

である．行列 $\begin{pmatrix} a_{11} & a_{12} & \cdots & a_{1n} \\ a_{21} & a_{22} & \cdots & a_{2n} \\ \vdots & & \cdots & \vdots \\ a_{m1} & a_{m2} & \cdots & a_{mn} \end{pmatrix}$ を (a_{ij}) のように表わすこともある．

行列の空間は，線形写像を記述するために重要である．$A = (a_{ij}) \in M_{mn}(K)$ の**転置** (transpose) $(a_{ji}) \in M_{nm}(K)$ を ${}^tA$ で表わす．

$n = 1$ のとき，$M_{m1}(K)$ は，ベクトルの空間 K^m と同じものである．

$1 \leq i \leq m, 1 \leq j \leq n$ に対し，第 ij 成分だけが 1 で他の成分はすべて 0 である行列 $E_{ij} \in M_{mn}(K)$ を，**行列単位** (matrix unit) という．$E_{11}, \ldots, E_{m1}, E_{12}, \ldots, E_{m2}, \ldots, E_{mn}$ は $M_{mn}(K)$ の基底である．

余談 15　記号 $M_{mn}(K)$ や，a_{ij} の中で，mn や ij は積 $m \times n$ や $i \times j$ ではなく，数 m と n や，i と j をただならべて書いたものである．まぎらわしいが，行列についてはそういう記号を使う習慣なので，ここでもそれにしたがう．行列以外では，ふつう i, j のように書くので，混乱の心配はない．

【例 1.3.2】　**関数** (function) の空間：無限回微分可能な関数全体がなす空間

$$C^\infty(\mathbb{R}) = \{f \colon \mathbb{R} \to \mathbb{R} \mid f \text{ は無限回微分可能 } \}$$

は，関数の和とスカラー倍により $\mathbb{R}$ 線形空間になる．$f, g \in C^\infty(\mathbb{R})$ に対し，その和 $h = f + g$ は，$h(x) = f(x) + g(x)$ で定義される関数である．スカラー倍についても同様である．

U を $\mathbb{C}$ の開集合とする．U 上の正則関数全体がなす空間

$$\mathcal{O}(U) = \{f \colon U \to \mathbb{C} \mid f \text{ は正則関数 } \}$$

は，関数の和とスカラー倍により $\mathbb{C}$ 線形空間になる．

余談 16 数学の本では，関数 $f\colon \mathbb{R}\to\mathbb{R}$ を表わす記号として，f と書き $f(x)$ とは書かないことが多い．これは，$f(x)$ というのは関数 f の x での値を表わす記号だからである．関数とは，x に対し $f(x)$ を対応させる規則だから，それを表わすには値を表わす記号 $f(x)$ ではなく，対応そのものを表わす記号 f を使った方が正確な表現である．

余談 17 $C^\infty(\mathbb{R})$ や $\mathcal{O}(U)$ などは，関数を元とする集合であり，そのようなものを考えるのは慣れないうちはとまどうが，これから先，このように関数あるいは写像を元とする集合をどんどんあつかうことになる．

商空間を構成するには，集合を元とする集合を考え，それらの和やスカラー倍を考えることになる．

【例 1.3.3】 数列 (sequence) の空間：$\{(a_0,\dots,a_n,\dots)\mid a_0,\dots,a_n,\dots\in\mathbb{R}\}$ は，数列の和とスカラー倍により $\mathbb{R}$ 線形空間になる．数列 $a_0,\dots,a_n,\dots$ を，以下では (a_n) のように表わす．例えば，(1) は定数列 1 を表わし，(n) は $a_n=n$ で定まる数列を表わす．

実数列 (a_n) とは，$a(n)=a_n$ で定まる写像 $a\colon\mathbb{N}\to\mathbb{R}$ のことだから，数列の空間を $\mathbb{R}^{\mathbb{N}}$ で表わす．

余談 18 記号 $\mathbb{N}$ は，自然数全体の集合を表わす．0 を自然数と考える人と，そうは考えない人がいる．ここでは，現代数学を体系的に記述したブルバキ『数学原論』の用語にしたがい，0 を自然数と考える．空集合は有限集合だから，その元の個数 0 は自然数であると考える方が便利なことが多いからである．

余談 19 集合 X,Y に対し，写像の集合 $\{f\mid f\colon X\to Y\}$ を Y^X で表わす．X の元の個数が n で，Y の元の個数が m なら，Y^X の元の個数が m^n となるからである．空集合から空集合への写像は，恒等写像ただ 1 つだから，$0^0=1$ ということになる．

【例 1.3.4】 多項式の空間：K を体とすると，K 係数の多項式の空間

$$K[X] = \{a_0 + a_1 X + \cdots + a_n X^n \mid n \in \mathbb{N},\ a_0, \ldots, a_n \in K\}$$

は，多項式の和とスカラー倍により，K 線形空間となる．

余談 20　関数の場合と同様に，多項式も $f(X)$ とは書かず f と書くことが多い．

【例 1.3.5】　写像の空間：X を集合とし，X から体 K への写像全体の集合を K^X で表わす．$K^X = \{f\colon X \to K\}$ である．$f, g \in K^X$ に対し，$h(x) = f(x) + g(x)$ で定まる写像 $h\colon X \to K$ を，f と g の和とよび $f + g$ で表わす．$f \in K^X, a \in K$ に対し，$h(x) = a \cdot f(x)$ で定まる写像 $h\colon X \to K$ を，f の a 倍とよび af で表わす．この加法とスカラー倍により，K^X は K 線形空間になる．

【例 1.3.6】　拡大体：$\mathbb{C}$ は加法と $\mathbb{R}$ の元による乗法により，$\mathbb{R}$ 線形空間となる．同様に，$\mathbb{R}$ は $\mathbb{Q}$ 線形空間となる．一般の体 K に対し，有理関数体 $K(X)$ は K 線形空間となる．

【例 1.3.7】　共役(きょうやく) (conjugate)：$a \in \mathbb{C}$ に対し，$\bar{a}$ で a の複素共役を表わす．V を $\mathbb{C}$ 線形空間とする．V のスカラー倍 $\cdot'$ を $a \cdot' x = \bar{a}x$ で定義しなおすと，V は $\mathbb{C}$ 線形空間になる．これを V の共役という．

【例 1.3.8】　複素化：V を $\mathbb{R}$ 線形空間とする．$V \oplus V$ に，複素数によるスカラー倍を $(a + b\sqrt{-1})(x, y) = (ax - by, bx + ay)$ で定義することにより，$V \oplus V$ は，$\mathbb{C}$ 線形空間になる．これを，V の複素化とよび，$V_{\mathbb{C}}$ で表わす．$(x, y) = (x, 0) + \sqrt{-1}(y, 0)$ である．

$x_1, \ldots, x_n$ を V の基底とすると，$(x_1, 0), \ldots, (x_n, 0)$ は，複素化 $V_{\mathbb{C}}$ の $\mathbb{C}$ 線形空間としての基底である．

まとめ

・線形空間には，ベクトルの空間と行列の空間の他にも，関数の空間，数列の空間，多項式の空間などいろいろなものがある．

問題

A 1.3.1 例 1.3.2 の空間 $C^\infty(\mathbb{R})$ が，線形空間の公理 (5) をみたすことを確かめよ．

A 1.3.2 $1, \sqrt{-1} \in \mathbb{C}$ は，$\mathbb{C}$ の $\mathbb{R}$ 線形空間としての基底であることを示せ．

A 1.3.3 X を有限集合とする．$x \in X$ に対し，写像 $e_x \colon X \to K$ を $e_x(x) = 1$, $e_x(y) = 0$ $(y \neq x,\ y \in X)$ で定める．X が n 個の元 $x_1, \ldots, x_n$ からなるなら，$e_{x_1}, \ldots, e_{x_n}$ は K^X の基底であることを示せ．

1.4 部分空間

線形空間の部分空間とは，部分集合であって，線形空間になるもののことをいう．正確には，次のように定義する．

定義 1.4.1 V を K 線形空間とする．W が V の K **部分空間** (subspace) であるとは，W が V の部分集合であって，次の条件をみたすことである．

(1) W の任意の元 x, y に対し，$x + y$ も W の元である．

(2) K の任意の元 a と W の任意の元 x に対し，ax も W の元である．

(3) V の零元 0 は W の元である． □

K 部分空間のことを K **線形部分空間**ともよぶ．K 部分線形空間とよぶこともある．K が文脈から明らかなときは，K を省略することが多い．

条件 (1) をみたすことを W は加法で**閉じている** (closed) といい，条件 (2) をみたすことを W はスカラー倍で閉じているという．W が V の K 部分空間であるとき，W の元の和やスカラー倍を，V の元としての和やスカラー倍と考えることによって，W は K 線形空間になる．以下，部分空間はこの加法とスカラー倍により，線形空間と考える．空集合は条件 (1) と (2) はみたすが，(3) をみたさない．空集合は線形空間ではないから，(3) は欠かすことのできない条件である．

任意の K 線形空間 V に対し，$0 = \{0\}$ と V 自身は V の部分空間である．V を線形空間とし，x を V の元とすると，$Kx = \{ax \mid a \in K\}$ は，V の部分空間である．$x = 0$ ならば，$Kx = 0$ であり，$x \neq 0$ ならば，x は Kx の基底である．

余談 21　X が Y の部分集合であることを，$X \subset Y$ という記号で表わす．$Y \supset X$ と表わすこともある．X が Y の部分集合であるとは，$x \in X \Rightarrow x \in Y$ ということである．$X \subset Y$ のとき，$X = Y$ ということもありうる．$X \subset Y$ かつ $X \neq Y$ ということは，$X \subsetneq Y$ という記号で表わす．

集合の等式 $X = Y$ を示したいときには，$X \subset Y$ と $Y \subset X$ をそれぞれ示せばよい．

部分空間を視覚的に表わすには，箱を使うと便利である．例えば，V の部分空間 W を図 1.1 の左図のように表わす．また，V の元 x と y が，$x \in W$ であり，$y \notin W$ であることを，図 1.1 の右図のように表わす．

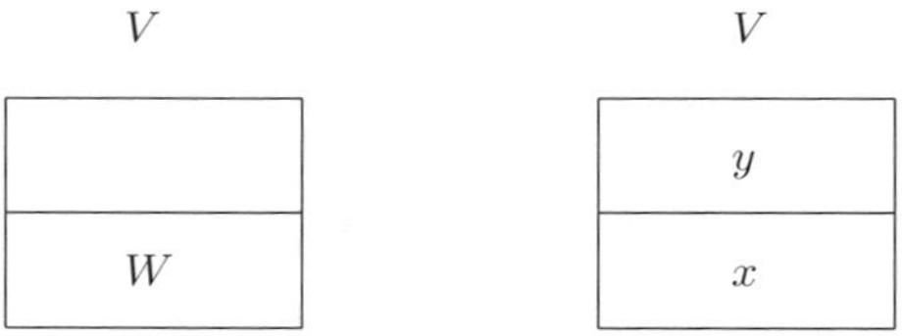

図 1.1　部分空間とその元

【例 1.4.2】　$m \leq n$ を自然数とする．

$$W = \left\{ \begin{pmatrix} x_1 \\ \vdots \\ x_n \end{pmatrix} \in K^n \,\middle|\, x_{m+1} = \cdots = x_n = 0 \right\} = \left\{ \begin{pmatrix} x_1 \\ \vdots \\ x_m \\ 0 \\ \vdots \\ 0 \end{pmatrix} \,\middle|\, x_1, \ldots, x_m \in K \right\}$$

は K^n の部分空間である．

この例が部分空間の典型的な例であることが，系 2.1.8.2 でわかる．

【例 1.4.3】 n 次**正方行列** (square matrix) の空間 $M_{nn}(K)$ を $M_n(K)$ と表わす．行列 $A=(a_{ij})\in M_n(K)$ が，$1\leq i<j\leq n$ に対し $a_{ij}=a_{ji}$ をみたすとき，A は**対称行列** (symmetric matrix) であるという．$1\leq i<j\leq n$ に対し $a_{ij}=-a_{ji}$ をみたし，$1\leq i\leq n$ に対し $a_{ii}=0$ をみたすとき，A は**交代行列** (alternating matrix) であるという．$1\leq i<j\leq n$ ならば $a_{ij}=a_{ji}=0$ であるとき，A は**対角行列** (diagonal matrix) であるという．$1\leq j<i\leq n$ に対し $a_{ij}=0$ であるとき，A は**上三角行列** (upper triangular matrix) であるという．

$$S_n(K)=\{A\in M_n(K)\mid A \text{ は対称行列 }\},$$
$$A_n(K)=\{A\in M_n(K)\mid A \text{ は交代行列 }\},$$
$$D_n(K)=\{A\in M_n(K)\mid A \text{ は対角行列 }\},$$
$$T_n(K)=\{A\in M_n(K)\mid A \text{ は上三角行列 }\}$$

は，どれも $M_n(K)$ の部分空間である．

【例 1.4.4】 定数係数線形**常微分方程式** (ordinary differential equation) の解の空間：自然数 $n\geq 0$ と，n 回微分可能な関数 f に対し，n 次導関数を $f^{(n)}$ で表わす．$f^{(0)}=f, f^{(1)}=f', f^{(2)}=f''$ である．

$m\geq 1$ を自然数とし，$p_1,\ldots,p_m$ を実数とする．

$$V=\{f\in C^\infty(\mathbb{R})\mid f^{(m)}=p_1f^{(m-1)}+\cdots+p_{m-1}f'+p_mf\}$$

は $C^\infty(\mathbb{R})$ の部分空間である．この線形空間は 3.7 節でくわしく調べる．

三角関数 $\cos,\sin$ は $\{f\in C^\infty(\mathbb{R})\mid f''=-f\}$ の基底であることも，3.7 節で示す．

【例 1.4.5】 **漸化式** (recurrence relation) をみたす数列の空間：$m\geq 1$ を自然数とし，$p_1,\ldots,p_m$ を実数とする．

$$W=\{(a_n)\in\mathbb{R}^{\mathbb{N}}\mid n\geq 0 \text{ に対し } a_{n+m}=p_1a_{n+m-1}+\cdots+p_{m-1}a_{n+1}+p_ma_n\}$$

は，数列の空間 $\mathbb{R}^{\mathbb{N}}$ の部分空間である．漸化式をみたす数列 $b_0,\ldots,b_{m-1}\in W$ を

$$b_i(j)=b_{i,j}=\begin{cases}1 & j=i\text{ のとき},\\ 0 & 0\le j<m, j\ne i\text{ のとき}\end{cases}$$

で定める．ベクトル $\begin{pmatrix}a_0\\ \vdots\\ a_{m-1}\end{pmatrix}\in\mathbb{R}^m$ に対し，数列 $c=a_0b_0+\cdots+a_{m-1}b_{m-1}\in W$ は，$0\le i<m$ に対し $c_i=a_i$ という条件をみたすただ 1 つの W の元だから，$b_0,\ldots,b_{m-1}$ は W の基底である．この線形空間も 3.7 節でくわしく調べる．

【例 1.4.6】　$n\ge 0$ を自然数とする．n 次以下の K 係数多項式のなす空間

$$V=\{a_0+a_1X+\cdots+a_nX^n \mid a_0,a_1,\ldots,a_n\in K\}$$

は $K[X]$ の部分空間である．$1,X,\ldots,X^n$ は V の基底である．

$f\in K[X]$ とする．f でわりきれる多項式の全体 $(f)=\{fg\mid g\in K[X]\}$ は $K[X]$ の部分空間である．

【例 1.4.7】　例 1.3.5 で定義した写像の空間 K^X の，部分空間 $K^{(X)}$ を

$$K^{(X)}=\{f:X\to K\mid f(x)\ne 0\text{ となる }x\in X\text{ は有限個 }\}$$

で定める．X が有限集合なら，$K^X=K^{(X)}$ である．X が無限集合なら，すべての元 $x\in X$ を $1\in K$ にうつす定数写像 $1\in K^X$ は $K^{(X)}$ の元ではなく，したがって $K^{(X)}\subsetneqq K^X$ である．X の元 x に対し，$e_x\in K^{(X)}$ を

$$e_x(y)=\begin{cases}1 & y=x\text{ のとき},\\ 0 & y\ne x\text{ のとき}\end{cases}$$

で定める．任意の $f\in K^{(X)}$ に対し，$f=\sum_{x\in X,f(x)\ne 0}f(x)e_x$ である．

W,W' が V の部分空間であるとき，**和** (sum) $W+W'=\{x+x'\mid x\in W,x'\in W'\}$ と**共通部分** (intersection) $W\cap W'=\{x\mid x\in W\text{ かつ }x\in W'\}$

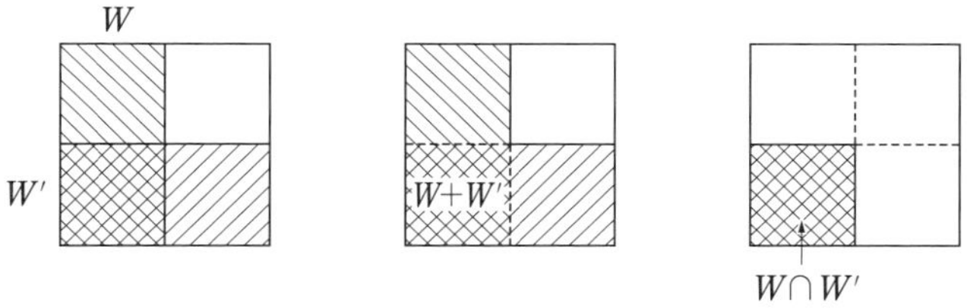

図 **1.2** 和と共通部分

も V の部分空間である．

もっと一般に，$W_1, \ldots, W_n$ が V の部分空間であるとき，和 $W_1 + \cdots + W_n = \{x_1 + \cdots + x_n \mid x_1 \in W_1, \ldots, x_n \in W_n\}$ と共通部分 $W_1 \cap \cdots \cap W_n = \{x \mid$ すべての $i = 1, \ldots, n$ に対し $x \in W_i\}$ も V の部分空間である．

定義 1.4.8 V を線形空間とし，$x_1, \ldots, x_n$ を V の元とする．

1. $Kx_1 + \cdots + Kx_n$ を，$x_1, \ldots, x_n$ によって生成される V の部分空間とよび，$\langle x_1, \ldots, x_n \rangle$ で表わす．$a_1x_1 + \cdots + a_nx_n$ $(a_1, \ldots, a_n \in K)$ の形の式，あるいはそのような式で表わされる元を，$x_1, \ldots, x_n$ の **1 次結合** (linear combination) という．

2. $V = \langle x_1, \ldots, x_n \rangle$ であるとき，$x_1, \ldots, x_n$ は V の**生成系** (system of generators) であるという．V は $x_1, \ldots, x_n$ によって**生成される** (generated) ともいう． □

1 次結合のことを**線形結合**ともいう．$n = 0$ のときは，$a_1x_1 + \cdots + a_nx_n = 0$ と考える．$\langle x_1, \ldots, x_n \rangle$ は，$x_1, \ldots, x_n$ の 1 次結合全体である．$n = 0$ のときは，$\langle\ \rangle = 0$ である．

命題 1.4.9 W, W' を V の部分空間とする．次の条件は同値である．

(1) $W \cap W' = 0$.

(2) $(x, x') \in W \oplus W'$ を $x + x' \in W + W'$ にうつす写像 $W \oplus W' \to W + W'$ は可逆である． □

証明 (1)⇒(2)：単射であることを示せばよい．$x, y \in W, x', y' \in W'$ が $x + x' = y + y'$ をみたすとすると，$x - y = y' - x' \in W \cap W' = 0$ であ

る．よって，$x-y=y'-x'=0$ であり，$(x,x')=(y,y')$ である．

(2)⇒(1)：$x \in W \cap W'$ とする．$(x,0),(0,x) \in W \oplus W'$ の $W+W'$ での像はどちらも x である．よって，$(x,0)=(0,x)$ であり，$x=0$ である．したがって，$W \cap W'=0$ である． ■

W, W' を V の部分空間とする．$W \cap W'=0$ のとき，和 $W+W'$ を**直和**とよび，$W \oplus W'$ で表わす．$W+W'=W \oplus W'$ ならば，$x_1,\ldots,x_n$ を W の基底，$y_1,\ldots,y_m$ を W' の基底とすると，$x_1,\ldots,x_n,y_1,\ldots,y_m$ は $W \oplus W'$ の基底である．

$V=W \oplus W'$ のとき，V は W と W' の直和に分解するという．

余談 22 命題 1.4.9 より，$W \cap W' = 0$ のときは，標準的な可逆写像 $W \oplus W' \to W + W'$ があるので，$W + W'$ を $W \oplus W'$ と書く．そうはいっても，一方は積集合であり，もう一方は V の部分空間だから，違うものを同じ記号で表わしていることになる．そこで，これらを区別したいときは，積集合として定義される直和を**抽象的な直和**といい，部分空間の和として定義される直和を**部分空間としての直和**とよぶ．抽象的な直和の元 (x,y) は，部分空間としての直和の元 $x+y$ に対応する．

命題 1.4.9(2) の写像 $W \oplus W' \to W + W'$ は，部分空間 $W, W' \subset V$ に対し定義される写像である．このように，ある状況のもとで定義される写像を，**自然な** (natural) **写像**または**標準的な** (canonical) **写像**という．「自然な」ということばの意味は，そこにもともとあったかのようにみえるもの，という程度のものであり，このような写像を自然な写像とよぶ，といった数学的な定義ができるようなものではない．何を自然な写像と考えるかは，数学的感覚（センス）の問題である．

$W \cap W'=0$ であるとき，自然な写像 $W \oplus W' \to W+W'$ により，抽象的な直和 $W \oplus W'$ と部分空間としての直和 $W \oplus W'$ を同一視する．この同一視により，抽象的な直和 $W \oplus W'$ の元 (x,x') と，部分空間としての直和 $W \oplus W'$ の元 $x+x'$ は同一視される．

余談 23 集合 X と Y が等しいとは，集合論の公理によれば，X の元と

Y の元が一致することである．しかし，上のように，標準的な 1 対 1 対応 $X \to Y$ があって，それにより X と Y は同じものであると考えたほうが便利なときは，その対応により，X と Y は等しいと考え，$X = Y$ と表わすことがよくある．こうするとき，X と Y を**同一視** (identify) するという．

これは，便利な表わし方ではあるが，X と Y を同一視するときには，どの対応により X と Y が同じものであると考えているかを，明らかにしておくことが必要である．

系 1.4.10 V を K 線形空間とし，W, W' を V の部分空間とする．$x_1, \ldots, x_n$ が $W \cap W'$ の基底，$x_1, \ldots, x_n, y_1, \ldots, y_m$ が W の基底，$x_1, \ldots, x_n, z_1, \ldots, z_r$ が W' の基底ならば，$x_1, \ldots, x_n, y_1, \ldots, y_m, z_1, \ldots, z_r$ は $W + W'$ の基底である． □

証明 $W'' = \langle z_1, \ldots, z_r \rangle$ とおく．$W' = (W \cap W') \oplus W''$ である．$W \cap W'' \subset (W \cap W') \cap W'' = 0$ だから，$W + W' = W + ((W \cap W') + W'') = W + W''$ は直和 $W \oplus W''$ である．$z_1, \ldots, z_r$ は W'' の基底だから，$x_1, \ldots, x_n, y_1, \ldots, y_m$ と $z_1, \ldots, z_r$ をあわせて，$W + W' = W \oplus W''$ の基底が得られる． ■

余談 24 他の命題から簡単に導くことのできる命題を，もとの命題の**系** (corollary) とよぶ．あとでてくる**補題** (lemma) とは，他の命題の証明の準備となる命題のことである．論理的にいえば，**命題** (proposition)，**定理** (theorem)，補題，系の間に差はなく，どれも証明される論理式のことである．数学的な価値判断によって，よび方を使い分けている．

$W_1, \ldots, W_n$ が V の部分空間で $(x_1, \ldots, x_n) \in W_1 \oplus \cdots \oplus W_n$ を $x_1 + \cdots + x_n \in W_1 + \cdots + W_n$ にうつす写像 $W_1 \oplus \cdots \oplus W_n \to W_1 + \cdots + W_n$ が可逆であるとき，$W_1 + \cdots + W_n = W_1 \oplus \cdots \oplus W_n$ と書く．$V = W_1 \oplus \cdots \oplus W_n$ であるとき，V は $W_1, \ldots, W_n$ の直和に分解するという．$x_1, \ldots, x_n \in V$ が V の基底であるとは，$V = Kx_1 \oplus \cdots \oplus Kx_n$ かつ $x_1, \ldots, x_n$ がどれも 0 でないということである．

【例 1.4.11】 $f \in K[X]$ を 0 でない多項式とし，その次数を $n \geq 0$ とする．W を $n-1$ 次以下の多項式全体のなす $K[X]$ の部分空間とし，$(f) = \{fg \mid$

$g \in K[X]\}$ とする．このとき，$K[X] = (f) \oplus W$ である．

多項式 $g \in K[X]$ を f でわった商を $q \in K[X]$，余りを $r \in W$ とする．$g \in K[X]$ に対し，$(fq, r) \in (f) \oplus W$ を対応させる写像 $K[X] \to (f) \oplus W$ は，自然な写像 $(f) \oplus W \to K[X]$ の逆写像である．

多項式 0 の次数は $-\infty$ と考える．

まとめ

- 線形空間の空でない部分集合で，加法とスカラー倍について閉じているものが，部分空間である．
- 線形空間の元をいくつかとれば，それらの 1 次結合全体は部分空間である．
- 部分空間の和や共通部分も部分空間になる．共通部分が 0 のときは，和は直和である．

問題

A 1.4.1　K^3 の部分空間 W, W' を，

$$W = \left\{ \begin{pmatrix} a \\ b \\ c \end{pmatrix} \middle| \, a + b + c = 0 \right\}, \quad W' = \left\{ \begin{pmatrix} a \\ b \\ c \end{pmatrix} \middle| \, a = b = c \right\}$$

で定める．e_1, e_2, e_3 を K^3 の標準基底とする．

1. $e_1 - e_3, e_2 - e_3$ は W の基底であることを示せ．
2. $W \cap W'$ と $W + W'$ を求めよ（K の標数が 3 のときは，他のときと違うことに注意）．

A 1.4.2　n を自然数とする．

1. 例 1.4.3 で定義した $M_n(K)$ の部分空間である，対称行列の空間 $S_n(K)$，交代行列の空間 $A_n(K)$，対角行列の空間 $D_n(K)$，上三角行列の空間 $T_n(K)$ の基底をそれぞれ 1 つ与えよ．

2. $S_n(K)$ と $T_n(K)$ の共通部分 $S_n(K) \cap T_n(K)$ は $D_n(K)$ であり，和

$S_n(K)+T_n(K)$ は $M_n(K)$ であることを示せ.

3. $M_n(K)=A_n(K)\oplus T_n(K)$ を示せ. K の標数が 2 でなければ, $M_n(K)=S_n(K)\oplus A_n(K)$ であることを示せ.

A 1.4.3 線形空間 V と, その部分空間 W_1, W_2, W_3 で, $W_1\cap W_2 = W_2\cap W_3 = W_3\cap W_1 = 0$ だが, $W_1+W_2+W_3$ が $W_1\oplus W_2\oplus W_3$ とはならない例を 1 つあげよ.

A 1.4.4 V を K 線形空間とし, W, W' を V の部分空間とする. $W\cup W'$ が V の部分空間ならば, $W\subset W'$ かまたは $W'\subset W$ であることを示せ.

B 1.4.5 V を K 線形空間とし, V', W, W' を V の部分空間とする. $W\supset W'$ ならば $(V'\cap W)+W'=(V'+W')\cap W$ となることを示せ.

B 1.4.6 $W_1,\ldots,W_n\subset V$ を部分空間とする. 次の条件は同値であることを示せ.

(1) $W_1+\cdots+W_n=W_1\oplus\cdots\oplus W_n$ である.

(2) すべての $i=1,\ldots,n$ に対し, $(W_1+\cdots+W_{i-1})\cap W_i=0$ である.

1.5 次元

線形空間の基底の元の個数は, 基底によらずに一定であり, それを次元とよぶ. まず, 線形空間の元の 1 次独立性について調べる.

定義 1.5.1 V を K 線形空間とし, $x_1,\ldots,x_n$ を V の元とする. $x_1,\ldots,x_n$ が $\langle x_1,\ldots,x_n\rangle$ の基底であるとき, $x_1,\ldots,x_n$ は **1 次独立** (linearly independent) であるという. □

1 次独立であることを**線形独立**であるともいう. 命題 1.2.3 より, $x_1,\ldots,x_n\in V$ が 1 次独立であるとは, $a_1x_1+\cdots+a_nx_n=0$ ならば $a_1=\cdots=a_n=0$ ということである. これは, $Kx_1+\cdots+Kx_n=Kx_1\oplus\cdots\oplus Kx_n$ かつ $x_1\neq 0,\ldots,x_n\neq 0$ ということとも同値である. $x_1,\ldots,x_n$ が V の基底であるためには, $x_1,\ldots,x_n$ が V の生成系で 1 次独立であることが必要十分である.

命題 1.5.2 V を線形空間とする．$x_1, \ldots, x_n \in V$ に対し，次の条件は同値である．

(1) $x_1, \ldots, x_n$ は1次独立である．

(2) $x_1, \ldots, x_{n-1}$ は1次独立であり，$x_n \notin \langle x_1, \ldots, x_{n-1} \rangle$ である． □

証明 (1)⇒(2)：$x_1, \ldots, x_n$ が1次独立とする．$x_1, \ldots, x_{n-1}$ も1次独立である．$x_n \notin \langle x_1, \ldots, x_{n-1} \rangle$ を示す．$x_n \in \langle x_1, \ldots, x_{n-1} \rangle$ だったとすると，$x_n = a_1x_1 + \cdots + a_{n-1}x_{n-1}$ をみたす $a_1, \ldots, a_{n-1} \in K$ が存在する．$a_1x_1 + \cdots + a_{n-1}x_{n-1} - x_n = 0$ となる．$x_1, \ldots, x_n$ が1次独立だから，$0 = -1$ となるが，これは体の公理 (6) に矛盾する．

(2)⇒(1)：$a_1x_1 + \cdots + a_nx_n = 0$ と仮定して，$a_1 = \cdots = a_n = 0$ を示す．まず $a_n = 0$ を示す．$a_n \neq 0$ だったとすると，$x_n = -\dfrac{1}{a_n}(a_1x_1 + \cdots + a_{n-1}x_{n-1}) \in \langle x_1, \ldots, x_{n-1} \rangle$ となって，矛盾である．よって，$a_n = 0$ であり，$a_1x_1 + \cdots + a_{n-1}x_{n-1} = 0$ となる．$x_1, \ldots, x_{n-1}$ は1次独立だから $a_1 = \cdots = a_{n-1} = 0$ である． ■

例題 1.5.3 $m \leq n$ とする．$\{(x_1, \ldots, x_m) \mid x_1, \ldots, x_m \in \mathbb{F}_p^n$ は1次独立$\}$ の元の個数は $(p^n - 1)(p^n - p) \cdots (p^n - p^{m-1})$ である．

解答 x_1 は $\mathbb{F}_p^n \setminus \{0\}$ の元を任意に選べる．これは $p^n - 1$ 個ある．x_{i-1} まで選んだとすると，x_i は $\mathbb{F}_p^n \setminus (\mathbb{F}_p x_1 + \cdots + \mathbb{F}_p x_{i-1})$ の元を任意に選べる．これは $p^n - p^{i-1}$ 個ある．これを $i = 1$ から m までかければよい．

これは，順列の個数 ${}_nP_m$ が $n(n-1) \cdots (n-m+1)$ であることの証明とよく似ている．

余談 25 集合 X の部分集合 Y に対し，X の部分集合 $\{x \in X \mid x \notin Y\}$ を，Y の**補集合** (complement) といい，$X \setminus Y$ で表わす．$X - Y$ と表わすこともあるが，記号 $X - Y$ は $\{x - y \mid x \in X, y \in Y\}$ を表わすこともあるので，この本では記号 $X \setminus Y$ を使う．

定理 1.5.4 V を K 線形空間とする．$x_1, \ldots, x_m$ と $y_1, \ldots, y_n$ がどちらも V の基底ならば，$m = n$ である． □

（証明の前に）$m = n$ とは，たがいに逆写像である写像 $f\colon \{1, \ldots, m\} \to$

$\{1,\ldots,n\}$ と $g\colon \{1,\ldots,n\} \to \{1,\ldots,m\}$ があるということである．f,g を定義するために，部分空間の列 $V_i = \langle x_1,\ldots,x_i\rangle$ と $W_j = \langle y_1,\ldots,y_j\rangle$ を考える．$f(i)$ を $x_i \in V_{i-1}+W_j$ をみたす最小の j とおくことで定義する．g を x_i と y_j の役割をいれかえて定義する．$f(i)=j$ と $g(j)=i$ が同値であることを確かめれば，定理が証明される．

$f(i)=j$ と $g(j)=i$ が同値であることを示すために，次の補題を準備する．

補題 1.5.5　V を線形空間とし，V' を V の部分空間，x, y を V の元とする．次の条件 (1) と (2) は同値である．

(1) $x \notin V'$ かつ $x \in V'+Ky$ である．

(2) $y \notin V'$ かつ $y \in V'+Kx$ である．　□

証明　V の部分空間の包含関係

$$\begin{array}{ccc} V'+Ky & \overset{\text{(c)}}{\subset} & V'+Kx+Ky \\ \text{(b)}\ \cup & & \cup\ \text{(d)} \\ V' & \overset{\text{(a)}}{\subset} & V'+Kx \end{array}$$

を考える．条件 $x \notin V'$ は，(a) が等号でないことと同値である．同様に条件 $x \in V'+Ky$ は，(c) が等号であることと同値である．よって (1) は

(1′) (a) は等号でなく，(c) は等号である．

と同値である．同様に，(2) は

(2′) (b) は等号でなく，(d) は等号である．

と同値である．

((1) かつ (1′))⇒(2′) を示す．$x \in V'+Ky$ だから，$x = z+ay$ をみたす $z \in V'$ と $a \in K$ が存在する．$x \notin V'$ だから，$a \neq 0$ であり，$y = \dfrac{1}{a}(x-z) \in V'+Kx$ である．よって，(d) は等号である．(c) も等号であり (a) は等号でないから (b) は等号でない．よって ((1) かつ (1′))⇒(2′) が示された．同様に ((2) かつ (2′))⇒(1′) も示されるから条件 (1), (1′), (2), (2′) はすべて同値である．　■

定理 1.5.4 の証明　まず，写像 $f : \{1,\ldots,m\} \to \{1,\ldots,n\}$ を定義する．部分空間の列 $0 = V_0 \subset V_1 \subset \cdots \subset V_i \subset \cdots \subset V_m = V$ を，$V_i = \langle x_1,\ldots,x_i\rangle$ で定める．同様に，$W_j = \langle y_1,\ldots,y_j\rangle$ とおく．

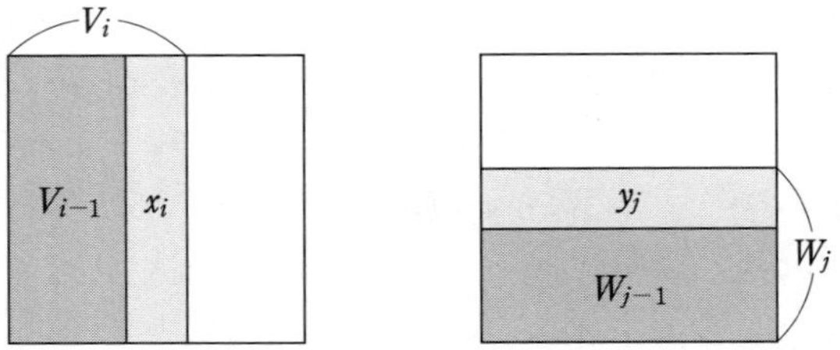

図 **1.3**　V_i と W_j

各 $i = 1, \ldots, m$ に対し，部分空間の増大列

$$V_{i-1} = V_{i-1} + W_0 \subset V_{i-1} + W_1 \subset \cdots \subset V_{i-1} + W_n = V$$

を考える．命題 1.5.2 より，$x_i \notin V_{i-1} = V_{i-1}+W_0$ である．$x_i \in V = V_{i-1}+W_n$ だから，$x_i \in V_{i-1} + W_j$ をみたす最小の $1 \leq j \leq n$ が定まる．この j を $f(i)$ とおくことで，写像 $f\colon \{1, \ldots, m\} \to \{1, \ldots, n\}$ を定める．x_i と y_j の役割をいれかえて，写像 $g\colon \{1, \ldots, n\} \to \{1, \ldots, m\}$ を同様に定義する．

これらが，たがいに逆写像であることを示す．$1 \leq i \leq m$ と $1 \leq j \leq n$ に対して，$f(i) = j$ と $g(j) = i$ が同値であることを示せばよい．$f(i) = j$, $g(j) = i$ とは，それぞれ補題 1.5.5 の条件 (1) と (2) で V', x, y として $V_{i-1}+W_{j-1}, x_i, y_j$ とおいたものである．よって，g は f の逆写像である．■

定義 1.5.6　V を線形空間とする．n 個の元からなる V の基底 $x_1, \ldots, x_n$ が存在するとき，V は**有限次元** (finite dimension) であるといい，n を V の**次元** (dimension) という．V の次元を $\dim V$ で表す．

V が有限次元でないとき，V は**無限** (infinite) **次元**であるという．□

K^n の次元は n である．$0 = K^0$ の次元は 0 である．

定理 1.5.7　V を K 線形空間とし，$x_1, \ldots, x_n$ を V の生成系とする．

1. $0 \leq m \leq n$ とし，$x_1, \ldots, x_m$ は 1 次独立であるとする．$m < i_1 < \cdots < i_r \leq n$ を，

$$\{i_1, \ldots, i_r\} = \{i \mid m < i \leq n, x_i \notin \langle x_1, \ldots, x_{i-1} \rangle\}$$

で定めると，$x_1, \dots, x_m, x_{i_1}, \dots, x_{i_r}$ は V の基底である．

2. V は有限次元であり $\dim V \leq n$ である．$\dim V = n$ ならば $x_1, \dots, x_n$ は V の基底である．

3. $y_1, \dots, y_m \in V$ が線形独立とする．$m \leq \dim V$ である．$m = \dim V$ ならば，$y_1, \dots, y_m$ は V の基底である． □

証明 1. $l = n - m \geq 0$ とおき，l に関する帰納法で示す．$l = 0$ のときは，$x_1, \dots, x_m$ は 1 次独立な V の生成系だから，V の基底である．

$l > 0$ とする．$W = \langle x_1, \dots, x_{n-1} \rangle$ とおき，W の生成系 $x_1, \dots, x_{n-1}$ に帰納法の仮定を適用する．$i_r \neq n$ のときは，$x_n \in W = V$ である．帰納法の仮定より $x_1, \dots, x_m, x_{i_1}, \dots, x_{i_r}$ が $W = V$ の基底である．$i_r = n$ のときは帰納法の仮定より，$x_1, \dots, x_m, x_{i_1}, \dots, x_{i_{r-1}}$ が W の基底である．$x_n \notin W = \langle x_1, \dots, x_m, x_{i_1}, \dots, x_{i_{r-1}} \rangle$ だから，命題 1.5.2 より，$x_1, \dots, x_m, x_{i_1}, \dots, x_{i_{r-1}}, x_n$ は 1 次独立である．これは，$V = W + Kx_n$ の基底である．

2. 1 より，V は有限次元であり $\dim V = m + r \leq n$ である．等号がなりたてば，$x_1, \dots, x_m, x_{i_1}, \dots, x_{i_r}$ は $x_1, \dots, x_n$ と一致する．

3. V の生成系 $y_1, \dots, y_m, x_1, \dots, x_n$ に 1. を適用すれば，V の基底 $y_1, \dots, y_m, x_{i_1}, \dots, x_{i_r}$ が得られる．$m \leq m + r = \dim V$ である．等号がなりたてば $r = 0$ であり，$y_1, \dots, y_m$ は V の基底である． ■

例題 1.5.3 と定理 1.5.7.3 より，$\{\, \mathbb{F}_p^n$の基底$\}$ の元の個数は $(p^n - 1)(p^n - p) \cdots (p^n - p^{n-1})$ である．

系 1.5.8 V を線形空間とする．

1. 次の条件は同値である．

(1) V は有限次元である．

(2) V の生成系で，有限個の元からなるものがある．

(3) 自然数 n で，$x_1, \dots, x_m \in V$ が 1 次独立ならば $m \leq n$ となるものがある．

2. V が有限次元であるとし，$n = \dim V$ とする．$x_1, \dots, x_m \in V$ に対し，次の条件は同値である．

(1) $x_1, \dots, x_m$ は V の基底である．

(2) $x_1, \dots, x_m$ は V の生成系で，$m = n$ である．

(3) $x_1, \ldots, x_m$ は1次独立で，$m = n$ である． □

証明 1. (1)⇒(2)：$x_1, \ldots, x_n$ が V の基底ならば，V の生成系である．

(2)⇒(3)：$y_1, \ldots, y_n$ を V の生成系とする．$x_1, \ldots, x_m \in V$ が1次独立ならば，定理 1.5.7 の 2. と 3. より，$m \leq n$ である．

(3)⇒(1)：$m \leq n$ を V の1次独立な元の個数の最大値とし，$x_1, \ldots, x_m \in V$ が1次独立とする．$V = \langle x_1, \ldots, x_m \rangle$ を示せばよい．$x \in V \setminus \langle x_1, \ldots, x_m \rangle$ とすると，命題 1.5.2 より，$x_1, \ldots, x_m, x$ が1次独立となって，m が最大値であることに矛盾する．

2. 定理 1.5.4 と定理 1.5.7 の 2. と 3. より明らかである． ■

命題 1.5.9 V を有限次元線形空間とする．V の部分空間 W について，次がなりたつ．

1. W は有限次元であり，$\dim W \leq \dim V$ である．$\dim W = \dim V$ と $W = V$ は同値である．

2. $n = \dim V$ とし，$x_1, \ldots, x_m$ を W の基底とする．V の元 $x_{m+1}, \ldots, x_n$ で，$x_1, \ldots, x_n$ が V の基底となるものが存在する．

3. V の部分空間 W' で，$V = W \oplus W'$ をみたすものが存在する． □

証明 1. $n = \dim V$ とする．$x_1, \ldots, x_m \in W$ が1次独立なら，定理 1.5.7.3 より，$m \leq n$ である．よって，系 1.5.8.1 より，W は有限次元である．$x_1, \ldots, x_m$ が W の基底なら，1次独立だから $m \leq n$ である．系 1.5.8.2 より，$m = n$ は $x_1, \ldots, x_m$ が V の基底でもあることと同値である．

2. $y_1, \ldots, y_n$ を V の基底とする．定理 1.5.7.1 より，$1 \leq i_1 < \cdots < i_r \leq n$ で，$x_1, \ldots, x_m, y_{i_1}, \ldots, y_{i_r}$ が V の基底となるものが存在する．$1 \leq j \leq r = n - m$ に対し，$x_{m+j} = y_{i_j}$ とおけばよい．

3. 2の証明の記号を使う．$W' = \langle x_{m+1}, \ldots, x_n \rangle$ とおけば，$V = W \oplus W'$ である． ■

2の条件をみたす V の基底 $x_1, \ldots, x_n$ を，W の基底 $x_1, \ldots, x_m$ の**延長**という．3がなりたつことを，W は V の**直和因子** (direct summand) であるという．また3の W' を W の**補空間** (complementary subspace) という．1.6 節で，V が無限次元であっても，任意の部分空間 $W \subset V$ は直和因子であることを示す.

【例 1.5.10】 V を線形空間とし，W, W' を V の有限次元部分空間とする．命題 1.5.9 より系 1.4.10 の条件をみたす基底が存在するから，

$$\dim(W + W') = \dim W + \dim W' - \dim(W \cap W')$$

である．$W \cap W' = 0$ のときは，$\dim(W \oplus W') = \dim W + \dim W'$ である．

まとめ

・線形空間の基底の元の個数は，どんな基底についても一定である．この個数を次元とよぶ．

・有限個の元で生成される線形空間は有限次元である．有限次元線形空間の部分空間も有限次元である．

・有限次元線形空間の部分空間はいつも直和因子である．

問題

A 1.5.1 補題 1.5.5 の証明の中で，体の公理 (7) を使ったところをみつけよ．

A 1.5.2 $n \geq 3$ とし，$e_1, \ldots, e_n$ を $\mathbb{R}^n$ の標準基底とする．

1. $e_i + e_j, 1 \leq i < j \leq n$ は $\mathbb{R}^n$ の生成系であることを示せ．

2. $e_1 + e_2, \ldots, e_1 + e_n$ は 1 次独立なことを示せ．

3. $e_1 + e_2, \ldots, e_1 + e_n, e_i + e_j$ が $\mathbb{R}^n$ の基底であるための，$1 \leq i < j \leq n$ についての条件を求めよ．

A 1.5.3 V を有限次元線形空間とする．V の部分空間 W と W' に対し，次の条件は同値であることを示せ．

(1) $V = W \oplus W'$.

(2) $\dim V = \dim W + \dim W'$ かつ $W \cap W' = 0$.

B 1.5.4 $\mathbb{R}^{\mathbb{N}}$ の部分空間 V, W, W', W'' を，

$$V = \{(a_n) \in \mathbb{R}^{\mathbb{N}} \mid n \geq 0 \text{ に対し } a_{n+3} = a_{n+2} + a_{n+1} - a_n\},$$
$$W = \{(a_n) \in \mathbb{R}^{\mathbb{N}} \mid n \geq 0 \text{ に対し } a_{n+2} = 2a_{n+1} - a_n\},$$
$$W' = \{(a_n) \in \mathbb{R}^{\mathbb{N}} \mid n \geq 0 \text{ に対し } a_{n+2} = a_n\},$$
$$W'' = \{(a_n) \in \mathbb{R}^{\mathbb{N}} \mid n \geq 0 \text{ に対し } a_{n+1} = -a_n\}$$

で定める．次のことを示せ．

1. $\dim V = 3$.
2. $W \cap W'$ は，定数列全体のなす空間 $\{(a) \mid a \in \mathbb{R}\}$ である．
3. $W + W' = V$.
4. $V = W \oplus W''$.
5. 数列 $(1), (n), ((-1)^n)$ は，V の基底である．

B 1.5.5　$n \geq 0$ を自然数とし，$W_n \subset K[X]$ を n 次以下の多項式全体のなす部分空間とする．$1, X, X(X-1), \ldots, X(X-1)\cdots(X-(n-1))$ は W_n の基底であることを示せ．

1.6　無限次元空間*

線形空間が有限個あることを表わしたいときは，例えば n 個あるとすれば，$V_1, \ldots, V_n$ のように表わせばよい．無限個の線形空間を表わしたいときは次のようにする．まず**添字の集合** (index set) I を用意する．そして，各添字 $i \in I$ に対し，線形空間 V_i が定まっていると考える．このようにして，I を無限集合とすれば，無限個の線形空間を表わすことができる．

集合 I の各元 $i \in I$ に対し線形空間 V_i が定まっているとき，集合 I で添字づけられた線形空間の**族** (family)$(V_i)_{i \in I}$ が与えられたという．さらに，各 $i \in I$ に対し，V_i の元 x_i が与えられているとき，$(V_i)_{i \in I}$ の元の族 $(x_i)_{i \in I}$ が与えられているという．集合 I として，$\{1, 2, \ldots, n\}$ をとったときが，n 個の線形空間 $V_1, \ldots, V_n$ と，それらの元 $x_1 \in V_1, \ldots, x_n \in V_n$ を考えることにあたる．

$(V_i)_{i \in I}$ を K 線形空間の族とする．積集合 $\prod_{i \in I} V_i = \{(V_i)_{i \in I}\text{の元の族 } (x_i)_{i \in I}\}$ は，成分ごとの加法 $(x_i)_{i \in I} + (y_i)_{i \in I} = (x_i + y_i)_{i \in I}$ とスカラー倍 $a(x_i)_{i \in I} = (ax_i)_{i \in I}$ により，K 線形空間となる．これを $(V_i)_{i \in I}$ の**直積**とよぶ．

$(V_i)_{i\in I}$ の元の族 $(x_i)_{i\in I}$ に対し，$\{i \in I \mid x_i \neq 0\}$ が有限集合であるとき，$(x_i)_{i\in I}$ は有限個の $i \in I$ をのぞき 0 であるという．

$$\bigoplus_{i\in I} V_i = \left\{ (x_i)_{i\in I} \in \prod_{i\in I} V_i \;\middle|\; \text{有限個の } i \in I \text{ をのぞき } x_i = 0 \right\}$$

は，直積 $\prod_{i\in I} V_i$ の部分空間となる．これを $(V_i)_{i\in I}$ の**直和**とよぶ．

集合 I の各元 $i \in I$ に対し，$V_i = K$ とおいたときの直積 $\prod_{i\in I} K$ と直和 $\bigoplus_{i\in I} K$ を，それぞれ K^I と $K^{(I)}$ で表わす．K^I と $K^{(I)}$ は，それぞれ例 1.3.5 で定義した線形空間 K^X と，例 1.4.7 で定義したその部分空間 $K^{(X)}$ で，$X = I$ とおいたものと同一視される．I が有限集合なら $K^{(I)} = K^I$ だが，I が無限集合なら $K^{(I)} \subsetneqq K^I$ である．

$(x_i)_{i\in I}$ を V の元の族とする．$(a_i)_{i\in I} \in K^{(I)}$ に対し，I の有限部分集合 J で $i \notin J$ なら $a_i = 0$ となるものをとって，$\sum_{i\in I} a_i x_i = \sum_{i\in J} a_i x_i$ と定義する．$\sum_{i\in I} a_i x_i$ を $(x_i)_{i\in I}$ の **1 次結合**という．V の部分空間 $\{\sum_{i\in I} a_i x_i \mid (a_i)_{i\in I} \in K^{(I)}\}$ を，$(x_i)_{i\in I}$ によって**生成される**部分空間とよび，$\langle x_i \mid i \in I\rangle$ や $\sum_{i\in I} K x_i$ で表わす．

定義 1.6.1 V を K 線形空間とし，$(x_i)_{i\in I}$ を V の元の族とする．

1. $(a_i)_{i\in I} \in K^{(I)}$ を $\sum_{i\in I} a_i x_i \in V$ にうつす写像 $K^{(I)} \to V$ が可逆であるとき，$(x_i)_{i\in I}$ は V の**基底**であるという．
2. $(x_i)_{i\in I}$ が $\langle x_i \mid i \in I\rangle$ の基底であるとき，$(x_i)_{i\in I}$ は **1 次独立**であるという．
3. $V = \langle x_i \mid i \in I\rangle$ であるとき，$(x_i)_{i\in I}$ は V の**生成系**であるという． □

V の基底とは，V の 1 次独立な生成系のことである．$V = K^{(I)}$ のとき，$i \in I$ に対し $e_i \in K^{(I)}$ を第 i 成分は 1 で他の成分は 0 である元とすると，$(e_i)_{i\in I}$ は $K^{(I)}$ の基底である．

【例 1.6.2】 $(X^i)_{i\in\mathbb{N}}$ は，$K[X]$ の基底である．

無限次元線形空間に対しても，定理 1.5.4 と定理 1.5.7 と同様に，次の定理 1.6.4 とその系がなりたつ．定理 1.6.4 の証明には，集合論の次の公理と，その帰結を使う.

選択公理 (axiom of choice) $f\colon X \to Y$ を全射とする.このとき,単射 $g\colon Y \to X$ で,$f \circ g = \mathrm{id}_Y$ をみたすものが存在する. □

命題 1.6.3 1. X を無限集合とする.$X' = \{A \mid A$ は X の有限部分集合 $\}$ とおくと,単射 $X' \to X$ が存在する.

2. Y を無限集合とし,$f\colon X \to Y$ を写像とする.各 $y \in Y$ に対し,$f^{-1}(y) = \{x \in X \mid f(x) = y\}$ が有限集合ならば,単射 $X \to Y$ が存在する. □

この本では,命題 1.6.3 は証明しない.

定理 1.6.4 V を線形空間とする.$(x_i)_{i\in I}$ が V の1次独立な元の族で,$(y_j)_{j\in J}$ が V の生成系ならば,単射 $I \to J$ が存在する. □

証明 J が有限集合ならば,定理 1.5.7 の 2. と 3. より,I の元の個数は J の元の個数以下である.

J が無限集合であるとする.$J' = \{A \mid A$ は J の有限部分集合 $\}$ とおく.C を $I \times J'$ の部分集合 $\{(i, A) \in I \times J' \mid x_i \in \langle y_j \mid j \in A\rangle\}$ とおき,第1成分を対応させる写像 $p_1\colon C \to I$ と第2成分を対応させる写像 $p_2\colon C \to J'$ を考える.$(y_j)_{j\in J}$ が V の生成系だから,p_1 は全射である.$(x_i)_{i\in I}$ が1次独立だから,各 $A \in J'$ に対し,$p_2^{-1}(A) = \{i \in I \mid x_i \in \langle y_j \mid j \in A\rangle\} \times \{A\}$ は有限集合である.

よって,選択公理より単射 $I \to C$ があり,命題 1.6.3.2 より単射 $C \to J'$ があり,命題 1.6.3.1 より単射 $J' \to J$ がある.合成 $I \to J$ は単射である. ■

系 1.6.5 V を線形空間とする.$(x_i)_{i\in I}$ と $(y_j)_{j\in J}$ が V の基底ならば,可逆な写像 $I \to J$ が存在する. □

証明 定理 1.6.4 と次の命題 1.6.6 よりしたがう. ■

命題 1.6.6 単射 $X \to Y$ と単射 $Y \to X$ が存在するならば,可逆な写像 $X \to Y$ が存在する. □

この本では，命題 1.6.6 も証明しない．系 1.6.5 より，無限次元線形空間 V についても，$(x_i)_{i\in I}$ が V の基底であるとき，I の濃度を V の**次元**と定義することができる．集合の濃度や無限次元空間の次元については，これ以上ふれない．

定理 1.5.7 と命題 1.5.9.2 と同様に，次の定理 1.6.7 とその系が，無限次元空間についてもなりたつ．それらの証明には，ツォルンの補題とよばれる，選択公理と同値な次の命題を使う．ことばを少し準備する．X と S を集合とし，S の任意の元は X の部分集合であるとする．S の元 $A\subset X$ が次の条件をみたすとき，A は S の**極大元** (maximal element) であるという．

任意の $B\in S$ に対し，$A\subset B$ ならば $B=A$ である．

S の部分集合 T について，$A,B\in T$ ならば $A\subset B$ か $B\subset A$ のどちらかがなりたつとき，T は包含関係に関し**全順序集合** (totally ordered set) であるという．

ツォルンの補題 (Zorn's lemma)　X と S を集合とし，S の任意の元は X の部分集合であるとする．S は下の条件 (Z) をみたすと仮定する．このとき，S の任意の元 A に対し，S の極大元 B で，$A\subset B$ をみたすものが存在する．

(Z)：T を S の空でない部分集合で，包含関係に関し全順序集合であるものとすると，S の元 B で，T の任意の元 A に対し，$A\subset B$ をみたすものが存在する． □

ツォルンの補題も証明しない．

定理 1.6.7　V を線形空間とし，$(x_i)_{i\in I}$ を V の生成系とする．J を I の部分集合で，$(x_i)_{i\in J}$ が 1 次独立であるものとする．このとき，J を含む I の部分集合 H で $(x_i)_{i\in H}$ が V の基底となるものが存在する． □

証明　$S=\{A\subset I \mid (x_i)_{i\in A}$ は 1 次独立 $\}$ とおく．S がツォルンの補題の仮定をみたすことを示す．$T\subset S$ を，包含関係に関し全順序集合である空でない部分集合とする．$B=\bigcup_{A\in T}A$ が S の元であることを示せばよい．$i_1,\ldots,i_n\in B=\bigcup_{A\in T}A$ ならば $x_{i_1},\ldots,x_{i_n}$ は 1 次独立である

ことを示せばよい．$A_1, \ldots, A_n \in T$ を $i_1 \in A_1, \ldots, i_n \in A_n$ をみたすものとする．T は包含関係に関し全順序集合だから，$1 \leq k \leq n$ で，A_k がすべての $A_1, \ldots, A_n$ を含むものが存在する．このとき，$i_1, \ldots, i_n \in A_k$ だから，$x_{i_1}, \ldots, x_{i_n}$ は 1 次独立である．

$J \in S$ だから，ツォルンの補題より，S の極大元 H で $J \subset H$ をみたすものがある．$(x_i)_{i \in H}$ が V の基底であることを示す．$(x_i)_{i \in H}$ は 1 次独立だから，$V = \langle x_i \mid i \in H \rangle$ を示せばよい．$(x_i)_{i \in I}$ は V の生成系だから，$x_j \notin \langle x_i \mid i \in H \rangle$ となる $j \in I$ があったと仮定して，矛盾を導けばよい．このとき，$H \cup \{j\} \in S$ かつ $H \cup \{j\} \supsetneqq H$ となるから，H が S の極大元であることに矛盾する．■

系 1.6.8　V を線形空間とする．W を V の部分空間とすると，V の部分空間 W' で $V = W \oplus W'$ をみたすものが存在する．□

証明　$S = \{A \subset V \mid A$ は V の部分空間で，$W \cap A = 0\}$ とおく．S がツォルンの補題の仮定をみたすことを示す．$T \subset S$ を，包含関係に関し全順序集合である部分集合とする．$B = \bigcup_{A \in T} A$ が S の元であることを示す．$B = \bigcup_{A \in T} A$ が V の部分空間であることを示す．$x, x' \in B$ とすると，$x \in A$, $x' \in A'$ をみたす $A, A' \in T$ がある．T は包含関係に関し全順序集合だから，A と A' の大きい方を A'' とすると，$A'' \in T$ であり，$x + x' \in A'' \subset B$ である．$x \in B, a \in K$ とすると，$x \in A$ をみたす $A \in T$ があり，$ax \in A \subset B$ である．よって，B は部分空間である．$W \cap B = \bigcup_{A \in T}(W \cap A) = 0$ だから，$B \in S$ である．

$0 \in S$ だから，ツォルンの補題より，S の極大元 W' がある．$V = W \oplus W'$ を示す．$W \cap W' = 0$ だから，$V = W + W'$ を示せばよい．$x \notin W + W'$ となる $x \in V$ があったと仮定して，矛盾を導けばよい．このとき，$W' + Kx \in S$ かつ $W' + Kx \supsetneqq W'$ となるから，W' が S の極大元であることに矛盾する．■

まとめ

- 添字集合を使うことで，無限個の集合や無限個の元を記述できる．
- 選択公理を使えば，無限次元空間にも次元が定義でき，基底の存在も証明できる．
- 線形空間の部分空間はいつも直和因子である．

問題

B 1.6.1　K を体とする．$K[X]$ の部分空間 $W = \{P \in K[X] \mid P$ の奇数次の項はすべて 0 であり，$P(1) = 0\}$ の基底を 1 つみつけよ．

第 2 章 線形写像

線形写像は，線形空間とならんで，線形代数の重要な対象である．2.1 節で，線形写像を抽象的に定義する．ベクトルのなす線形空間に対しては，線形写像とは，ベクトルに行列を左からかける写像のことである．2.2 節では，この例を含めいろいろな線形写像の例を紹介する．2.3 節でみるように，一般の線形空間に対しても，基底を使えば，線形写像は行列で表わすことができる．この行列表示を使えば，線形写像に関する問題は，行列についての問題に帰着される．

線形写像を調べるとき役に立つのが，2.4 節で定義する核と像である．例えば，線形写像が全射であるとは像が全体ということであり，単射であるとは核が 0 ということである．2.5 節では，線形写像のなす完全系列を定義する．直和分解と射影子の対応も考える．

2.1 線形写像の定義

ベクトルに行列を左からかけることで定まる写像 $K^n \to K^m$ が，線形写像の典型的なものである．この他にも，次の節でみるように，さまざまな線形写像がある．まず，線形写像とは何かを抽象的に定義する．

定義 2.1.1 V, W を K 線形空間とする．写像 $f\colon V \to W$ が K **線形写像** (linear mapping) であるとは，次の条件を満たすことをいう．

(1) 任意の $x, y \in V$ に対し，$f(x+y) = f(x) + f(y)$ がなりたつ．

(2) 任意の $a \in K$ と $x \in V$ に対し，$f(ax) = af(x)$ がなりたつ． □

条件 (1), (2) を，**線形写像の公理**という．**線形性の条件**ということもある．条件 (1) がなりたつことを f は加法を保つといい，条件 (2) がなりたつことを f はスカラー倍を保つという．線形写像のことを**準同形** (homomorphism) ともいう．特に，$V = W$ のときは，V の**自己準同形** (endomorphism) というのがふつうである．**線形変換** (linear transformation) ということもある．

V を線形空間とすると，V の恒等写像 $\mathrm{id}_V\colon V \to V$ は線形写像である．$W \subset V$ が部分空間ならば，包含写像 $i\colon W \to V$ は線形写像である．包含写像とは，$x \in W$ に対し $x \in V$ を対応させる写像である．$f\colon U \to V, g\colon V \to W$ が線形写像ならば，その合成写像 $g \circ f\colon U \to W$ も線形写像である．$f\colon V \to V'$ を線形写像とし，$W \subset V, W' \subset V'$ を部分空間で $f(W) \subset W'$ をみたすものとすると，f の W への**制限** $f|_W\colon W \to W'$ も線形写像である．f の W への制限とは，$x \in W$ に対し $f(x) \in W'$ を対応させる写像である．

すべての元を 0 にうつす写像は線形写像である．これを **0 写像** (zero mapping) とよび，0 で表わす．0 写像 $V \to 0$ は，V から 0 へのただ 1 つの線形写像であり，0 写像 $0 \to W$ は，0 から W へのただ 1 つの線形写像である．

線形写像 $f, g\colon V \to W$ に対し，$h(x) = f(x) + g(x)$ で定まる写像 $h\colon V \to W$ を，f と g の**和**とよび $f + g$ で表わす．$a \in K$ と線形写像 $f\colon V \to W$ に対し，$h(x) = a \cdot f(x)$ で定まる写像 $h\colon V \to W$ を，f の $\boldsymbol{a}$ **倍** (a times) とよび af で表わす．

命題 2.1.2 1. $f, g\colon V \to W$ が線形写像ならば，$f + g\colon V \to W$ も線形写像である．

2. $a \in K$ とする．$f\colon V \to W$ が線形写像ならば，$af\colon V \to W$ も線形写像である． □

証明 1. 写像 $f + g$ が，線形写像の公理 (1) と (2) をみたすことを示す．$x, y \in V$ に対し，

$$
\begin{aligned}
(f+g)(x+y) &\underset{(f+g\ \text{の定義})}{=} f(x+y) + g(x+y) \\
&\underset{(f,g\ \text{は線形写像})}{=} f(x) + f(y) + g(x) + g(y) = f(x) + g(x) + f(y) + g(y) \\
&\underset{(f+g\ \text{の定義})}{=} (f+g)(x) + (f+g)(y)
\end{aligned}
$$

であり，$a \in K, x \in V$ に対し，

$$(f+g)(ax) \underset{(f+g\text{ の定義})}{=} f(ax)+g(ax) \underset{(f,g\text{ は線形写像})}{=} af(x)+ag(x)$$
$$= a(f(x)+g(x)) \underset{(f+g\text{ の定義})}{=} a(f+g)(x)$$

である．よって，写像 $f+g$ は線形写像の公理 (1) と (2) をみたすから線形写像である．

2 の証明は同様だから省略する．■

V の基底をとれば，線形写像 $V \to W$ を定めることは，W の元の組を定めることと同じことである．

命題 2.1.3　V, W を K 線形空間とし，$x_1, \ldots, x_n$ を V の基底とする．$y_1, \ldots, y_n$ を W の元とすると，線形写像 $f\colon V \to W$ で，$f(x_1) = y_1, \ldots, f(x_n) = y_n$ をみたすものが，ただ 1 つ存在する．□

命題の条件をみたす線形写像 f を，基底 $x_1, \ldots, x_n \in V$ を $y_1, \ldots, y_n \in W$ に**うつす線形写像**とよぶ．これは，証明のなかで定義する線形写像 $f_y : V \to W$ である．$V = K^n$ で，$x_1, \ldots, x_n$ が標準基底 $e_1, \ldots, e_n$ のときは，$y_1, \ldots, y_n$ が定める写像ともよぶ．

証明　写像 $G\colon \{$ 線形写像 $V \to W\} \to W^n$ を，線形写像 $f\colon V \to W$ に対し W の元の組 $(f(x_1), \ldots, f(x_n)) \in W^n$ を対応させることで定める．命題の結論は，写像 G は可逆ということである．$G\colon \{$ 線形写像 $V \to W\} \to W^n$ の逆写像を定義する．

$y = (y_1, \ldots, y_n) \in W^n$ に対し，写像 $f_y : V \to W$ を次のように定める．$x \in V$ とすると，$x = s_1x_1 + \cdots + s_nx_n$ をみたす $s_1, \ldots, s_n \in K$ が一意的に定まる．$f_y : V \to W$ を

$$f_y(x) = s_1y_1 + \cdots + s_ny_n$$

で定める．$f_y : V \to W$ が線形写像であることを示す．$f_y\colon V \to W$ が，線形写像の公理 (1), (2) をみたすことを示す．$x, x' \in V$ とし，$x = s_1x_1 + \cdots + s_nx_n, x' = t_1x_1 + \cdots + t_nx_n$ とする．

$$f_y(x+x') = f_y((s_1+t_1)x_1+\cdots+(s_n+t_n)x_n)$$
$$= (s_1+t_1)y_1+\cdots+(s_n+t_n)y_n = s_1y_1+\cdots+s_ny_n+t_1y_1+\cdots+t_ny_n$$
$$= f_y(x)+f_y(x')$$

である．同様に $c \in K$ に対し，

$$f_y(cx) = f_y((cs_1)x_1+\cdots+(cs_n)x_n)$$
$$= (cs_1)y_1+\cdots+(cs_n)y_n = c(s_1y_1+\cdots+s_ny_n) = cf_y(x)$$

である．よって，f_y は線形写像である．$y \in W^n$ に対し，$f_y\colon V \to W$ を対応させることで，G の逆向きの写像 $F\colon W^n \to \{$ 線形写像 $V \to W\}$ を定める．

F が G の逆写像であることを示す．$(y_1,\ldots,y_n) \in W^n$ とすると，

$$G(F(y_1,\ldots,y_n)) = G(f_y) = (f_y(x_1),\ldots,f_y(x_n)) = (y_1,\ldots,y_n)$$

である．よって，$G \circ F = \mathrm{id}_{W^n}$ である．

$F \circ G = \mathrm{id}$ を示す．$f\colon V \to W$ を線形写像として，$F(G(f)) = f$ を示せばよい．$x = s_1x_1+\cdots+s_nx_n$ とすると，

$$F(G(f))(x) = F(f(x_1),\ldots,f(x_n))(x) = s_1f(x_1)+\cdots+s_nf(x_n) = f(x)$$

である．よって，$F \circ G = \mathrm{id}$ も示された． ■

余談 26　写像 $f\colon X \to Y$ と $g\colon X \to Y$ が等しいとは，X の任意の元 x に対し，$f(x) = g(x)$ ということである．写像の等式を証明したいときには，命題 2.1.3 の証明のように，集合の元の等式に帰着させて考えるとよい．

【例 2.1.4】　$n = 1$ とする．線形写像 $f\colon K \to V$ に対し，V の元 $f(1)$ を対応させる写像 $F\colon \{$ 線形写像 $K \to V\} \to V$ は可逆である．F の逆写像は，$x \in V$ に対し，線形写像 $K \to V\colon a \mapsto ax$ を対応させることで定まる． □

余談 27　古くは，個々の数や図形だけが，数学的対象と考えられていた．それらを含む空間が，数学的対象として意識されるまでには，長い時間がかかっ

た．その後，空間から空間への写像も重要な対象であることが認識された．現在では，空間や写像からなる圏や，さらには圏どうしの関係を表わす関手も研究の対象となっている．

定義 2.1.5　V と W を K 線形空間とする．

1. 可逆な線形写像 $f\colon V \to W$ を**同形** (isomorphism) とよぶ．
2. 同形 $f\colon V \to W$ が存在するとき，V と W は**同形** (isomorphic) であるという． □

線形写像 $f\colon V \to W$ が同形であることを，$f\colon V \xrightarrow{\simeq} W$ あるいは $f\colon V \xrightarrow{\sim} W$ のように，矢印の上に記号 $\simeq$ または $\sim$ をつけて表わすことがある．線形空間 V と W が同形であることを，$V \simeq W$ や $V \cong W$ のように表わすこともある．

$V = W$ のときは，同形 $f\colon V \to V$ を，V の**自己同形** (automorphism) とよぶ．任意の線形空間 V に対し，恒等写像 $\mathrm{id}_V\colon V \to V$ は自己同形である．$f\colon V \to W$ が同形ならば，その逆写像 $f^{-1}\colon W \to V$ も同形である．$f\colon U \to V$ と $g\colon V \to W$ が同形ならば，合成写像 $g \circ f\colon U \to W$ も同形である．$f\colon V \to V'$ と $g\colon W \to W'$ が同形ならば，写像 $h\colon V \oplus W \to V' \oplus W'$ を $h(x, y) = (f(x), g(y))$ で定めると，h も同形である．h を f と g の直和とよび，$f \oplus g$ で表わす．

V を線形空間とする．$x_1, \ldots, x_n \in V$ が基底であるとは，$x_1, \ldots, x_n$ が定める線形写像 $f\colon K^n \to V$ が同形ということである．$x_1, \ldots, x_n \in V$ が基底であるとき，$x_1, \ldots, x_n$ が定める線形写像 $K^n \to V$ を，基底 $x_1, \ldots, x_n$ が定める同形という．どんな線形空間 V でも，V の基底があれば，ベクトルの空間から V への同形が定まるから，V の元をベクトルを使って表わすことができる．

余談 28　上の文の内容を，「V の基底をとれば，V の元をベクトルを使って表わすことができる」と書くことがある．ここで，「とる」は，take の訳語である．

余談 29　V と W が同形なら，V と W は，線形空間としては本質的に同じものと考えられる．W が未知の線形空間でも，既知の線形空間 V と同形ならば，W のことも V と同じようによくわかることになる．第 1 章で定義した基底や，2.3 節で定義する行列表示，3.6 節で定義する固有多項式などが，こうした考え方の代表的な例である．そこでは，既知の線形空間として，ベクトルの空間 K^n を考えている．

【例 2.1.6】　1. $m \leq n$ を自然数とし，W を K^n の部分空間

$$\left\{ \begin{pmatrix} x_1 \\ \vdots \\ x_n \end{pmatrix} \in K^n \;\middle|\; x_{m+1} = \cdots = x_n = 0 \right\}$$

とする．$K^m \to W \colon \begin{pmatrix} x_1 \\ \vdots \\ x_m \end{pmatrix} \mapsto \begin{pmatrix} x_1 \\ \vdots \\ x_m \\ 0 \\ \vdots \\ 0 \end{pmatrix}$ は同形である．

2. m, n を自然数とする．ベクトル $\begin{pmatrix} x_1 \\ \vdots \\ x_{n+m} \end{pmatrix} \in K^{n+m}$ に対し，$x = \begin{pmatrix} x_1 \\ \vdots \\ x_n \end{pmatrix} \in K^n$ と $y = \begin{pmatrix} x_{n+1} \\ \vdots \\ x_{n+m} \end{pmatrix} \in K^m$ の対 $(x, y) \in K^n \oplus K^m$ を対応させる写像 $K^{n+m} \to K^n \oplus K^m$ は同形である．

例 2.1.6.1 の同形 $K^m \to W$ により，部分空間 $W \subset K^n$ を K^m と同一視する．

W, W' を V の部分空間とすると，$W + W'$ が直和 $W \oplus W'$ であるとは，$(x, x') \in W \oplus W'$ に $x + x' \in W + W'$ を対応させる写像 $W \oplus W' \to W + W'$ が同形ということである．$W_1, \ldots, W_n$ が V の部分空間なら，$W_1 + \cdots + W_n$

が直和 $W_1 \oplus \cdots \oplus W_n$ であるとは，$(x_1, \ldots, x_n) \in W_1 \oplus \cdots \oplus W_n$ に $x_1+\cdots+x_n \in W_1+\cdots+W_n$ を対応させる写像 $W_1 \oplus \cdots \oplus W_n \to W_1+\cdots+W_n$ が同形ということである．

命題 2.1.7 V を線形空間とし，$x_1, \ldots, x_n \in V$ を基底とする．線形写像 $f\colon V \to W$ に対し，次の条件は同値である．

(1) $f(x_1), \ldots, f(x_n)$ は W の基底である．

(2) $f\colon V \to W$ は同形である． □

証明 $x_1, \ldots, x_n$ が定める線形写像 $g\colon K^n \to V$ が同形だから，どちらも合成 $f \circ g\colon K^n \to W$ が同形なことと同値である． ■

系 2.1.8 V を n 次元線形空間とする．

1．同形 $f\colon K^n \to V$ に対し，V の基底 $f(e_1), \ldots, f(e_n)$ を対応させる写像

$$\{\text{ 同形 } K^n \to V\} \to \{V \text{ の基底 }\}$$

は可逆である．

2．W を V の m 次元部分空間とする．例 2.1.6.1 の同形により，K^m を K^n の部分空間と同一視する．このとき，同形 $f : K^n \to V$ で，$f(K^m) = W$ をみたすものが存在する．制限 $f|_{K^m} : K^m \to W$ も同形である． □

同形 $f : K^n \to V$ が，系 2.1.8.2 の条件をみたすとき，f は同形 $K^m \to W$ をひきおこすという．

証明 1．$\dim V = n$ だから，V のどんな基底も，元の個数は n である．したがって，逆写像は，V の基底に対し，それが定める同形 $f\colon K^n \to V$ を対応させることで得られる．

2．命題 1.5.9.2 より，W の基底 $x_1, \ldots, x_m$ を延長する V の基底 $x_1, \ldots, x_n$ がある．基底 $x_1, \ldots, x_n$ が定める同形を $f : K^n \to V$ とすればよい． ■

系 2.1.9 V, W を有限次元線形空間とすると，次の条件は同値である．

(1) V と W は同形である．

(2) $\dim V = \dim W$． □

証明 (1)⇒(2)：$g: V \to W$ が同形で，$x_1, \ldots, x_n$ が V の基底ならば，命題 2.1.7 (2)⇒(1) より，$g(x_1), \ldots, g(x_n)$ は W の基底である．

(2)⇒(1)：$x_1, \ldots, x_n$ が V の基底で，$y_1, \ldots, y_n$ が W の基底ならば，$x_1, \ldots, x_n$ を $y_1, \ldots, y_n$ にうつす線形写像 $g : V \to W$ は，命題 2.1.7 (1) ⇒(2) より，同形である． ■

命題 2.1.10 V, W を有限次元線形空間とし，$\dim V = \dim W$ であるとする．このとき，線形写像 $f: V \to W$ に対し，次の条件は同値である．

(1) f は同形である．

(2) f は単射である．

(3) f は全射である． □

証明 (1)⇒(2), (3) は，有限次元でなくても明らかである．

(2)⇒(1)：$x_1, \ldots, x_n$ を V の基底とすると，$f(x_1), \ldots, f(x_n)$ は 1 次独立である．系 1.5.8.2 より，$f(x_1), \ldots, f(x_n)$ も W の基底である．命題 2.1.7 より，f は同形である．

(3)⇒(1)：$x_1, \ldots, x_n$ を V の基底とすると，$f(x_1), \ldots, f(x_n)$ は W の生成系である．系 1.5.8.2 より，$f(x_1), \ldots, f(x_n)$ も W の基底である．命題 2.1.7 より，f は同形である． ■

次の命題は，命題 2.1.3 の，無限次元への一般化と考えられる．X を集合とし，$K^{(X)}$ を例 1.4.7 で定義した線形空間とする．$x \in X$ に対し，$e_x \in K^{(X)}$ を $e_x(x) = 1, e_x(y) = 0 \ (y \neq x)$ で定める．W を K 線形空間とする．線形写像 $f : K^{(X)} \to W$ に対し，$g(x) = f(e_x)$ で定まる写像 $g : X \to W$ を対応させることで，写像 $G : \{$ 線形写像 $K^{(X)} \to W\} \to \{$ 写像 $X \to W\}$ を定める．

命題 2.1.11 X を集合とし，W を K 線形空間とする．このとき，上で定めた写像 $G : \{$ 線形写像 $K^{(X)} \to W\} \to \{$ 写像 $X \to W\}$ は可逆である． □

証明 G の逆写像 $F : \{$ 写像 $X \to W\} \to \{$ 線形写像 $K^{(X)} \to W\}$ を定義する．写像 $g : X \to W$ に対し，線形写像 $f : K^{(X)} \to W$ を，$h \in K^{(X)}$ に対し，$f(h) = \sum_{x \in X, h(x) \neq 0} h(x)g(x)$ とおくことで定める．写像 F を $F(g) = f$ で定める．

逆写像であることを確かめる．$f: K^{(X)} \to W$ を線形写像とすると，任意の $h \in K^{(X)}$ に対し，$h = \sum_{x\in X, h(x)\neq 0} h(x)e_x$ だから，

$$F(G(f))(h) = \sum_{x\in X, h(x)\neq 0} h(x)G(f)(x) = \sum_{x\in X, h(x)\neq 0} h(x)f(e_x) = f\Big(\sum_{x\in X, h(x)\neq 0} h(x)e_x\Big) = f(h)$$

である．逆に $g: X \to W$ を写像とすると，任意の x に対し，$G(F(g))(x) = F(g)(e_x) = g(x)$ である．■

まとめ

- 加法とスカラー倍を保つ写像を線形写像とよぶ．可逆な線形写像を同形とよぶ．
- 線形写像は，基底の像を選ぶことで定まる．基底は，ベクトルの空間からの同形による標準基底の像である．
- 次元の等しい線形空間の間の線形写像については，同形と全射と単射は同値である．
- 線形写像は，線形空間とならんで線形代数の重要な対象である．

問題

A 2.1.1　V を線形空間とし，$x_1, \ldots, x_n \in V$ とする．$f\colon K^n \to V$ を，$x_1, \ldots, x_n$ が定める線形写像とする．次の条件はそれぞれ同値であることを示せ．

1. (1) $x_1, \ldots, x_n$ は 1 次独立である．
   (2) f は単射である．
2. (1) $x_1, \ldots, x_n$ は V の生成系である．
   (2) f は全射である．

A 2.1.2　$V \subset K[X]$ を n 次以下の多項式全体のなす部分空間とし，$a_0, \ldots, a_n$ を相異なる K の元とする．線形写像 $F\colon V \to K^{n+1}$ を $F(f) =$

$\begin{pmatrix} f(a_0) \\ \vdots \\ f(a_n) \end{pmatrix}$ で定める.

1. F は単射であり，したがって同形であることを示せ.
2. F の逆写像による K^{n+1} の標準基底の元 e_{i+1} の像を求めよ.

余談 30 $a_0, \ldots, a_n$ が相異なるとは，$0 \leq i < j \leq n$ なら $a_i \neq a_j$ ということである.

B 2.1.3 V を K 線形空間とし，W を V の有限次元部分空間，$f\colon V \to V$ を V の自己同形とする．$f(W) \subset W$ ならば次がなりたつことを示せ.

1. $f|_W\colon W \to W$ は W の自己同形である.
2. f の逆写像 $g\colon V \to V$ も，$g(W) \subset W$ をみたす.

2.2 線形写像の例

線形写像の典型的な例は，列ベクトルに行列を左からかける写像である．行列とベクトルの積を復習する．K を体とし，$m, n \geq 0$ を自然数とする．$A \in M_{mn}(K)$ を行列とする．A の各列をベクトル $a_1, \ldots, a_n \in K^m$ と考え，行列 A をベクトルを並べたもの $A = \begin{pmatrix} a_1 & \cdots & a_n \end{pmatrix}$ と考える．このとき，ベクトル $x = \begin{pmatrix} x_1 \\ \vdots \\ x_n \end{pmatrix} \in K^n$ の **A 倍** $Ax \in K^m$ は

$$Ax = \begin{pmatrix} a_1 & \cdots & a_n \end{pmatrix} \begin{pmatrix} x_1 \\ \vdots \\ x_n \end{pmatrix} = x_1 a_1 + \cdots + x_n a_n$$

で定義される．$A \in M_{mn}(K)$ に対し，$f_A(x) = Ax$ とおくことで定まる写像 $f_A\colon K^n \to K^m$ を **A 倍写像** (multiplication by A) とよぶ．A 倍写像を，$A\times$ とも書く.

命題 2.2.1　1. $A \in M_{mn}(K)$ とすると，A 倍写像 $f_A\colon K^n \to K^m$ は線形写像である．

2. 行列 $A \in M_{mn}(K)$ に対し，A 倍写像 $f_A\colon K^n \to K^m$ を対応させる写像

$$M_{mn}(K) \to \{\text{ 線形写像 } K^n \to K^m\}$$

は可逆である． □

証明　1. A をベクトル $a_1, \ldots, a_n \in K^m$ をならべたもの $A = \begin{pmatrix} a_1 & \cdots & a_n \end{pmatrix}$ とする．このとき，A 倍写像 $f_A\colon K^n \to K^m$ は，標準基底 $e_1, \ldots, e_n \in K^n$ を $a_1, \ldots, a_n \in K^m$ にうつす線形写像 $f\colon K^n \to K^m$ のことである．

2. 命題 2.1.3 を，$V = K^n, W = K^m$ に適用すればよい． ■

命題 2.2.1.1 の実質的な内容は，分配則 $A(x+y) = Ax + Ay$ である．今後，行列 $A \in M_{mn}(K)$ と A 倍写像 $f_A : K^n \to K^m$ を，同じものと考えることがよくある．

$a \in K$ に対し，**スカラー行列** (scalar matrix) $\begin{pmatrix} a & 0 & \cdots & 0 \\ 0 & a & \ddots & \vdots \\ \vdots & \ddots & \ddots & 0 \\ 0 & \cdots & 0 & a \end{pmatrix} \in M_n(K)$ を，$a \cdot 1_n$ あるいは単に a で表わす．スカラー行列 $a \cdot 1_n$ が定める線形写像 $K^n \to K^n$ は a 倍写像である．特に，**単位行列** (unit matrix)$1_n = 1 \in M_n(K)$ が定める線形写像 $K^n \to K^n$ は，恒等写像である．行列単位と単位行列は，一般には違うものである．$n > 0$ のときは，スカラー行列全体のなす $M_n(K)$ の部分空間 $\{a \cdot 1_n \in M_n(K) \mid a \in K\}$ も K で表わす．

余談 31　「一般には違う」とは，違うことがふつうだが等しい場合もある，という意味である．この場合には，$n = 1$ の場合には単位行列は行列単位だが，それ以外の場合には違うものである．

「一般に等しい」とは，すべての場合に等しいという意味である．

行列の積は，次のように写像の合成を表わす．まず，行列の積の定義を復習する．$A \in M_{mn}(K), B \in M_{nr}(K)$ とする．B の各列をベクトル $b_1, \ldots, b_r \in K^n$

と考える．$B = \begin{pmatrix} b_1 & \cdots & b_r \end{pmatrix}$ である．このとき，**積** $AB \in M_{mr}(K)$ は

$$AB = \begin{pmatrix} Ab_1 & \cdots & Ab_r \end{pmatrix}$$

と定義される．

命題 2.2.2 1．$A, B \in M_{mn}(K)$, $a \in K$ とする．A 倍写像 $f_A\colon K^n \to K^m$ と B 倍写像 $f_B\colon K^n \to K^m$ の和 $f_A + f_B$ は，$A+B$ 倍写像 $f_{A+B}\colon K^n \to K^m$ である．A 倍写像 $f_A\colon K^n \to K^m$ の a 倍 af_A は，aA 倍写像 $f_{aA}\colon K^n \to K^m$ である．

2．$A \in M_{mn}(K)$, $B \in M_{nr}(K)$ とする．B 倍写像 $f_B\colon K^r \to K^n$ と，A 倍写像 $f_A\colon K^n \to K^m$ の合成 $f_A \circ f_B\colon K^r \to K^m$ は，AB 倍写像 $f_{AB}\colon K^r \to K^m$ である． □

証明 1 の証明は省略する．

2．$e_1, \ldots, e_r \in K^r$ を標準基底とすると，$f_A \circ f_B(e_i) = A(Be_i)$ は $f_{AB}(e_i) = (AB)e_i$ と等しい．したがって，$f_A \circ f_B$ と f_{AB} は，どちらも，$e_1, \ldots, e_r$ を $(AB)e_1, \ldots, (AB)e_r$ にうつす線形写像 $K^r \to K^m$ である． ■

余談 32 線形写像 $f : V \to W$ と $g : V \to W$ が等しいことを示したいときは，命題 2.2.2.2 の証明のように，V の 1 つの基底 $x_1, \ldots, x_n$ に対し，$f(x_1) = g(x_1), \ldots, f(x_n) = g(x_n)$ がなりたつことを示せばよい．

系 2.2.3 $A \in M_{lm}(K)$, $B \in M_{mn}(K)$, $C \in M_{nr}(K)$ とすると，$(AB)C = A(BC) \in M_{lr}(K)$ である． □

証明 $(AB)C$ 倍写像 $f_{(AB)C}\colon K^r \to K^l$ が，$A(BC)$ 倍写像 $f_{A(BC)}\colon K^r \to K^l$ と等しいことを示せばよい．$f_{(AB)C} = f_{AB} \circ f_C = (f_A \circ f_B) \circ f_C$ かつ $f_{A(BC)} = f_A \circ f_{BC} = f_A \circ (f_B \circ f_C)$ である．写像の合成の結合則より $(f_A \circ f_B) \circ f_C = f_A \circ (f_B \circ f_C)$ である．よって，$f_{(AB)C} = f_{A(BC)}$ である． ■

【例 2.2.4】 $\mathbb{R}^2$ の，原点を中心とする角 θ の**回転** (rotation) は，点 $(1, 0)$ を $(\cos\theta, \sin\theta)$ にうつし，点 $(0, 1)$ を $(-\sin\theta, \cos\theta)$ にうつす線形写像だから，

行列 $E(\theta) = \begin{pmatrix} \cos\theta & -\sin\theta \\ \sin\theta & \cos\theta \end{pmatrix}$ による $E(\theta)$ 倍写像である．

角 $\theta+\varphi$ の回転は，角 θ の回転と角 φ の回転の合成だから，$E(\theta+\varphi) = E(\theta)E(\varphi)$ である．したがって，

$$\begin{pmatrix} \cos(\theta+\varphi) & -\sin(\theta+\varphi) \\ \sin(\theta+\varphi) & \cos(\theta+\varphi) \end{pmatrix} = \begin{pmatrix} \cos\theta & -\sin\theta \\ \sin\theta & \cos\theta \end{pmatrix} \begin{pmatrix} \cos\varphi & -\sin\varphi \\ \sin\varphi & \cos\varphi \end{pmatrix}$$
$$= \begin{pmatrix} \cos\theta\cos\varphi - \sin\theta\sin\varphi & -\cos\theta\sin\varphi - \sin\theta\cos\varphi \\ \sin\theta\cos\varphi + \cos\theta\sin\varphi & -\sin\theta\sin\varphi + \cos\theta\cos\varphi \end{pmatrix}$$

であり，**加法定理** (addition theorem)

$$\cos(\theta+\varphi) = \cos\theta\cos\varphi - \sin\theta\sin\varphi,$$
$$\sin(\theta+\varphi) = \sin\theta\cos\varphi + \cos\theta\sin\varphi$$

が得られた．

命題 2.2.5　$A \in M_n(K)$ に対し次の条件は同値である．

(1) A 倍写像 $K^n \to K^n$ は同形である．

(2) $AB = BA = 1$ をみたす $B \in M_n(K)$ が存在する．

(3) $Ae_1, \ldots, Ae_n$ は K^n の基底である．　□

証明　命題 2.2.2 より，$AB = BA = 1$ とは，A 倍写像の逆写像が B 倍写像ということである．よって，(2)⇒(1) である．A 倍写像が同形なら，その逆写像は，命題 2.2.1 より，ある行列 $B \in M_n(K)$ による B 倍写像だから，(1)⇒(2) である．命題 2.1.7 より，(1)⇔(3) である．　■

命題 2.2.5 の同値な条件がなりたつとき，A は**可逆**であるという．$a_1, \ldots, a_n \in K^n$ が基底であるためには，これらをならべた行列 $\begin{pmatrix} a_1 & \cdots & a_n \end{pmatrix} \in M_n(K)$ が可逆であることが必要十分である．(2) の行列 B を A の**逆行列** (inverse matrix) といい，A^{-1} で表わす．

$$GL_n(K) = \{A \in M_n(K) \mid A \text{ は可逆である }\}$$

とおく．

可逆行列 $A \in GL_n(K)$ に対し，K^n の基底 $Ae_1, \dots, Ae_n$ を対応させる写像 $GL_n(K) \to \{K^n\text{の基底}\}$ は可逆である．逆写像は，K^n の基底 $a_1, \dots, a_n$ に対し，これらをならべた行列 $\begin{pmatrix} a_1 & \cdots & a_n \end{pmatrix} \in M_n(K)$ を対応させることで定まる．$A \in GL_n(K)$ に対し，K^n の自己同形 f_A を対応させる写像 $GL_n(K) \to \{\text{自己同形 } K^n \to K^n\}$ も可逆である．$x_1, \dots, x_n \in V$ を基底とすると，線形写像 $f\colon V \to K^n$ が同形であるためには，行列 $\begin{pmatrix} f(x_1) & \cdots & f(x_n) \end{pmatrix}$ が可逆であることが必要十分である．

行列による積の他にも，さまざまな線形写像がある．

$V = V_1 \oplus V_2$ とし，$f_1\colon V_1 \to W, f_2\colon V_2 \to W$ を線形写像とする．写像 $f\colon V \to W$ を，$x_1 \in V_1, x_2 \in V_2$ に対し，$f(x_1, x_2) = f_1(x_1) + f_2(x_2)$ で定めると，f は線形写像である．f を f_1 と f_2 の**直和**とよび，$f_1 \oplus f_2$ で表わす．$W = V_1$ のとき，線形写像 $\mathrm{id}_{V_1} \oplus 0\colon V \to V_1$ は，第 1 射影 pr_1 である．同様に，第 2 射影 $\mathrm{pr}_2\colon V = V_1 \oplus V_2 \to V_2$ も，線形写像である．$f_1 \oplus f_2 = f_1 \circ \mathrm{pr}_1 + f_2 \circ \mathrm{pr}_2$ である．$W = V$ で f_1, f_2 が包含写像 $i_1\colon V_1 \to V, i_2\colon V_2 \to V$ のときは，$i_1 \oplus i_2 = \mathrm{id}_V$ である．$V_1 = V_2 = W$ で，$f_1 = f_2 = \mathrm{id}$ のときは，$\mathrm{id} \oplus \mathrm{id}\colon W \oplus W \to W$ は，W の加法である．

$W = W_1 \oplus W_2$ とし，$f_1\colon V \to W_1, f_2\colon V \to W_2$ を線形写像とする．写像 $f\colon V \to W$ を，$x \in V$ に対し，$f(x) = (f_1(x), f_2(x))$ で定めると，f は線形写像である．f を f_1 と f_2 の**直和**とよび，$f_1 \oplus f_2$ で表わす．$i_1\colon W_1 \to W, i_2\colon W_2 \to W$ を包含写像とすると，$f_1 \oplus f_2 = i_1 \circ f_1 + i_2 \circ f_2$ である．

$V = V_1 \oplus V_2, W = W_1 \oplus W_2$ とする．$f_{ij}\colon V_j \to W_i$ を線形写像とする．写像 $f\colon V \to W$ を，$x_1 \in V_1, x_2 \in V_2$ に対し，

$$f(x_1, x_2) = (f_{11}(x_1) + f_{12}(x_2), f_{21}(x_1) + f_{22}(x_2))$$

を対応させることで定めると，f は線形写像である．行列の記号を使って，線形写像 f を $\begin{pmatrix} f_{11} & f_{12} \\ f_{21} & f_{22} \end{pmatrix}$ で表わす．$f(x_1, x_2) = (y_1, y_2)$，$y_1 \in W_1, y_2 \in W_2$ とおくと，行列とベクトルの積と同様な計算規則を決めることにより，$\begin{pmatrix} y_1 \\ y_2 \end{pmatrix} = \begin{pmatrix} f_{11} & f_{12} \\ f_{21} & f_{22} \end{pmatrix} \begin{pmatrix} x_1 \\ x_2 \end{pmatrix}$ となる．$f_1\colon V_1 \to W_1$，$f_2\colon V_2 \to W_2$ に対し，

線形写像 $\begin{pmatrix} f_1 & 0 \\ 0 & f_2 \end{pmatrix}$ も f_1 と f_2 の**直和**とよび，$f_1 \oplus f_2$ で表わす．

成分がたくさんあっても同様である．$V = V_1 \oplus \cdots \oplus V_n, W = W_1 \oplus \cdots \oplus W_m$ とする．$f_{ij}\colon V_j \to W_i$ $(1 \leq i \leq m, 1 \leq j \leq n)$ を線形写像とする．写像 $f\colon V \to W$ を，$x_j \in V_j$ に対し，

$$f(x_1, \ldots, x_n) = (f_{11}(x_1) + \cdots + f_{1n}(x_n), \ldots, f_{m1}(x_1) + \cdots + f_{mn}(x_n))$$

を対応させることで定めると，f は線形写像である．行列の記号を使って，線形写像 f を $\begin{pmatrix} f_{11} & \cdots & f_{1n} \\ & \cdots & \\ f_{m1} & \cdots & f_{mn} \end{pmatrix}$ で表わす．$V_j = W_i = K$ の場合が，行列 $A \in M_{mn}(K)$ が定める線形写像 $K^n \to K^m$ を考えることにあたる．写像の合成を，行列の積と同様な規則で計算できる．$m = n$ のとき，$f_i\colon V_i \to W_i$ $(1 \leq i \leq n)$ に対し，線形写像 $\begin{pmatrix} f_1 & 0 & \cdots & 0 \\ 0 & f_2 & \ddots & \vdots \\ \vdots & \ddots & \ddots & 0 \\ 0 & \cdots & 0 & f_n \end{pmatrix}$ を $f_1, \ldots, f_n$ の**直和**とよび，$f_1 \oplus \cdots \oplus f_n$ で表わす．

m, n を自然数とする．K^m を n 個直和したもの $(K^m)^{\oplus n}$ から $M_{mn}(K)$ への写像を，n 個のベクトルの組 $(x_1, \ldots, x_n) \in (K^m)^{\oplus n}$ に対し，それらをならべて得られる m 行 n 列の行列 $\begin{pmatrix} x_1 & \cdots & x_n \end{pmatrix} \in M_{mn}(K)$ を対応させることで定める．この写像 $(K^m)^{\oplus n} \to M_{mn}(K)$ も同形である．

【例 2.2.6】　K を体とし，$A \in M_{mn}(K)$ とする．行列 $X \in M_{nr}(K)$ に対し $AX \in M_{mr}(K)$ を対応させる写像 $M_{nr}(K) \to M_{mr}(K)$ は，線形写像である．

行列 $X \in M_{lm}(K)$ に対し $XA \in M_{ln}(K)$ を対応させる写像 $M_{mn}(K) \to M_{ln}(K)$ も，線形写像である．

行列 $X \in M_{mn}(K)$ に対し，その転置 ${}^tX \in M_{nm}(K)$ を対応させる写像 $M_{mn}(K) \to M_{nm}(K)$ も，線形写像である．

【例 2.2.7】　微積分：無限回微分可能な関数 $f \in C^\infty(\mathbb{R})$ に対し，その導関数 $f' \in C^\infty(\mathbb{R})$ を対応させる写像 $D\colon C^\infty(\mathbb{R}) \to C^\infty(\mathbb{R})$ は，線形写像であ

る．$f \in C^\infty(\mathbb{R})$ に対し，その不定積分 $\int_0^x f(x)dx$ を対応させる写像 $C^\infty(\mathbb{R}) \to C^\infty(\mathbb{R})$ も，線形写像である．

$m \geq 0$ を自然数とし，$p_1, \ldots, p_m \in \mathbb{R}$ とする．

$$V = \{f \in C^\infty(\mathbb{R}) \mid f^{(m)} = p_1 f^{(m-1)} + \cdots + p_{m-1} f' + p_m f\}$$

を，例 1.4.4 で定義した $C^\infty(\mathbb{R})$ の部分空間とする．線形写像 $D\colon C^\infty(\mathbb{R}) \to C^\infty(\mathbb{R})$ は V の元である関数を V の元である関数にうつすから，D の V への制限 $D|_V\colon V \to V$ が定義される．

写像 $F\colon V \to \mathbb{R}^m$ を，関数 $f \in V$ に対しベクトル $\begin{pmatrix} f(0) \\ f'(0) \\ \vdots \\ f^{(m-1)}(0) \end{pmatrix} \in \mathbb{R}^m$ を対応させることで定める．$F\colon V \to \mathbb{R}^m$ は同形であることを，3.7 節で示す．

【例 2.2.8】 漸化式をみたす数列：例 1.3.3 のように，数列を関数と考える．$D\colon \mathbb{R}^\mathbb{N} \to \mathbb{R}^\mathbb{N}$ を，数列 $a : \mathbb{N} \to \mathbb{R}$ に対し，$b(n) = a(n+1)$ で定まる数列 $b = D(a)$ を対応させる写像とする．$D\colon \mathbb{R}^\mathbb{N} \to \mathbb{R}^\mathbb{N}$ は線形写像である．$\Delta = D - 1$ も線形写像である．$c = \Delta(a)$ とすると，$c(n) = a(n+1) - a(n)$ である．Δ を**差分** (difference) **作用素**という．

$m \geq 0$ を自然数とし，$p_1, \ldots, p_m \in \mathbb{R}$ とする．例 1.4.5 の漸化式をみたす数列の空間 W は，上の記号では，

$$\left\{ a \in \mathbb{R}^\mathbb{N} \;\middle|\; \begin{array}{l} \text{任意の自然数 } n \geq 0 \text{ に対し} \\ a(n+m) = p_1 a(n+m-1) + \cdots + p_{m-1} a(n+1) + p_m a(n) \end{array} \right\}$$

となる．写像 $D\colon \mathbb{R}^\mathbb{N} \to \mathbb{R}^\mathbb{N}$ は W の元である数列を W の元である数列にうつすから，線形写像 $D|_W\colon W \to W$ が定義される．

写像 $G\colon W \to \mathbb{R}^m$ を，数列 $a = (a_n) \in W$ に対しベクトル $\begin{pmatrix} a_0 \\ a_1 \\ \vdots \\ a_{m-1} \end{pmatrix} \in \mathbb{R}^m$ を対応させることで定める．任意の実数 $a_0, \ldots, a_{m-1} \in \mathbb{R}$ に対し，漸化式

$$a_{n+m} = p_1 a_{n+m-1} + \cdots + p_{m-1} a_{n+1} + p_m a_n$$

をみたす数列 $(a_n) \in \mathbb{R}^{\mathbb{N}}$ がただ 1 つ定まるから，写像 $G\colon W \to \mathbb{R}^m$ は同形である．

【例 2.2.9】　無限回微分可能な関数 $f \in C^\infty(\mathbb{R})$ に対し，$a_n = f^{(n)}(0)$ で定まる数列 $a = (a_n) \in \mathbb{R}^{\mathbb{N}}$ を対応させる写像を $T : C^\infty(\mathbb{R}) \to \mathbb{R}^{\mathbb{N}}$ とする．T は線形写像である（T は全射である．一松信『解析学序説　上巻（新版）』裳華房 (1982) 238 ページ，定理 A.13）．例 2.2.7 の線形写像 $D\colon C^\infty(\mathbb{R}) \to C^\infty(\mathbb{R})$ と例 2.2.8 の線形写像 $D\colon \mathbb{R}^{\mathbb{N}} \to \mathbb{R}^{\mathbb{N}}$ に対して，合成写像の等式 $T \circ D = D \circ T$ がなりたつ．したがって，部分空間

$$V = \{f \in C^\infty(\mathbb{R}) \mid f^{(m)} = p_1 f^{(m-1)} + \cdots + p_{m-1} f' + p_m f\} \subset C^\infty(\mathbb{R}),$$

$$W = \left\{ a \in \mathbb{R}^{\mathbb{N}} \;\middle|\; \begin{array}{l} \text{自然数 } n \geq 0 \text{ に対し} \\ a_{n+m} = p_1 a_{n+m-1} + \cdots + p_{m-1} a_{n+1} + p_m a_n \end{array} \right\} \subset \mathbb{R}^{\mathbb{N}}$$

について，$T(V) \subset W$ がなりたつ．T の V への制限 $T|_V : V \to W$ が同形であることを 3.7 節で示す．例 2.2.7 の線形写像 $F\colon V \to \mathbb{R}^m$ は，$T|_V : V \to W$ と例 2.2.8 の線形写像 $G\colon W \to \mathbb{R}^m$ の合成 $G \circ T|_V$ である．

【例 2.2.10】　多項式の余り：$f \in K[X], f \neq 0$ を n 次多項式，W を $n-1$ 次以下の多項式のなす空間とする．多項式 $g \in K[X]$ に対し，g を f でわった余りを対応させる写像 $K[X] \to W$ は，線形写像である．

$f = X - a$ のときは，$W = K$ であり，上の写像は，多項式 $g \in K[X]$ に a を代入した値 $g(a)$ を対応させる写像 $K[X] \to K$ である．

【例 2.2.11】　X, Y を集合とし，K^X, K^Y をそれぞれ体 K への写像全体のなす線形空間とする．$f\colon X \to Y$ を写像とすると，合成 $\circ f$ が定める写像 $f^*\colon K^Y \to K^X$ は線形写像である．

【例 2.2.12】　複素共役 $\mathbb{C} \to \mathbb{C}$ は $\mathbb{R}$ 線形写像だが，$\mathbb{C}$ 線形写像ではない．$a \in \mathbb{C}$ とすると，a 倍写像 $\mathbb{C} \to \mathbb{C}$ は，$\mathbb{C}$ 線形写像であり，$\mathbb{R}$ 線形写像でもある．

【例 2.2.13】 複素化，共役：$V=\mathbb{R}^n$ とすると，$(a,b)\in V_{\mathbb{C}}$ に $a+\sqrt{-1}b\in\mathbb{C}^n$ を対応させる写像 $V_{\mathbb{C}}\to\mathbb{C}^n$ は，$\mathbb{C}$ 線形空間の同形である．

$V=\mathbb{R}[X]$ とすると，$(f,g)\in V_{\mathbb{C}}$ に $f+\sqrt{-1}g\in\mathbb{C}[X]$ を対応させる写像 $V_{\mathbb{C}}\to\mathbb{C}[X]$ は，$\mathbb{C}$ 線形空間の同形である．

$f\colon V\to W$ を $\mathbb{R}$ 線形空間の準同形とすると，$f\oplus f\colon V\oplus V\to W\oplus W$ は，$\mathbb{C}$ 線形空間の準同形 $f_{\mathbb{C}}\colon V_{\mathbb{C}}\to W_{\mathbb{C}}$ を定める．これを f の**複素化**という．

V,W を $\mathbb{C}$ 線形空間とし，V' を V の共役とする．写像 $f\colon V'\to W$ が $\mathbb{C}$ 線形写像であるとは，写像 $f\colon V\to W$ が線形写像の公理 (1) と次の条件 (2′) をみたすことである．

(2′) 任意の $a\in\mathbb{C}$ と $x\in V$ に対し，$f(ax)=\bar{a}f(x)$ がなりたつ．

まとめ

- 線形写像 $f\colon K^n\to K^m$ と行列 $A\in M_{mn}(K)$ は，同じものと考えることができる．
- 微積分や，数列の漸化式など，いろいろなところに線形写像が現われる．
- A 倍写像が同形とは，A が可逆ということである．

問題

A 2.2.1 $a_1,\ldots,a_n$ を K^n の基底とし，$b_1,\ldots,b_n\in K^n$ とする．$A,B\in M_n(K)$ をそれぞれ $a_1,\ldots,a_n$, $b_1,\ldots,b_n$ をならべて得られる行列とする．$a_1,\ldots,a_n$ を $b_1,\ldots,b_n$ にうつす線形写像 $f:K^n\to K^n$ は，BA^{-1} 倍写像であることを示せ．

A 2.2.2 $f,g\colon V\to W$ を線形写像とする．$\Delta\colon V\to V\oplus V$ を対角写像 $\Delta=\begin{pmatrix}\mathrm{id}_V\\ \mathrm{id}_V\end{pmatrix}$, $f\oplus g\colon V\oplus V\to W\oplus W$ を f と g の直和 $\begin{pmatrix}f & 0\\ 0 & g\end{pmatrix}$, $+\colon W\oplus W\to W$ を和 $+=\begin{pmatrix}\mathrm{id}_W & \mathrm{id}_W\end{pmatrix}$ とする．このとき，写像の和 $f+g:V\to W$ は，合成 $+\circ(f\oplus g)\circ\Delta$ と等しいことを示せ．

C 2.2.3 関数 $f:\mathbb{R}\to\mathbb{R}$ を

$$f(x)=\begin{cases} e^{-1/x} & x>0 \text{ のとき},\\ 0 & x\leq 0 \text{ のとき}\end{cases}$$

で定義する．

1. $f\in C^\infty(\mathbb{R})$ を示せ．
2. $T:C^\infty(\mathbb{R})\to\mathbb{R}^{\mathbb{N}}$ を例 2.2.9 で定義した写像とする．$T(f)=0$ を示せ．

2.3 行列表示

有限次元線形空間の元が，基底を使えばベクトルで表わせたように，有限次元線形空間の線形写像は，基底を使えば行列で表わすことができる．

定義 2.3.1 V と W を有限次元 K 線形空間とし，$f\colon V\to W$ を線形写像とする．$B=(x_1,\ldots,x_n), B'=(y_1,\ldots,y_m)$ をそれぞれ V,W の基底とし，$g\colon K^n\to V, g'\colon K^m\to W$ をそれぞれ基底 B,B' が定める同形とする．

このとき，行列 $A\in M_{mn}(K)$ で，合成 $g'^{-1}\circ f\circ g\colon K^n\to K^m$ が A 倍写像となるものが定まる．この行列 A を，基底 B,B' に関する f の**行列表示** (matrix presentation) という．

f が V の自己準同形のときは，f の基底 B,B に関する行列表示を，基底 B に関する f の行列表示という． □

$j=1,\ldots,n$ に対し $f(x_j)=a_{1j}y_1+\cdots+a_{mj}y_m$ とし，$a_j=\begin{pmatrix}a_{1j}\\ a_{2j}\\ \vdots\\ a_{mj}\end{pmatrix}\in K^m$ とおくと，$f(x_j)=g'(a_j)$ である．よって，f の行列表示 A は，ベクトル $Ae_j=g'^{-1}\circ f\circ g(e_j)=g'^{-1}(f(x_j))=a_j$ をならべて得られる行列

$$A=\begin{pmatrix}a_{11} & a_{12} & \cdots & a_{1n}\\ a_{21} & a_{22} & \cdots & a_{2n}\\ \vdots & \vdots & \cdots & \vdots\\ a_{m1} & a_{m2} & \cdots & a_{mn}\end{pmatrix}$$

である.

$$x = s_1x_1 + \cdots + s_nx_n \in V$$

に対し,

$$f(x) = t_1y_1 + \cdots + t_my_m \in W$$

とおき, $s = \begin{pmatrix} s_1 \\ s_2 \\ \vdots \\ s_n \end{pmatrix} \in K^n, t = \begin{pmatrix} t_1 \\ t_2 \\ \vdots \\ t_m \end{pmatrix} \in K^m$ とすると, $x = g(s), f(x) = g'(t)$ だから,

$$t = g'^{-1}(f(g(s))) = As$$

となる.

【例 2.3.2】 1. 行列 $A \in M_{mn}(K)$ に対し, A 倍写像 $K^n \to K^m$ の標準基底に関する行列表示は A である.

2. x_1, x_2 が V の基底であるとし, f を V の自己準同形とする.

$$f(x_1) = ax_1 + bx_2, f(x_2) = cx_1 + dx_2$$

ならば, f の x_1, x_2 に関する行列表示は

$$\begin{pmatrix} a & c \\ b & d \end{pmatrix}$$

である.

余談 33 例 2.3.2.2 で, f の行列表示を $\begin{pmatrix} a & b \\ c & d \end{pmatrix}$ と考えがちだが, $\begin{pmatrix} a & c \\ b & d \end{pmatrix}$ が正しい. これは, A 倍写像の標準基底に関する行列表示が A となるように, 定義しているからである.

余談 34 行列表示を使えば, 線形空間と線形写像についての問題を, ベクトルと行列についての問題に帰着させて解くことができる. 例えば, $y = f(x)$ をみたす $x \in V$ を求めるには, 対応する連立 1 次方程式 $t = As$ を解けば,

その解 $s = \begin{pmatrix} s_1 \\ \vdots \\ s_n \end{pmatrix} \in K^n$ に対応する $x = s_1x_1 + \cdots + s_nx_n \in V$ が求められる．

行列表示のことを**表現行列**ということもある．線形写像に，その行列表示を対応させる写像は可逆である．これについては，4.4 節でくわしく扱う．

線形写像 $f\colon V \to W$ が同形であるためには，$\dim V = \dim W$ かつ f の行列表示が可逆であることが必要十分である．

$f\colon V \to W$ の B, B' に関する行列表示が $A \in M_{mn}(K)$ であるとは，写像の等式 $f \circ g = g' \circ A\times$ がなりたつということである．

余談 35　写像の等式 $f \circ g = g' \circ A\times$ がなりたつことを，図式

$$\begin{array}{ccc} K^n & \xrightarrow{A\times} & K^m \\ {\scriptstyle g}\downarrow & & \downarrow{\scriptstyle g'} \\ V & \xrightarrow{f} & W \end{array}$$

が**可換** (commutative) であるともいう．図式が可換であることを，図式の中にまわる矢印 $\circlearrowright$ を書くことによって表わすことも多い．

$f\colon V \to W$ の行列表示が A で，同じ基底に関する $g\colon V \to W$ の行列表示が B なら，その基底に関する $f+g$ の行列表示は $A+B$ である．af の行列表示は aA である．

B, B', B'' を U, V, W の基底とし，$f\colon U \to V$ と $f'\colon V \to W$ の B, B' と B', B'' に関する行列表示を，それぞれ A, A' とする．$g\colon K^n \to U, g'\colon K^m \to V, g''\colon K^l \to W$ を，それぞれ，B, B', B'' が定める同形とすると，図式

$$\begin{array}{ccccc} K^n & \xrightarrow{A\times} & K^m & \xrightarrow{A'\times} & K^l \\ {\scriptstyle g}\downarrow & & {\scriptstyle g'}\downarrow & & {\scriptstyle g''}\downarrow \\ U & \xrightarrow{f} & V & \xrightarrow{f'} & W \end{array}$$

は可換である．したがって，合成 $f' \circ f\colon U \to W$ の B, B'' に関する行列表示は積 $A'A$ である．

$V = V_1 \oplus V_2, W = W_1 \oplus W_2$ とし，$x_1, \ldots, x_n$ を V の基底で，$x_1, \ldots, x_{n_1}$ が V_1 の基底，$x_{n_1+1}, \ldots, x_n$ が V_2 の基底となるもの，$y_1, \ldots, y_m$ を W の基底で，$y_1, \ldots, y_{m_1}$ が W_1 の基底，$y_{m_1+1}, \ldots, y_m$ が W_2 の基底となるものとする．線形写像 $f_{ij}\colon V_j \to W_i$ の，これらの基底に関する行列表示を A_{ij} とすると，$f = \begin{pmatrix} f_{11} & f_{12} \\ f_{21} & f_{22} \end{pmatrix}$ の基底 $x_1, \ldots, x_n$ と $y_1, \ldots, y_m$ に関する行列表示は，$\begin{pmatrix} A_{11} & A_{12} \\ A_{21} & A_{22} \end{pmatrix}$ である．

成分の個数がもっとたくさんあるときも，同様である．例えば，$V = V_1 \oplus \cdots \oplus V_r, W = W_1 \oplus \cdots \oplus W_r$ とし，$x_{n_1+\cdots+n_{i-1}+1}, \ldots, x_{n_1+\cdots+n_i}$ を V_i の基底，$y_{m_1+\cdots+m_{i-1}+1}, \ldots, y_{m_1+\cdots+m_i}$ を W_i の基底とする．この基底に関する $f_i\colon V_i \to W_i$ の行列表示が A_i であるとき，直和 $f_1 \oplus \cdots \oplus f_r\colon V \to W$ の，基底 $x_1, \ldots, x_{n_1+\cdots+n_r}$ と $y_1, \ldots, y_{m_1+\cdots+m_r}$ に関する行列表示は，区分けして書くと $\begin{pmatrix} A_1 & 0 & \cdots & 0 \\ 0 & A_2 & \ddots & \vdots \\ \vdots & \ddots & \ddots & 0 \\ 0 & \cdots & 0 & A_r \end{pmatrix}$ である．この行列を $A_1, \ldots, A_r$ の**直和**といい，$A_1 \oplus \cdots \oplus A_r$ で表わす．$A_1 = \cdots = A_r = A$ のときには，$A^{\oplus r}$ で表わす．

【例 2.3.3】 $V' \subset V, W' \subset W$ をそれぞれ部分空間とする．$B = (x_1, \ldots, x_n)$ を V の基底，$D = (y_1, \ldots, y_m)$ を W の基底とし，$B' = (x_1, \ldots, x_{n'})$ が V' の基底であり，$D' = (y_1, \ldots, y_{m'})$ が W' の基底であるとする．$f\colon V \to W$ を線形写像とし，その B, D に関する行列表示を $A \in M_{mn}(K)$ とする．

A を区分けして $\begin{pmatrix} A_{11} & A_{12} \\ A_{21} & A_{22} \end{pmatrix}$ と書く．このとき，$f(V') \subset W'$ となるための条件は，$A_{21} = 0$ である．$f(V') \subset W'$ のとき，f の制限 $f|_{V'}\colon V' \to W'$ の，基底 B', D' に関する行列表示は $A_{11} \in M_{m'n'}(K)$ である．

【例 2.3.4】 $f\colon V \to W$ を $\mathbb{R}$ 線形写像とし，$f_{\mathbb{C}}\colon V_{\mathbb{C}} \to W_{\mathbb{C}}$ をその複素化とする．V の基底 $x_1, \ldots, x_n$ と W の基底 $y_1, \ldots, y_m$ に関する f の行列表示を $A \in M_{mn}(\mathbb{R})$ とすると，$V_{\mathbb{C}}$ の基底 $(x_1, 0), \ldots, (x_n, 0)$ と $W_{\mathbb{C}}$ の基底 $(y_1, 0), \ldots, (y_m, 0)$ に関する $f_{\mathbb{C}}$ の行列表示は同じ行列 $A \in M_{mn}(\mathbb{C})$ である．

$f: V \to W$ を $\mathbb{C}$ 線形空間の準同形とする．V', W' を V, W の共役とすると，$f: V' \to W'$ は $\mathbb{C}$ 線形写像である．V の基底 $x_1, \ldots, x_n$ と W の基底 $y_1, \ldots, y_m$ に関する f の行列表示を $A \in M_{mn}(\mathbb{C})$ とすると，V' の基底 $x_1, \ldots, x_n$ と W' の基底 $y_1, \ldots, y_m$ に関する f の行列表示は，A を成分ごとに複素共役をとって得られる行列 $\overline{A} \in M_{mn}(\mathbb{C})$ である．

V を線形空間とし，$x_1, \ldots, x_n$ を V の基底とする．$y_1, \ldots, y_n \in V$ が，V の基底であるための条件を考える．基底 $x_1, \ldots, x_n$ を $y_1, \ldots, y_n$ にうつす線形写像 $f: V \to V$ の，基底 $x_1, \ldots, x_n$ に関する行列表示を $A \in M_n(K)$ とする．$h: V \to K^n$ を，$x_1, \ldots, x_n$ を標準基底にうつす同形とすると，A は，$h(y_1), \ldots, h(y_n) \in K^n$ をならべて得られる行列 $\begin{pmatrix} h(y_1) & \cdots & h(y_n) \end{pmatrix}$ である．$y_1, \ldots, y_n$ が V の基底であるためには，行列 $A \in M_n(K)$ が可逆であることが必要十分である．

定義 2.3.5　$x_1, \ldots, x_n$ と $y_1, \ldots, y_n$ を V の基底とする．$x_1, \ldots, x_n$ を $y_1, \ldots, y_n$ にうつす V の自己同形の，基底 $x_1, \ldots, x_n$ に関する行列表示 $A \in GL_n(K)$ を，$x_1, \ldots, x_n$ から $y_1, \ldots, y_n$ への**底の変換行列** (transformation matrix) とよぶ．□

$y_j = a_{1j}x_1 + \cdots + a_{nj}x_n$ $(j = 1, \ldots, n)$ とすると，底の変換行列 A は，ベクトル $\begin{pmatrix} a_{1j} \\ a_{2j} \\ \vdots \\ a_{nj} \end{pmatrix} \in K^n$ をならべて得られる行列 $A = (a_{ij})$ である．

【例 2.3.6】　$P \in GL_n(K)$ とする．K^n の標準基底 $e_1, \ldots, e_n$ から $Pe_1, \ldots, Pe_n$ への底の変換行列は P である．

基底をとりかえると，線形写像の行列表示がどう変わるかは，底の変換行列を使って次のように表わされる．

命題 2.3.7　V を有限次元線形空間とし，B, B' を V の基底とする．$P \in$

$GL_n(K)$ を B から B' への底の変換行列とする．

1. P は，V の恒等写像 id_V の基底 B', B に関する行列表示と等しい．

2. さらに，W を有限次元線形空間とし，D, D' を W の基底，$Q \in GL_m(K)$ を D から D' への底の変換行列とする．線形写像 $f\colon V \to W$ の，B, D に関する行列表示を $A \in M_{mn}(K)$，B', D' に関する行列表示を $A' \in M_{mn}(K)$ とすると，$A' = Q^{-1}AP$ である．□

証明　1. 基底 B を B' にうつす V の自己同形 f の，基底 B, B' に関する行列表示は 1 である．よって，Q を id_V の基底 B', B に関する行列表示とすると，$f = \mathrm{id}_V \circ f$ の基底 B に関する行列表示 P は $Q \cdot 1 = Q$ である．

2. 1 より $f = f \circ \mathrm{id}_V = \mathrm{id}_W \circ f$ の，基底 B', D に関する行列表示は $AP = QA'$ である．■

命題 2.3.7.1 は，$x \in V$ を $x = \sum_{i=1}^n a_i x_i = \sum_{i=1}^n b_i y_i$ と表わすと，$\begin{pmatrix} a_1 \\ \vdots \\ a_n \end{pmatrix} = P \begin{pmatrix} b_1 \\ \vdots \\ b_n \end{pmatrix}$ となるということである．

f の行列表示は，基底のとり方によって，一般には違うものになる．線形写像 $f\colon V \to W$ に対し，その行列表示が簡単な形になるような V と W の基底を選べれば，f がよくわかることになる．次節の命題 2.4.8 で，V の基底と W の基底を独立に選んでよい場合を調べる．$V = W$ で，V の基底と W の基底として同じものを考える場合が，第 3 章の主題である．このように，目的に応じて基底を選べることも，抽象的な取り扱いの利点の 1 つである．

まとめ

- 線形写像は，基底を使えば行列で表わすことができる．
- 行列表示を使えば，線形空間と線形写像についての問題を，ベクトルと行列についての問題に帰着させて解くことができる．
- 線形写像の行列表示は，基底のとり方によって変わる．変わり方は，底の変換行列で計算できる．

問題

A 2.3.1　$M_2(\mathbb{R})$ の部分空間 V を，$V = \left\{ X \in M_2(\mathbb{R}) \;\middle|\; X \begin{pmatrix} 1 \\ 0 \end{pmatrix} \in \mathbb{R} \cdot \begin{pmatrix} 1 \\ 0 \end{pmatrix} \right\}$ で定める．

1. $E_{ij} \in M_2(\mathbb{R})$ を行列単位とすると，E_{11}, E_{12}, E_{22} は V の基底であることを示せ．

2. $A = \begin{pmatrix} 2 & 3 \\ 0 & 1 \end{pmatrix}$, $B = \begin{pmatrix} 1 & 1 \\ 0 & 1 \end{pmatrix}$ とおき，V の自己準同形 $f : V \to V$ を $f(X) = AXB$ で定める．$f : V \to V$ の，基底 E_{11}, E_{12}, E_{22} に関する行列表示を求めよ．

A 2.3.2　$A = \begin{pmatrix} 0 & 0 & 0 & 1 \\ 1 & 0 & 0 & 0 \\ 0 & 1 & 0 & 0 \\ 0 & 0 & 1 & 0 \end{pmatrix} \in M_4(\mathbb{C})$ とし，A 倍写像を $f : \mathbb{C}^4 \to \mathbb{C}^4$ で表わす．$\mathbb{C}^4$ の基底 $x_1 = \begin{pmatrix} 1 \\ 1 \\ 1 \\ 1 \end{pmatrix}$, $x_2 = \begin{pmatrix} 1 \\ -\sqrt{-1} \\ -1 \\ \sqrt{-1} \end{pmatrix}$, $x_3 = \begin{pmatrix} 1 \\ -1 \\ 1 \\ -1 \end{pmatrix}$, $x_4 = \begin{pmatrix} 1 \\ \sqrt{-1} \\ -1 \\ -\sqrt{-1} \end{pmatrix}$ を考える．

1. $f : \mathbb{C}^4 \to \mathbb{C}^4$ の，基底 x_1, x_2, x_3, x_4 に関する行列表示を求めよ．

2. $W = \left\{ \begin{pmatrix} a \\ b \\ c \\ d \end{pmatrix} \in \mathbb{C}^4 \;\middle|\; a + b + c + d = 0 \right\}$ とし，W の基底 $y_1 = \begin{pmatrix} 1 \\ -1 \\ 0 \\ 0 \end{pmatrix}$, $y_2 = \begin{pmatrix} 0 \\ 1 \\ -1 \\ 0 \end{pmatrix}$, $y_3 = \begin{pmatrix} 0 \\ 0 \\ 1 \\ -1 \end{pmatrix}$ を考える．$f(W) \subset W$ を示し，f の W への制限

$f|_W : W \to W$ の，基底 y_1, y_2, y_3 に関する行列表示 $B \in M_3(\mathbb{C})$ を求めよ．

3. W の基底 y_1, y_2, y_3 から x_2, x_3, x_4 への，底の変換行列 $P \in GL_3(\mathbb{C})$ を求めよ．

4. $f|_W : W \to W$ の，基底 x_2, x_3, x_4 に関する行列表示 C が $P^{-1}BP$ であることを確かめよ．

A 2.3.3 $A \in M_{mn}(K)$ とする．線形写像 $f\colon M_{1m}(K) \to M_{1n}(K)$ を $f(x) = xA$ で定める．f の，基底 $E_{11}, \ldots, E_{1m} \in M_{1m}(K)$ と基底 $E_{11}, \ldots, E_{1n} \in M_{1n}(K)$ に関する行列表示は，A の転置行列 ${}^tA \in M_{nm}(K)$ であることを示せ．

A 2.3.4 $\alpha = a + b\sqrt{-1} \in \mathbb{C}$ とする．α 倍写像 $\mathbb{C} \to \mathbb{C}$ の，$\mathbb{R}$ 線形空間としての基底 $1, \sqrt{-1}$ に関する行列表示 $A \in M_2(\mathbb{R})$ を求めよ．

B 2.3.5 W を漸化式 $a_{n+3} = a_{n+2} + a_{n+1} - a_n$ をみたす実数列の空間とし，線形写像 $D\colon W \to W$ を例 2.2.8 のように定める．

1. W の基底 $(1), (n), ((-1)^n)$ に関する D の行列表示 A を求めよ．

2. $b_0, b_1, b_2 \in W$ を，同形 $W \to \mathbb{R}^3\colon (a_n) \mapsto \begin{pmatrix} a_0 \\ a_1 \\ a_2 \end{pmatrix}$ による標準基底 e_1, e_2, e_3 の逆像とする．b_0, b_1, b_2 に関する D の行列表示 B を求めよ．

3. W の基底 b_0, b_1, b_2 から基底 $(1), (n), ((-1)^n)$ への底の変換行列 P を求めよ．

4. $A = P^{-1}BP$ を確かめよ．

B 2.3.6 W を n 次以下の多項式全体のなす空間とする．W の自己準同形 $D\colon W \to W$ を $D(f) = f(X+1)$ で定める．

1. W の基底 $1, X, \ldots, X^n$ に関する D の行列表示を求めよ．

2. W の基底 $1, X, X(X-1), \ldots, X(X-1)\cdots(X-(n-1))$ に関する D の行列表示を求めよ．

B 2.3.7 $V = \langle \cos, \sin \rangle \subset C^\infty(\mathbb{R})$ とする．

1. a を実数とし，自己準同形 $L_a: V \to V$ を $L_a(f)(x) = f(x+a)$ で定める．V の基底 $\cos, \sin$ に関する，L_a の行列表示を求めよ．

2. 自己準同形 $D: V \to V$ を $D(f) = f'$ で定める．V の基底 $\cos, \sin$ に関する，D の行列表示を求めよ．

2.4 核と像

線形写像 $V \to W$ による V の部分空間の像は W の部分空間であり，W の部分空間の逆像は V の部分空間である．

命題 2.4.1 $f: V \to W$ を線形写像とする．

1. V' が V の部分空間ならば，$f(V') = \{f(x) \mid x \in V'\}$ は W の部分空間である．

2. W' が W の部分空間ならば，$f^{-1}(W') = \{x \in V \mid f(x) \in W'\}$ は V の部分空間である． □

証明 1. V' を V の部分空間とする．$0 \in V'$ だから，$f(0) = 0 \in f(V')$ である．$y, y' \in f(V'), a \in K$ とすると，$y = f(x), y' = f(x')$ をみたす $x, x' \in V'$ がある．$y + y' = f(x + x') \in f(V'), ay = f(ax) \in f(V')$ だから，$f(V')$ は W の部分空間である．

2. W' を W の部分空間とする．$f(0) = 0 \in W'$ だから，$0 \in f^{-1}(W')$ である．$x, x' \in f^{-1}(W'), a \in K$ とすると，$f(x+x') = f(x)+f(x') \in W', f(ax) = af(x) \in W'$ だから，$f^{-1}(W')$ は V の部分空間である． ■

上の命題で，$V' = V$ および $W' = 0$ の場合が特に重要である．

定義 2.4.2 写像 $f: V \to W$ を K 線形写像とする．V の部分空間 $f^{-1}(0) = \{x \in V \mid f(x) = 0\}$ を f の**核** (kernel) とよび，$\mathrm{Ker}\, f$ で表す．W の部分空間 $f(V) = \{f(x) \mid x \in V\}$ を f の**像**とよび，$\mathrm{Im}\, f$ で表す．$\mathrm{Im}\, f$ の次元を f の**階数** (rank) とよび，$\mathrm{rank}\, f$ で表す．

行列 $A \in M_{mn}(K)$ に対し，A 倍写像 $K^n \to K^m$ の階数を，A の階数といい，$\mathrm{rank}\, A$ で表す． □

核と像は，箱を使って，下の図のように表わすことができる．

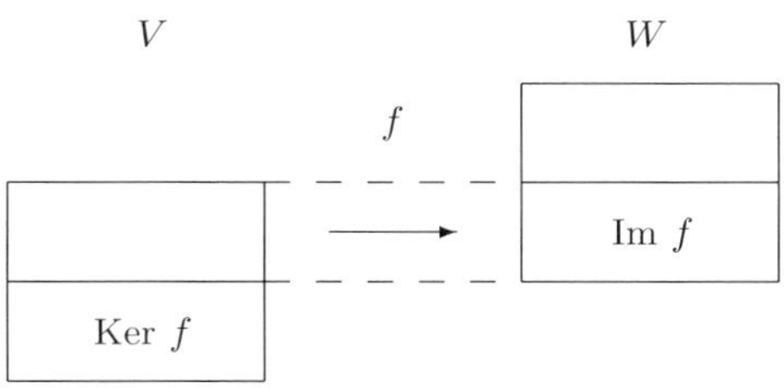

図 2.1 核と像

【例 2.4.3】 $A \in M_{mn}(K)$ とする．A 倍写像 $K^n \to K^m$ の核は，連立 1 次方程式の解のなす空間 $\{x \in K^n \mid Ax = 0\}$ である．

A がベクトル $a_1, \ldots, a_n \in K^m$ をならべて得られるもの $A = \begin{pmatrix} a_1 & \cdots & a_n \end{pmatrix}$ であるとき，A 倍写像の像は $\langle a_1, \ldots, a_n \rangle \subset K^m$ である．したがって，定理1.5.7.1 より，rank A は，集合 $\{i \mid 1 \leq i \leq n, a_i \notin \langle a_1, \ldots, a_{i-1} \rangle\}$ の元の個数である．

線形写像 $f\colon V \to W$ が全射であるとは，像 Im f が W 全体ということである．単射であるとは，核 Ker f が 0 ということである．

命題 2.4.4 $f\colon V \to W$ を線形写像とする．次の条件は同値である．

(1) f は単射である．

(2) Ker $f = 0$ である． □

証明 (2)⇒(1)：Ker $f = 0$ とする．$f(x) = f(x')$ とすると，$f(x - x') = 0$ だから，$x - x' \in$ Ker $f = 0$ である．したがって $x - x' = 0$ であり，$x = x'$ である．

(1)⇒(2)：f が単射なら，逆像 $f^{-1}(0)$ の元は 0 ただ 1 つである． ■

系 2.4.5 $f\colon V \to W$ を線形写像とする．次の条件は同値である．

(1) f は同形である．

(2) f は全射かつ単射である．

(3) Im $f = W$ かつ Ker $f = 0$ である． □

全射については，次の性質がなりたつ．

命題 2.4.6 $f:V\to W$ を全射線形写像とする．V の部分空間 V' について，次の条件は同値である．

(1) $V=V'\oplus\operatorname{Ker}f$ である．

(2) f の V' への制限 $f|_{V'}\colon V'\to W$ は同形である． □

証明 (1)⇒(2)：$V=V'\oplus\operatorname{Ker}f$ とする．$W=f(V)=f(V')+f(\operatorname{Ker}f)=f(V')=\operatorname{Im}f|_{V'}$ であり，$\operatorname{Ker}f|_{V'}=V'\cap\operatorname{Ker}f=0$ である．よって，系 2.4.5 より，$f|_{V'}\colon V'\to W$ は同形である．

(2)⇒(1)：$f|_{V'}\colon V'\to W$ が同形とする．$V'\cap\operatorname{Ker}f=\operatorname{Ker}f|_{V'}=0$ である．$x\in V$ とすると，$f(x)=f(x')$ をみたす $x'\in V'$ がある．$f(x-x')=f(x)-f(x')=0$ だから，$x-x'\in\operatorname{Ker}f$ である．よって，$x=x'+(x-x')\in V'+\operatorname{Ker}f$ であり，$V=V'+\operatorname{Ker}f$ である． ■

系 2.4.7 線形写像 $f:V\to W$ に対し，次の条件は同値である．

(1) f は全射である．

(2) V の部分空間 V' で，f の V' への制限 $f|_{V'}\colon V'\to W$ が同形であるものが存在する． □

証明 (1)⇒(2)：命題 2.4.6 より，$V=V'\oplus\operatorname{Ker}f$ をみたす部分空間をとればよい．

(2)⇒(1)：$f(V)\supset f(V')=W$ である． ■

余談 36 V と W が線形空間であるとき，$f\colon V\to W$ が全射線形写像であることを，$f\colon V\to W$ が全射であるということが多い．単射についても同様である．

余談 37 第 7 章で説明する商空間の用語と準同形定理を使えば，$f:V\to W$ が全射であるということは，f は同形 $V/\operatorname{Ker}f\to W$ を定めるということであり，命題 2.4.6 は，$\operatorname{Ker}f$ の補空間 V' から商空間への標準写像 $V'\to V/\operatorname{Ker}f$ が同形ということである．命題 2.4.6 をこれから何度も使うことになるが，それは補空間を商空間のかわりに使い，命題 2.4.6 で準同形定理を代用するからである．

命題 2.4.8 $f\colon V \to W$ を線形写像とする．$\dim V = n, \dim W = m$ とする．このとき，次の条件は同値である．

(1) f の階数は r である．

(2) V の基底 $x_1, \ldots, x_n$ と W の基底 $y_1, \ldots, y_m$ で，

$$f(x_i) = \begin{cases} y_i & 1 \leq i \leq r \text{ のとき}, \\ 0 & r < i \leq n \text{ のとき} \end{cases}$$

をみたすものがある．

(3) V の基底と W の基底で，それらに関する f の行列表示が $\begin{pmatrix} 1_r & 0 \\ 0 & 0 \end{pmatrix}$ となるものが存在する． □

証明 (2)⇔(3)：行列表示の定義からしたがう．

(2)⇒(1)：(2) がなりたつとき，$\mathrm{Im}\, f = \langle y_1, \ldots, y_r \rangle$ の次元は r である．

(1)⇒(2) を示す．V' を $V = V' \oplus \mathrm{Ker}\, f$ をみたす V の部分空間とし，$x_1, \ldots, x_r$ を V' の基底，$x_{r+1}, \ldots, x_n$ を $\mathrm{Ker}\, f$ の基底とする．f は全射 $V \to \mathrm{Im}\, f$ を定めるから，命題 2.4.6 より，f の V' への制限 $f|_{V'}\colon V' \to \mathrm{Im}\, f$ は同形である．よって，$y_1 = f(x_1), \ldots, y_r = f(x_r)$ は $\mathrm{Im}\, f$ の基底である．$y_1, \ldots, y_m$ を，$y_1, \ldots, y_r$ を延長する W の基底とすればよい． ■

系 2.4.9 $\dim V = \dim \mathrm{Ker}\, f + \mathrm{rank}\, f$ である． □

証明 命題 2.4.8(2) の記号で，$\mathrm{Ker}\, f = \langle x_{r+1}, \ldots, x_n \rangle$ だから，$\dim \mathrm{Ker}\, f = n - r = \dim V - \mathrm{rank}\, f$ である． ■

例題 2.4.10 V, W を線形空間とし，$x_1, \ldots, x_n$ を V の基底とする．$f\colon V \to W$ を線形写像とし，$y_1 = f(x_1), \ldots, y_n = f(x_n)$ とおく．f の階数 $\mathrm{rank}\, f$ と，$\mathrm{Im}\, f$ の基底，$\mathrm{Ker}\, f$ の基底を求める方法を与えよ．

解答 $\{i \mid 1 \leq i \leq n, y_i \notin \langle y_1, \ldots, y_{i-1} \rangle\} = \{i_1, \ldots, i_r\}, i_1 < \cdots < i_r$ とおく．定理 1.5.7.1 より，$y_{i_1}, \ldots, y_{i_r}$ は $\mathrm{Im}\, f = \langle y_1, \ldots, y_n \rangle$ の基底であり，

rank $f = \dim \mathrm{Im}\ f = r$ である．

$j \in \{1, \ldots, n\} \setminus \{i_1, \ldots, i_r\}$ とする．s_j を $i_s < j$ をみたす最大の $1 \leq s \leq r$ とする．このとき，$y_j \in \langle y_1, \ldots, y_{j-1} \rangle = \langle y_{i_1}, \ldots, y_{i_{s_j}} \rangle$ となるから，$y_j = a_{i_1 j} y_{i_1} + \cdots + a_{i_{s_j} j} y_{i_{s_j}}$ をみたす $a_{i_1 j}, \ldots, a_{i_{s_j} j} \in K$ が一意的に定まる．

$$x_j - (a_{i_1 j} x_{i_1} + \cdots + a_{i_{s_j} j} x_{i_{s_j}}), \quad j \in \{1, \ldots, n\} \setminus \{i_1, \ldots, i_r\}$$

は，核 Ker f の基底である．

このようにして Ker f の基底を求める方法を，**掃き出し法**という．

まとめ

- 線形写像を調べるとき，その核と像が重要である．
- 線形写像が単射とは，核が 0 ということである．
- 線形写像が全射とは，核の補空間への制限が同形ということである．

問題

A 2.4.1　$A = \begin{pmatrix} 1 & 2 & 3 \\ 4 & 5 & 6 \\ 7 & 8 & 9 \end{pmatrix} \in M_3(\mathbb{R})$ とする．掃き出し法を使って，A 倍写像の核と像の基底を求めよ．A の階数も求めよ．

A 2.4.2　n を自然数とする．$A \in M_n(K)$ を $A - {}^t A \in M_n(K)$ にうつす線形写像 $M_n(K) \to M_n(K)$ の核と像を求めよ．

A 2.4.3　$A \in M_{mn}(K)$ とする．命題 2.4.8 を使って rank A = rank ${}^t A$ を示せ．

B 2.4.4　$J = \begin{pmatrix} 0 & -1 \\ 1 & 0 \end{pmatrix}$ とおいて，線形写像 $F\colon \mathbb{R}[X] \to M_2(\mathbb{R})$ を $F(f) = f(J)$ で定める．Ker $F = (X^2 + 1)$, Im $F = \mathbb{R} \oplus \mathbb{R}J$ であることを示せ．

B 2.4.5 $f \in K[X]$ を 0 でない多項式とする．f 倍写像 $K[X] \to K[X]$ の核は 0 であり，像は $(f) = \{fg \mid g \in K[X]\}$ であることを示せ．

B 2.4.6 $F\colon C^\infty(\mathbb{R}) \to C^\infty(\mathbb{R})$ を $F(f) = f'$ で定め，$G\colon C^\infty(\mathbb{R}) \to C^\infty(\mathbb{R})$ を $G(f)(x) = \int_0^x f(x)dx$ で定める．F と G の像および核を求めよ．

B 2.4.7 $f\colon V \to W$ を線形写像とする．V の部分空間全体の集合を $\mathcal{S}_V$ で，W の部分空間全体の集合を $\mathcal{S}_W$ で表わす．写像 $f_*\colon \mathcal{S}_V \to \mathcal{S}_W$ と $f^*\colon \mathcal{S}_W \to \mathcal{S}_V$ を，それぞれ $f_*(V') = f(V')$, $f^*(W') = f^{-1}(W')$ で定める．次のことを示せ．

1. 写像 $f_*\colon \mathcal{S}_V \to \mathcal{S}_W$ の像は，$\{W' \in \mathcal{S}_W \,|\, W' \subset \mathrm{Im}\, f\}$ であり，$f^*\colon \mathcal{S}_W \to \mathcal{S}_V$ の像は，$\{V' \in \mathcal{S}_V \mid V' \supset \mathrm{Ker}\, f\}$ である．
2. f^*, f_* は 1 対 1 対応 $\{V' \in \mathcal{S}_V \mid V' \supset \mathrm{Ker}\, f\} \to \{W' \in \mathcal{S}_W \mid W' \subset \mathrm{Im}\, f\}$ を与える．
3. $f_* \circ f^* \circ f_* = f_*$ かつ $f^* \circ f_* \circ f^* = f^*$ である．

C 2.4.8 $U = \{z \in \mathbb{C} \mid \mathrm{Re}\, z > 0\}$ とし，$V = \{U$ 上の正則関数 $\}$ とおく．自己準同形 $D\colon V \to V$ を $D(f)(z) = f'(z) + zf''(z)$ で定める．

1. $W = \mathrm{Ker}\, D$ の基底を 1 つ与えよ．
2. $T\colon W \to W$ を，$T(f)$ を f を単位円上を正の向きに一回り解析接続することで得られる関数とおくことで定める．1 で求めた基底に関する T の行列表示を求めよ．

C 2.4.9 線形写像 $\dfrac{d}{dX}\colon \mathbb{C}(X) \to \mathbb{C}(X)$ の像および核を求めよ．

C 2.4.10 K を体とし，線形写像 $F\colon K[X] \to \{K$ から K への写像 $\}$ を $f \mapsto (x \mapsto f(x))$ で定める．K が無限体ならば，F は単射であることを示せ．

2.5 完全系列と直和分解*

定義 2.5.1 U, V, W を線形空間とし，$f\colon U \to V, g\colon V \to W$ を線形写像とする．$\mathrm{Ker}\, g = \mathrm{Im}\, f$ であるとき，$U \xrightarrow{f} V \xrightarrow{g} W$ は**完全系列** (exact sequence) であるという． □

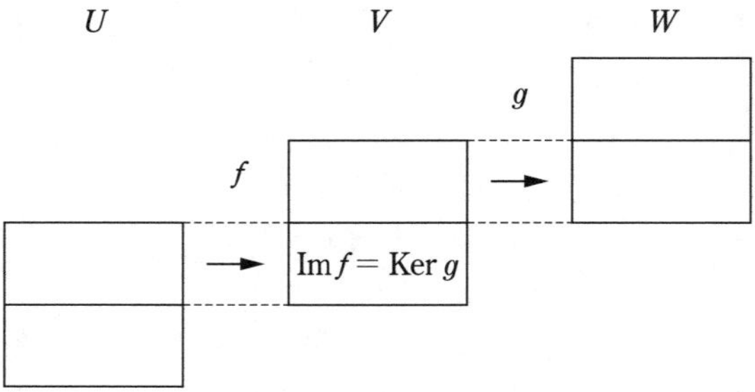

図 **2.2** 完全系列

$U \xrightarrow{f} V \xrightarrow{g} W$ が完全系列であることを，$U \xrightarrow{f} V \xrightarrow{g} W$ は V で**完全** (exact) であるともいう．例えば $U = K^m, V = K^n, W = K^r$ とし，f, g がそれぞれ $A \in M_{nm}(K), B \in M_{rn}(K)$ による A 倍写像，B 倍写像であるときは，$\mathrm{Ker}\ g = \{x \in K^n \mid Bx = 0\}$, $\mathrm{Im}\ f = \{Ay \mid y \in K^m\}$ である．したがってこの場合，$\mathrm{Ker}\ g$ を求めることは，連立 1 次方程式 $Bx = 0$ を解くということである．$A = \begin{pmatrix} a_1 & \cdots & a_m \end{pmatrix}$ とすると，$\mathrm{Ker}\ g = \mathrm{Im}\ f$ とは，連立 1 次方程式 $Bx = 0$ の解がちょうど $a_1, \ldots, a_m$ の 1 次結合全体ということである．

余談 38 式 $\mathrm{Ker}\ g = \{x \in V \mid g(x) = 0\}$ は，集合をその元がみたす条件の形で記述しているのに対し，式 $\mathrm{Im}\ f = \{f(u) \mid u \in U\}$ は，集合をその元を列挙する形で表わしている．このように，集合を記述するには 2 通りの方法がある．方程式を解くということは，条件の形で記述された集合の元を，すべて列挙するということである．

余談 39 $\mathbb{R}^3$ 内の原点をとおる平面とは，$\mathbb{R}^3$ の 2 次元部分空間のことである．$\mathbb{R}^3$ の 2 次元部分空間 W を表わす方法に，平面の方程式と，パラメータ表示の 2 つがある．

平面の方程式によれば，

$$W = \left\{ \begin{pmatrix} x \\ y \\ z \end{pmatrix} \in \mathbb{R}^3 \;\middle|\; ax + by + cz = 0 \right\}$$

と表わせる．$f\colon \mathbb{R}^3 \to \mathbb{R}$ を $f\begin{pmatrix} x \\ y \\ z \end{pmatrix} = ax + by + cz$ で定まる線形写像とすると，これは W を $\mathrm{Ker}\, f$ として表わすことにあたる．

パラメータ表示によれば，$x, y \in \mathbb{R}^3$ で W の基底となっているものをとり，

$$W = \{ax + by \mid a, b \in \mathbb{R}\}$$

と表わせる．$g\colon \mathbb{R}^2 \to \mathbb{R}^3$ を $g\begin{pmatrix} a \\ b \end{pmatrix} = ax + by$ で定まる線形写像とすると，これは W を $\mathrm{Im}\, g$ として表わすことにあたる．

完全系列を，直和分解を使って，次のようにいいかえることができる．

命題 2.5.2　$f\colon U \to V, g\colon V \to W$ を線形写像とする．

1．次の条件は同値である．

(1) $g \circ f = 0$ である．

(2) 直和分解 $U = U_1 \oplus U_2$, $V = V_1 \oplus V_2 \oplus V_3$, $W = W_1 \oplus W_2$ と，同形 $\bar{f}\colon U_2 \to V_1$, $\bar{g}\colon V_2 \to W_1$ で，$i\colon V_1 \to V, j\colon W_1 \to W$ を包含写像，$p\colon U \to U_2, q\colon V \to V_2$ を第 2 射影とすると，$f = i \circ \bar{f} \circ p, g = j \circ \bar{g} \circ q$ をみたすものが存在する．

2．次の条件は同値である．

(1) $U \xrightarrow{f} V \xrightarrow{g} W$ は完全である．

(2) 1 の (2) で，$V = V_1 \oplus V_2 \oplus V_3$ を $V = V_1 \oplus V_2$ でおきかえたものがなりたつ．□

証明　1. (1)⇒(2)：$U_1 = \mathrm{Ker}\, f, V_1 = \mathrm{Im}\, f, W_1 = \mathrm{Im}\, g$ とおく．$U_2 \subset U, V_2 \subset V$ を $U = U_1 \oplus U_2, V = \mathrm{Ker}\, g \oplus V_2$ をみたす部分空間とする．命題 2.4.6 より，f の制限と g の制限は，それぞれ同形 $\bar{f}\colon U_2 \to V_1$, $\bar{g}\colon V_2 \to W_1$ を定める．$g \circ f = 0$ より，$V_1 \subset \mathrm{Ker}\, g$ である．直和分解 $\mathrm{Ker}\, g = V_1 \oplus V_3$ と，$W = W_1 \oplus W_2$ を考えれば，これらは (2) の条件をみたす．

(2)⇒(1)：$q \circ i = 0$ だから，$g \circ f = j \circ \bar{g} \circ q \circ i \circ \bar{f} \circ p = 0$ である．

2. (1)⇒(2)：$\mathrm{Ker}\ g = \mathrm{Im}\ f$ ならば，1 の (1)⇒(2) の証明で $V_3 = 0$ である．

(2)⇒(1)：$\mathrm{Ker}\ g = \mathrm{Im}\ f = V_1$ である．■

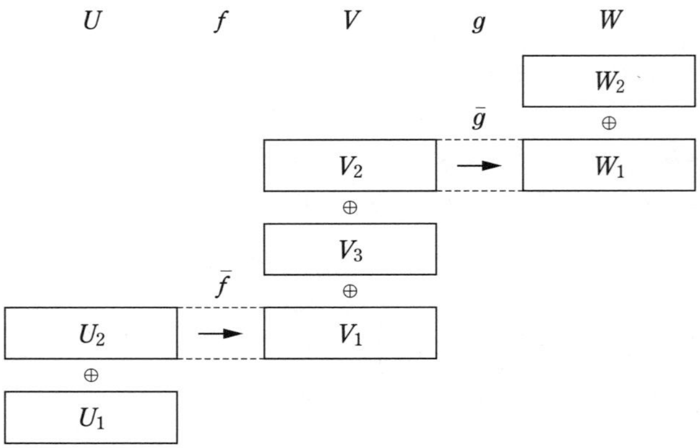

図 **2.3**　$g \circ f = 0$

系 2.5.3　$f\colon V \to W$ を線形写像とする．次の条件は同値である．

1. (1) f は単射である．
   (2) $0 \to V \xrightarrow{f} W$ が完全である．
   (3) $r \circ f = 1_V$ をみたす線形写像 $r\colon W \to V$ が存在する．
2. (1) f は全射である．
   (2) $V \xrightarrow{f} W \to 0$ が完全である．
   (3) $f \circ s = 1_W$ をみたす線形写像 $s\colon W \to V$ が存在する．　□

証明　1. (1)⇔(2)：(2) は $\mathrm{Ker}\, f = \mathrm{Im}\, 0 = 0$ ということだから，命題 2.4.4 より，(1) と (2) は同値である．

(3)⇒(1)：$r \circ f = 1_V$ ならば，$\mathrm{Ker}\, f \subset \mathrm{Ker}\, 1_V = 0$ である．

(1)⇒(3)：$W' \subset W$ を，$W = \mathrm{Im}\, f \oplus W'$ をみたす部分空間とする．$g\colon \mathrm{Im}\, f \to V$ を同形 $f\colon V \to \mathrm{Im}\, f$ の逆写像とし，$r = g \circ p\colon W \to V$ を，第 1 射影 $p\colon W \to \mathrm{Im}\, f$ と同形 $g\colon \mathrm{Im}\, f \to V$ の合成とする．すると，$r \circ f = g \circ (p \circ f) = 1_V$ である．

2. (1)⇔(2)：(2) は $\mathrm{Im}\, f = \mathrm{Ker}\, 0 = W$ ということだから，(1) と (2) は同値である．

(3)⇒(1)：$f \circ s = 1_W$ ならば，$\mathrm{Im}\, f \supset \mathrm{Im}\, 1_W = W$ である．

(1)⇒(3)：$V' \subset V$ を $V = V' \oplus \mathrm{Ker}\, f$ をみたす部分空間とする．同形 $f|_{V'} : V' \to W$ の逆写像 $g\colon W \to V'$ と包含写像 $i\colon V' \to V$ の合成を

$s = i \circ g\colon W \to V$ とする．すると，$f \circ s = f \circ i \circ g = f|_{V'} \circ g = 1_W$ である．

■

$0 \to U \xrightarrow{f} V \xrightarrow{g} W \to 0$ が完全とは，g が全射で f が同形 $U \to \mathrm{Ker}\, g$ を定めることと同値である．したがって，V が有限次元なら，U と W も有限次元であり，$\dim V = \dim U + \dim W$ がなりたつ．

線形空間の直和分解は，次の命題 2.5.4 のように，$e^2 = e$ をみたす自己準同形と 1 対 1 に対応する．

余談 40　$f: X \to X$ が写像であるとき，$f \circ f$ を f^2 とも表わす．$f: X \to Y$ と $g: Y \to Z$ の合成 $g \circ f$ を，gf で表わすことも多い．

命題 2.5.4　1. 線形写像 $e\colon V \to V$ が，$e^2 = e$ をみたすなら，$V = \mathrm{Im}\ e \oplus \mathrm{Ker}\ e$ である．

2. $e^2 = e$ をみたす V の自己準同形に，$(\mathrm{Im}\ e, \mathrm{Ker}\ e)$ を対応させることで定まる写像

$$\begin{aligned} F\colon &\{e^2 = e \text{ をみたす } V \text{ の自己準同形}\} \\ &\longrightarrow \{(W, W') \mid V = W \oplus W' \text{をみたす } V \text{ の部分空間の対}\} \end{aligned}$$

は，可逆である．□

証明　1. e の制限 $e|_{\mathrm{Im}\ e}: \mathrm{Im}\ e \to \mathrm{Im}\ e$ は，$\mathrm{Im}\ e$ の恒等写像だから同形である．よって，命題 2.4.6 よりしたがう．

2. F の逆写像 G を定める．$V = W \oplus W'$ とする．$e\colon V \to V$ を，第 1 射影 $p_1\colon V \to W$ と包含写像 $i\colon W \to V$ の合成 $i \circ p_1$ とすると，$e^2 = i \circ p_1 \circ i \circ p_1 = i \circ \mathrm{id}_W \circ p_1 = i \circ p_1 = e$ である．$G(W, W') = e$ で定まる写像が，F の逆写像を与えることを示す．

e を $e^2 = e$ をみたす V の自己準同形とし，$V = \mathrm{Im}\ e \oplus \mathrm{Ker}\ e$ とすると，$e|_{\mathrm{Im}\ e} = \mathrm{id}_{\mathrm{Im}\ e}, e|_{\mathrm{Ker}\ e} = 0$ だから，$e = i \circ p_1$ である．よって，$G \circ F = \mathrm{id}$ である．

$V = W \oplus W'$ とし，$e = i \circ p_1$ とすると，$W = \mathrm{Im}\ e, W' = \mathrm{Ker}\ e$ である．よって，$F \circ G = \mathrm{id}$ であり，G は F の逆写像である．■

定義 2.5.5　$e^2 = e$ をみたす線形写像 $e\colon V \to V$ を V の**射影子** (projector) とよぶ．e が射影子であるとき，$V = \mathrm{Im}\, e \oplus \mathrm{Ker}\, e$ を射影子 e が定める**直和分解** (direct sum decomposition) と呼ぶ． □

V の射影子のことを，V の**巾等自己準同形** (idempotent endomorphism) ともよぶ．

まとめ
- 完全系列とは，核と像が等しいものである．
- 線形空間の直和分解は，射影子で決まる．

問題

A 2.5.1　$n \geq 2$ を自然数とする．線形写像 $f\colon K \to K^n, g\colon K^n \to K^n, h\colon K^n \to K$ をそれぞれ，行列 $A = \begin{pmatrix} 1 \\ \vdots \\ 1 \end{pmatrix}, B = \begin{pmatrix} 1 & 0 & \cdots & 0 & -1 \\ -1 & 1 & \ddots & & 0 \\ 0 & -1 & \ddots & \ddots & \vdots \\ \vdots & \ddots & \ddots & \ddots & 0 \\ 0 & \cdots & 0 & -1 & 1 \end{pmatrix},$ $C = \begin{pmatrix} 1 & \cdots & 1 \end{pmatrix}$ で定める．$0 \to K \xrightarrow{f} K^n \xrightarrow{g} K^n \xrightarrow{h} K \to 0$ は完全系列であることを示せ．

A 2.5.2　V を線形空間とし，W, W' を部分空間とする．線形写像 $+\colon W \oplus W' \to W + W'$ を $(x, x') \mapsto x + x'$ で定め，線形写像 $-\colon W \cap W' \to W \oplus W'$ を $x \mapsto (x, -x)$ で定める．このとき，$0 \to W \cap W' \xrightarrow{-} W \oplus W' \xrightarrow{+} W + W' \to 0$ は完全系列であることを示せ．

A 2.5.3　直和分解 $\mathbb{R}^3 = \langle e_1 + e_2 + e_3 \rangle \oplus \langle e_2 - e_1, e_3 - e_2 \rangle$ を与える射影子 $e \in M_3(\mathbb{R})$ を求めよ．

B 2.5.4 $e\colon V \to V$ を射影子とし，$V = W \oplus W'$ を e が定める直和分解とする．線形写像 $f\colon V \to V$ に対し，次の条件は同値であることを示せ．

(1) $fe = ef$.

(2) $f(W) \subset W$ かつ $f(W') \subset W'$.

B 2.5.5 $e_1, \ldots, e_n$ が V の射影子で，$1 = e_1 + \cdots + e_n$ かつ，$i \neq j$ なら $e_ie_j = e_je_i = 0$ とする．このとき，$V_i = \mathrm{Im}\, e_i$ とおくと，$V = V_1 \oplus \cdots \oplus V_n$ であることを示せ．

C 2.5.6 $V = \{f \in C^\infty(\mathbb{R}) \mid f(x+1) = f(x)\}$ とする．$i\colon \mathbb{R} \to V$ を $i(a) =$ 定数関数 a, $d\colon V \to V$ を $d(f) = f'$, $p\colon V \to \mathbb{R}$ を $p(f) = \int_0^1 f(x)dx$ で定義する．$0 \to \mathbb{R} \xrightarrow{i} V \xrightarrow{d} V \xrightarrow{p} \mathbb{R} \to 0$ は完全系列であることを示せ．

C 2.5.7 $\mathbb{C}$ の開集合 U に対し，$\mathcal{O}(U)$ で U 上の正則関数の集合を表し，$\mathbb{C}$ の開集合 $U \supset V$ に対し，$f_{VU}\colon \mathcal{O}(U) \to \mathcal{O}(V)$ で制限写像を表す．

1. U, V を $\mathbb{C}$ の開集合とすると，

$$0 \to \mathcal{O}(U \cup V) \xrightarrow{f_{U(U\cup V)} \oplus f_{V(U\cup V)}} \mathcal{O}(U) \oplus \mathcal{O}(V) \xrightarrow{f_{(U\cap V)U} - f_{(U\cap V)V}} \mathcal{O}(U \cap V)$$

は完全系列であることを示せ．

2. $U = \{z \in \mathbb{C} \mid |z| < 1\}$ とすると，

$$0 \longrightarrow \mathbb{C} \longrightarrow \mathcal{O}(U) \xrightarrow{\frac{d}{dz}} \mathcal{O}(U) \longrightarrow 0$$

は完全系列であることを示せ．

3. $U = \mathbb{C} \setminus \{0\}$ とし，C を原点を中心とする半径 1 の円に正の向きを与えたものとする．$\mathrm{res}\colon \mathcal{O}(U) \to \mathbb{C}$ を $\mathrm{res}(f) = \dfrac{1}{2\pi\sqrt{-1}} \displaystyle\int_C f(z)dz$ で定義すると，

$$0 \longrightarrow \mathbb{C} \longrightarrow \mathcal{O}(U) \xrightarrow{\frac{d}{dz}} \mathcal{O}(U) \xrightarrow{\mathrm{res}} \mathbb{C} \longrightarrow 0$$

は完全系列であることを示せ．

第3章 自己準同形

この章では，線形空間の自己準同形を調べる．3.1 節では，自己準同形の多項式への代入を考え，その最小多項式を定義する．最小多項式は，最小公倍式として計算できる．自己準同形に対し，その固有値と固有空間を 3.2 節で定義する．自己準同形の固有値は，最小多項式の根である．f の最小多項式が相異なる 1 次式の積に分解すれば，f は対角化可能であり，固有空間への分解が得られる．

対角化可能でない自己準同形を調べるには，固有空間では不十分なので，それを広げた一般固有空間を 3.3 節で定義する．f の最小多項式が 1 次式の積に分解すれば，f は三角化可能であり，一般固有空間分解があることを証明する．三角化可能な自己準同形は，対角化可能な部分と巾零部分の和である．3.4 節では，巾零自己準同形をくわしく調べて，三角化可能な自己準同形には，ジョルダン標準形とよばれる，簡単な形の行列表示があることを証明する．

有限次元線形空間の自己準同形を調べるには，固有多項式も重要である．3.5 節で，行列式の定義とその基本的性質を復習したあと，3.6 節では，有限次元線形空間の自己準同形の固有多項式を，行列表示によって定義する．ケイリー - ハミルトンの定理とよばれる，最小多項式と固有多項式の関係を，定理 3.6.8 で証明する．定理 3.6.8 の証明までは，3.3 節と 3.4 節の内容と論理的には独立であり，そちらから先に読むこともできる．

3.7 節では，この章の内容の応用として，漸化式をみたす数列と，定数係数線形常微分方程式を調べる．これらは，線形代数的にはまったく同じ構造をもつことがわかる．

3.1 最小多項式

線形空間の自己準同形 f を調べるには，f だけではなく，f を何度も合成したものや，それらの線形結合をあわせて考えるのが有効である．それは，自己準同形の多項式への代入を考えることにあたる．

V を K 線形空間とし，f を V の自己準同形とする．自然数 $n \geq 0$ に対し，$f^n\colon V \to V$ を n 個の f の合成と定義する．$f^0 = 1$ は V の恒等写像 id_V であり，$f^1 = f, f^2 = f \circ f$ である．多項式 $F = a_0 + a_1 X + \cdots + a_m X^m \in K[X]$ に対し，V の自己準同形 $F(f)\colon V \to V$ を，$F(f) = a_0 \mathrm{id}_V + a_1 f + \cdots + a_m f^m$ と定義する．$x \in V$ に対し，$F(f)(x) = a_0 x + a_1 f(x) + \cdots + a_m f^m(x)$ である．$g = F(f)$ をみたす多項式 $F \in K[X]$ があるとき，自己準同形 g は f の**多項式**であるという．V の基底 $x_1, \ldots, x_n$ に関する f の行列表示を $A \in M_n(K)$ とすると，$F(f)$ の $x_1, \ldots, x_n$ に関する行列表示は $F(A) = a_0 + a_1 A + \cdots + a_m A^m$ である．

命題 3.1.1 V を K 線形空間とし，f を V の自己準同形とする．多項式 $F, G \in K[X]$ に対し，$(F+G)(f) = F(f) + G(f), (FG)(f) = F(f) \circ G(f)$ がなりたつ． □

証明 $(FG)(f) = F(f) \circ G(f)$ を示す．$F = a_0 + a_1 X + \cdots + a_n X^n, G = b_0 + b_1 X + \cdots + b_m X^m$ とすると，

$$
\begin{aligned}
FG &= a_0(b_0 + b_1 X + \cdots + b_m X^m) + a_1 X(b_0 + b_1 X + \cdots + b_m X^m) \\
&\qquad + \cdots + a_n X^n (b_0 + b_1 X + \cdots + b_m X^m) \\
&= a_0 b_0 + (a_0 b_1 + a_1 b_0) X + \cdots + a_n b_m X^{n+m}
\end{aligned}
$$

である．自己準同形の合成は分配則をみたすから，

$$
\begin{aligned}
FG(f) &= a_0 b_0 + (a_1 b_0 + a_0 b_1) f + \cdots + a_n b_m f^{n+m} \\
&= a_0(b_0 + b_1 f + \cdots + b_m f^m) + a_1 f \circ (b_0 + b_1 f + \cdots + b_m f^m) \\
&\qquad + \cdots + a_n f^n \circ (b_0 + b_1 f + \cdots + b_m f^m)
\end{aligned}
$$

は $(a_0 + a_1 f + \cdots + a_n f^n) \circ (b_0 + b_1 f + \cdots + b_m f^m) = F(f) \circ G(f)$ と等しい．

$(F+G)(f)=F(f)+G(f)$ の証明は，これより簡単だから省略する． ■

余談 41　線形空間 V の自己準同形 f に，f の多項式もあわせて考えることは，代数の用語でいえば，V を多項式環 $K[X]$ 上の加群として考えるということになる．この本ではもっと初等的に，部分空間 $\mathrm{Ker}\, F(f) \subset V$ に着目する方法をとる．

命題 3.1.2　V を有限次元 K 線形空間とし，f を V の自己準同形とする．$F(f)=0$ をみたす最高次係数が 1 の多項式 $F \in K[X]$ のうち，次数が最小のものがただ 1 つ存在する． □

証明　V の基底 $x_1, \ldots, x_n$ に関する f の行列表示を A とする．多項式 $F \in K[X]$ に対し，$F(f)$ の $x_1, \ldots, x_n$ に関する行列表示は $F(A)$ だから，$F(f)=0$ と $F(A)=0$ は同値である．

$\dim M_n(K)=n^2$ だから，$1, A, \ldots, A^{n^2} \in M_n(K)$ は 1 次独立でない．よって，$1, A, \ldots, A^d \in M_n(K)$ が 1 次独立でないような最小の自然数 $0 \leq d \leq n^2$ が存在する．命題 1.5.2 より，$A^d \in \langle 1, A, \ldots, A^{d-1} \rangle$ であり，$1, A, \ldots, A^{d-1}$ は 1 次独立である．よって，$A^d = a_0 \cdot 1 + a_1 A + \cdots + a_{d-1} A^{d-1}$ をみたす K の元 $a_0, \ldots, a_{d-1}$ がただ 1 組存在する．

$F = X^d - (a_{d-1}X^{d-1} + \cdots + a_1 X + a_0) \in K[X]$ が条件をみたすことを示す．$G \neq 0$ が次数 $d-1$ 以下の多項式ならば，$1, A, \ldots, A^{d-1}$ は 1 次独立だから，$G(A) \neq 0$ であり，$G(f) \neq 0$ である．したがって，F は $F(f)=0$ をみたす最高次係数が 1 の多項式のうちで，次数が最小のものである．$G = X^d + b_{d-1}X^{d-1} + \cdots + b_1 X + b_0$ が，$G(f)=0$ をみたすならば，$A^d = -b_0 \cdot 1 - b_1 A - \cdots - b_{d-1} A^{d-1}$ だから，$G=F$ である． ■

定義 3.1.3　V を K 線形空間，f を V の自己準同形とする．$F(f)=0$ をみたす 0 でない多項式 $F \in K[X]$ があるとき，f の最小多項式が存在するという．$F(f)=0$ をみたす最高次係数が 1 の多項式 $F \in K[X]$ のうち，次数が最小の多項式 φ を **最小多項式** (minimal polynomial) とよぶ． □

余談 42　φ はギリシャ文字で，ファイと読む．その大文字は Φ である．よく似た文字に，ψ とその大文字 Ψ がある．こちらはプサイと読む．

命題 3.1.2 より，有限次元線形空間の自己準同形には最小多項式が存在する．その証明によれば，n 次元線形空間の自己準同形の最小多項式の次数は n^2 以下である．定理 3.6.8 によれば，f の最小多項式は f の固有多項式をわりきる．このことから最小多項式の次数は n 以下であることがしたがう．

【例 3.1.4】 線形空間 0 の恒等写像 1 の最小多項式は 1 である．

0 でない線形空間 V の自己準同形 f の最小多項式が 1 次式 $X - a$ であるための条件は，f が a 倍写像であることである．

行列 $A \in M_n(K)$ に対し，A 倍写像 $K^n \to K^n$ の最小多項式を，A の**最小多項式**とよぶ．A の最小多項式は，$F(A) = 0$ をみたす最高次係数が 1 の多項式 $F \in K[X]$ のうち，次数が最小のものである．

【例 3.1.5】 $A \in M_2(K)$ とする．A がスカラー行列 a ならば，A の最小多項式は $X - a$ である．$A = \begin{pmatrix} a & b \\ c & d \end{pmatrix}$ がスカラー行列でなければ，A の最小多項式は $X^2 - (a+d)X + ad - bc$ である．

次に定義する行列の最小多項式を求める．

定義 3.1.6 1. 行列 $A = \begin{pmatrix} 0 & \cdots & \cdots & 0 & -a_n \\ 1 & \ddots & & \vdots & -a_{n-1} \\ 0 & \ddots & \ddots & \vdots & \vdots \\ \vdots & \ddots & \ddots & 0 & -a_2 \\ 0 & \cdots & 0 & 1 & -a_1 \end{pmatrix} \in M_n(K)$ を，多項式 $X^n + a_1X^{n-1} + \cdots + a_{n-1}X + a_n \in K[X]$ の**同伴行列** (companion matrix) とよぶ．

2. 行列 $J(a,n) = \begin{pmatrix} a & 1 & 0 & \cdots & 0 \\ 0 & \ddots & \ddots & \ddots & \vdots \\ \vdots & \ddots & \ddots & \ddots & 0 \\ \vdots & & \ddots & \ddots & 1 \\ 0 & \cdots & \cdots & 0 & a \end{pmatrix} \in M_n(K)$ を，**ジョルダン行列** (Jordan matrix) とよぶ． □

余談 43　多項式の同伴行列の重要性は，命題 3.1.9 や第 7 章の例 7.3.3 で示されるが，それは定義をみただけではわからない．このように，意味を明らかにしないまま定義することを，**天下り**に定義するという．

命題 3.1.7　多項式 $F = X^n + a_1X^{n-1} + \cdots + a_{n-1}X + a_n \in K[X]$ の同伴行列 $A \in M_n(K)$ の最小多項式は F である． □

証明　$e_1, \ldots, e_n$ を K^n の標準基底とする．i に関する帰納法により，$i = 0, \ldots, n-1$ なら，$A^ie_1 = e_{i+1}$ である．$A^ne_1 = Ae_n = -a_1e_n - \cdots - a_ne_1 = -a_1A^{n-1}e_1 - \cdots - a_ne_1$ だから，$F(A)e_1 = 0$ である．よって，$i = 1, \ldots, n$ に対し，$F(A)e_i = F(A)A^{i-1}e_1 = A^{i-1}F(A)e_1 = 0$ である．したがって，$F(A) = 0$ である．

$n-1$ 次以下の多項式 $G = b_1X^{n-1} + \cdots + b_n$ が $G(A) = 0$ をみたしたとすると，$G(A)e_1 = b_1A^{n-1}e_1 + \cdots + b_ne_1 = b_1e_n + \cdots + b_ne_1 = 0$ である．よって，$b_1 = \cdots = b_n = 0$ であり，$G = 0$ である．F は，最高次係数が 1 で $F(A) = 0$ をみたす n 次式だから，F は A の最小多項式である． ■

系 3.1.8　ジョルダン行列 $J(a,n)$ の最小多項式は $(X-a)^n$ である． □

証明　ジョルダン行列 $J(0,n)$ の転置 ${}^tJ(0,n)$ は，多項式 X^n の同伴行列である．したがって，${}^tJ(0,n)$ の最小多項式は X^n であり，$J(0,n)$ の最小多項式も X^n である．よって，$J(a,n)$ の最小多項式は $(X-a)^n$ である． ■

多項式の同伴行列は，次のようにして現われる．

命題 3.1.9 V を有限次元 K 線形空間とし，f を V の自己準同形とし，$x \in V$ とする．$0 \leq m \leq \dim V$ を，$x, f(x), \ldots, f^m(x)$ が 1 次独立ではない最小の自然数とし，$W = \langle x, f(x), \ldots, f^{m-1}(x) \rangle$ とおく．

1. $x, f(x), \ldots, f^{m-1}(x)$ は W の基底であり，$f(W) \subset W$ である．
2. $f^m(x) = a_1 f^{m-1}(x) + \cdots + a_{m-1} f(x) + a_m x$ とおく．W の基底 $x, f(x), \ldots, f^{m-1}(x)$ に関する，f の W への制限 $f|_W$ の行列表示は，多項式 $\varphi_x = X^m - (a_1 X^{m-1} + \cdots + a_{m-1} X + a_m)$ の同伴行列である．
3. $f|_W$ の最小多項式は φ_x である． □

証明 1. $n = \dim V$ とする．$x, f(x), \ldots, f^n(x)$ は 1 次独立ではないから，$x, f(x), \ldots, f^m(x)$ が 1 次独立とならない最小の自然数 $0 \leq m \leq n$ が存在する．$x, f(x), \ldots, f^{m-1}(x)$ は 1 次独立だから，$W = \langle x, f(x), \ldots, f^{m-1}(x) \rangle$ の基底である．命題 1.5.2 より，$f^m(x) \in W$ である．よって，$f(W) = \langle f(x), \ldots, f^m(x) \rangle \subset W$ である．

2. $f^m(x) = a_1 f^{m-1}(x) + \cdots + a_{m-1} f(x) + a_m x$ より，$x, f(x), \ldots, f^{m-1}(x)$ に関する $f|_W$ の行列表示は，
$$\begin{pmatrix} 0 & \cdots & \cdots & 0 & a_m \\ 1 & \ddots & & \vdots & a_{m-1} \\ 0 & \ddots & \ddots & \vdots & \vdots \\ \vdots & \ddots & \ddots & 0 & a_2 \\ 0 & \cdots & 0 & 1 & a_1 \end{pmatrix} \in M_m(K)$$
である．これは，$\varphi_x = X^m - (a_1 X^{m-1} + \cdots + a_{m-1} X + a_m)$ の同伴行列である．

3. 2 と命題 3.1.7 より明らかである． ■

定義 3.1.10 V を有限次元線形空間，f を V の自己準同形とし，$x \in V$ とする．m を，$x, f(x), \ldots, f^m(x)$ が 1 次独立ではない最小の自然数とする．V の部分空間 $\langle x, f(x), \ldots, f^{m-1}(x) \rangle \subset V$ を，x によって生成される ***f* 安定部分空間** (f-stable subspace) という． □

$A \in M_n(K)$ とし，f を A 倍写像とする．$x \in K^n$ によって生成される f 安定部分空間を，x によって生成される ***A* 安定部分空間**という．

【例 3.1.11】 $A \in M_n(K)$ を，多項式 $F = X^n + a_1 X^{n-1} + \cdots + a_{n-1} X + a_n$

の同伴行列とする．K^n の e_1 によって生成される A 安定部分空間は K^n である．

一般の自己準同形の最小多項式を最小公倍式として求めるために，最小多項式が次の命題で特徴づけられることを示す．多項式 $F \in K[X]$ でわりきれる多項式全体の集合 $\{FG \mid G \in K[X]\}$ を，(F) で表わす．

命題 3.1.12　V を K 線形空間，f を V の自己準同形とし，f の最小多項式 φ が存在すると仮定する．最高次係数が 1 の多項式 $F \in K[X]$ に対し，次の条件は同値である．

(1) $F = \varphi$.

(2) $\{G \in K[X] \mid G(f) = 0\} = (F)$. □

余談 44　f の最小多項式は，$\{G \in K[X] \mid G(f) = 0\} = (\varphi)$ という条件をみたす最高次係数が 1 のただ 1 つの多項式 $\varphi \in K[X]$ である．つまり，この条件は，最小多項式の定義と同等な条件である．このように，定義と同等な条件を，**特徴づける** (characterize) **条件**という．

証明　$I = \{G \in K[X] \mid G(f) = 0\}$ とおく．まず，I が $K[X]$ の部分空間であり，次の条件 (I) をみたすことを示す．

(I)　$G \in I, H \in K[X]$ ならば，$GH \in I$.

命題 3.1.1 より，$G_1, G_2 \in I$ ならば，$(G_1 + G_2)(f) = G_1(f) + G_2(f) = 0$ である．同様に，$G \in I, H \in K[X]$ ならば，$GH(f) = G(f) \circ H(f) = 0$ である．よって，I は上の条件 (I) をみたす $K[X]$ の部分空間である．

したがって，命題を証明するためには，次の補題を示せばよい．

補題 3.1.13　$I \subset K[X]$ を，上の条件 (I) をみたし，0 でない部分空間とする．I に含まれる 0 でない多項式の次数の最小値を d とする．このとき，最高次係数が 1 の多項式 $F \in K[X]$ で，$(F) = I$ となるものがただ 1 つ存在する．F は I に含まれる最高次係数が 1 のただ 1 つの d 次多項式である． □

証明　F を I に含まれる d 次多項式で，最高次係数が 1 のものとする．$I = (F)$ を示す．条件 (I) より，$(F) \subset I$ である．$I \subset (F)$ を示す．$G \in I$ とし，G を

F でわった商を Q，あまりを R とする．$R = G - QF \in I$ である．F の次数の最小性より，$R = 0$ であり，$G = QF \in (F)$ である．よって，$I \subset (F)$ も示された．

$I = (F)$ だから，F は I に含まれる最高次係数が 1 のただ 1 つの d 次多項式である．$I = (F) = (G)$ ならば，F は G をわりきり，逆に G も F をわりきるから G は F の定数倍である．どちらも最高次係数が 1 ならば，$F = G$ である． ■

系 3.1.14 $f, g \in K[X]$ を 0 でない多項式とする．

1. d を f と g の**最大公約式** (greatest common divisor) とすると，$(f)+(g) = (d)$ である．

2. l を f と g の**最小公倍式** (least common multiple) とすると，$(f) \cap (g) = (l)$ である． □

証明 1. 部分空間 $I = (f) + (g) \subset K[X]$ は，上の条件 (I) をみたす．したがって，$(f) + (g) = (h)$ をみたす多項式 $h \in K[X]$ が存在する．多項式 k が，f, g の公約式であるということは，$f, g \in (k)$ ということであり，$(f) \subset (k)$ かつ $(g) \subset (k)$ ということと同値である．これは，$(f) + (g) = (h) \subset (k)$ とも同値であり，したがって k が h をわりきることと同値である．よって，h は f と g の最大公約式である．

2 の証明も同様である． ■

余談 45 環論の用語では，$K[X]$ の部分空間で上の条件 (I) をみたすものを，多項式環 $K[X]$ のイデアルとよぶ．補題 3.1.13 では，$K[X]$ が単項イデアル整域であることを示したことになる．この本では，環論的な内容についてはこれ以上たちいらない．

有限次元線形空間の自己準同形の最小多項式は，次の命題 3.1.15 を使って，例題 3.1.16 のようにして求められる．

命題 3.1.15 V を K 線形空間とし，f を V の自己準同形とする．

1. W を $f(W) \subset W$ をみたす V の部分空間とする．f の最小多項式 φ が

存在すれば，$f|_W$ の最小多項式 φ_W も存在し，φ をわりきる．

2. $W_1, \ldots, W_r$ を，V の部分空間で，$V = W_1 + \cdots + W_r$ かつ，各 $i = 1, \ldots, r$ に対し，$f(W_i) \subset W_i$ をみたすものとする．各 $i = 1, \ldots, r$ に対し，W_i の自己準同形 $f|_{W_i}$ の最小多項式が存在するとし，φ_i を $f|_{W_i}$ の最小多項式とする．このとき，f の最小多項式も存在し，$\varphi_1, \ldots, \varphi_r$ の最小公倍式 φ と等しい． □

証明 1. $\varphi(f|_W) = \varphi(f)|_W = 0$ である．よって，$f|_W$ の最小多項式も存在し，φ をわりきる．

2. $V = W_1 + \cdots + W_r$ だから，$F \in K[X]$ に対し，$F(f) = 0$ であるためには，各 $i = 1, \ldots, r$ に対し，$F(f)|_{W_i} = F(f|_{W_i})$ が 0 であることが必要十分である．これは，F が，各 $\varphi_1, \ldots, \varphi_r$ でわりきれるということである．系 3.1.14.2 より，多項式 $F \in K[X]$ が $\varphi_1, \ldots, \varphi_r$ でわりきれるためには，F が最小公倍式 φ でわりきれることが必要十分である． ■

例題 3.1.16 $A = \begin{pmatrix} 1 & 0 & 0 & 0 \\ 0 & 0 & 0 & 0 \\ 0 & 1 & 0 & 0 \\ 1 & 0 & 1 & 1 \end{pmatrix}$ の最小多項式を求めよ．

解答 $Ae_1 = e_1 + e_4, A^2e_1 = e_1 + 2e_4 = 2Ae_1 - e_1 \in \langle e_1, Ae_1 \rangle$ だから，e_1 によって生成される A 安定部分空間 W_{e_1} は $\langle e_1, Ae_1 \rangle = \langle e_1, e_4 \rangle$ であり，$A|_{W_{e_1}}$ の最小多項式 φ_{e_1} は $X^2 - 2X + 1$ である．

$Ae_2 = e_3, A^2e_2 = e_4, A^3e_2 = e_4 = A^2e_2 \in \langle e_2, Ae_2, A^2e_2 \rangle$ だから，e_2 によって生成される A 安定部分空間 W_{e_2} は $\langle e_2, Ae_2, A^2e_2 \rangle = \langle e_2, e_3, e_4 \rangle$ であり，$A|_{W_{e_2}}$ の最小多項式 φ_{e_2} は $X^3 - X^2$ である．

$K^4 = W_{e_1} + W_{e_2}$ だから，A の最小多項式は，$\varphi_{e_1} = (X-1)^2$ と $\varphi_{e_2} = X^2(X-1)$ の最小公倍式 $X^2(X-1)^2$ である．

まとめ
・自己準同形を多項式に代入できる．
・最小多項式は，代入すると 0 になる次数が最小の多項式である．
・多項式の同伴行列の最小多項式は，もとの多項式である．
・最小多項式は，最小公倍式として計算できる．

問題

A 3.1.1 $A=\begin{pmatrix}0&1&0&0\\0&0&1&0\\0&0&0&1\\0&0&1&0\end{pmatrix}\in M_4(\mathbb{R})$ とする．

1. e_2 によって生成される $\mathbb{R}^4$ の安定部分空間を求めよ．e_3 によって生成される $\mathbb{R}^4$ の安定部分空間も求めよ．
2. A の最小多項式を求めよ．

A 3.1.2 $\alpha\in\mathbb{C}$ とする．α 倍写像 $\mathbb{C}\to\mathbb{C}$ の $\mathbb{R}$ 線形写像としての最小多項式を求めよ（α が実数かそうでないかで違うことに注意）．

B 3.1.3 n を自然数とし，$a\in K$ とする．n 次元 K 線形空間 V の自己準同形 f について，次の条件は同値であることを示せ．
(1) f の最小多項式は $(X-a)^n$ である．
(2) V の基底で，それに関する f の行列表示がジョルダン行列 $J(a,n)$ となるものがある．

3.2 固有値と対角化

有限次元線形空間の自己準同形で，対角行列による行列表示をもつようなものは，特に簡単な自己準同形と考えられる．このときの対角成分が固有値であり，基底は固有ベクトルからなる．

定義 3.2.1 V を K 線形空間とし，f を V の自己準同形とする．$a\in K$ とする．V の部分空間 $V_a = \{x \in V \mid f(x) = ax\} = \mathrm{Ker}(f - a)$ を a に属する**固有空間** (eigenspace) という．$V_a \neq 0$ であるとき，a は f の**固有値** (eigenvalue) であるという．固有空間 V_a の 0 でない元を，固有値 a の**固有ベクトル** (eigenvector) という．□

$A \in M_n(K)$ のとき，A 倍写像の固有値，固有空間，固有ベクトルを，それぞれ A の**固有値，固有空間，固有ベクトル**とよぶ．$f - a : V \to V$ は，$x \in V$ を $f(x) - ax \in V$ にうつす自己準同形である．a が f の固有値であるとは，$f - a$ が単射でないということである．

命題 3.2.2　V を K 線形空間とし，f を V の自己準同形とする．$\varphi \in K[X]$ を f の最小多項式とする．$a \in K$ に対し，次の条件は同値である．

(1) a は f の固有値である．

(2) $\varphi(a) = 0$ である．□

証明　(1)⇒(2)：$x \in V$ を固有値 a の固有ベクトルとすると，$\varphi(f)(x) = \varphi(a)x = 0$ である．よって，$\varphi(a) = 0$ である．

(2)⇒(1)：$\varphi(a) = 0$ とすると，φ は $X - a$ でわりきれる．$\varphi = (X - a)G$ とおくと，$\deg G < \deg \varphi$ だから，$G(f) \neq 0$ である．$\varphi(f) = (f - a) \circ G(f) = 0$ だから，$0 \subsetneqq \mathrm{Im}\ G(f) \subset \mathrm{Ker}\ (f - a)$ である．よって，a は f の固有値である．■

V を有限次元 K 線形空間とし，f を V の自己準同形とすると，f の固有値は，f の最小多項式の根だから有限個である．

余談 46　0 でない多項式 $f \in K[X]$ と $a \in K$ が $f(a) = 0$ をみたすとき，a は f の**根** (root) であるという．高校まででは，解とよぶことになっている．

例題 3.2.3　$A \in M_n(K)$ を上三角行列とし，$a_1, \ldots, a_n$ を A の対角成分とする．次のことを示せ．

1. A の最小多項式 φ は $F = (X - a_1) \cdots (X - a_n)$ をわりきる．
2. 対角成分 $a_1, \ldots, a_n$ は，すべて A の固有値である．

解答 1. $V_i = \langle e_1, \ldots, e_i \rangle \subset K^n$ とする．$1 \leq i \leq n$ に関する上からの帰納法により，$(A - a_i) \cdots (A - a_n) K^n \subset V_{i-1}$ である．よって，$F(A) = 0$ だから，A の最小多項式は F をわりきる．

2. $\varphi(A) = 0$ の対角成分は $\varphi(a_1), \ldots, \varphi(a_n)$ である．よって，$a_1, \ldots, a_n$ は最小多項式 φ の根であり，命題 3.2.2 より，A の固有値である．

V を有限次元線形空間とし，$f\colon V \to V$ を自己準同形とする．$B = (x_1, \ldots, x_n)$ を V の基底とすると，f の B に関する行列表示 $A \in M_n(K)$ が定まる．これは，命題 2.3.7 のように，V の基底に依存する．B' を V の基底とし，$P \in GL_n(K)$ を，B から B' への底の変換行列とすると，f の B' に関する行列表示は，$P^{-1}AP$ である．

定義 3.2.4 $A, B \in M_n(K)$ とする．$B = P^{-1}AP$ をみたす $P \in GL_n(K)$ が存在するとき，A と B は**共役**であるという． □

f の行列表示は，このように V の基底によって変わり，V の基底をうまく選べば，簡単な形になるようにできることがある．ここではまず，対角行列や上三角行列になる場合を考える．

定義 3.2.5 V を有限次元 K 線形空間，f を V の自己準同形とする．

1. V の基底で，それに関する f の行列表示が対角行列となるようなものがあるとき，f は**対角化可能** (diagonalizable) であるという．

2. V の基底で，それに関する f の行列表示が上三角行列となるようなものがあるとき，f は**三角化可能** (triangulizable) であるという． □

$A \in M_n(K)$ とする．A 倍写像が対角化可能であるとき，A は**対角化可能**であるといい，A 倍写像が三角化可能であるとき，A は**三角化可能**であるという．A が対角化可能であるとは，A が対角行列と共役ということであり，A が三角化可能であるとは，A が上三角行列と共役ということである．

余談 47 f が対角化可能であることを，「V の適当な基底をとれば，f の行列表示が対角行列にできる」ということがある．これに対し，「V の任意の基底に対し，f の行列表示が対角行列になる」という文は，「V のどんな基底をとっても，f の行列表示が対角行列である」という意味になる．問題 3.2.5 にあるように，この条件をみたす自己準同形は，スカラー倍だけである．「適当に」と「任意の」とは，よく似た感じのことばだが，数学的な意味はまったく違うことばとして使われていることに注意が必要である．

多項式 $F \in K[X]$ に対して V の部分空間 $\mathrm{Ker}\ F(f)$ が定まる．これから，これらの部分空間に着目して，自己準同形 f を調べていく．$F \in K[X]$ が $G = EF \in K[X]$ をわりきれば，$G(f)(\mathrm{Ker}\ F(f)) = E(f) \circ F(f)(\mathrm{Ker}\ F(f)) = 0$ だから，$\mathrm{Ker}\ F(f) \subset \mathrm{Ker}\ G(f)$ である．$f \circ F(f) = F(f) \circ f = (F \cdot X)(f)$ だから，次の補題より，$f(\mathrm{Ker}\ F(f)) \subset \mathrm{Ker}\ F(f)$ である．

補題 3.2.6 V を K 線形空間とし，f, g を V の自己準同形とする．$f \circ g = g \circ f$ ならば，$f(\mathrm{Ker}\ g) \subset \mathrm{Ker}\ g$ であり，$f(\mathrm{Im}\ g) \subset \mathrm{Im}\ g$ である． □

証明 $x \in \mathrm{Ker}\ g$ なら，$g(f(x)) = f(g(x)) = 0$ だから，$f(x) \in \mathrm{Ker}\ g$ である．$y = g(x) \in \mathrm{Im}\ g$ なら，$f(y) = f(g(x)) = g(f(x)) \in \mathrm{Im}\ g$ である． ■

有限次元線形空間の自己準同形が対角化可能であるための条件を，最小多項式で表わす．

命題 3.2.7 V を K 線形空間，f を V の自己準同形とする．$a \in K$ に対し，$V_a = \mathrm{Ker}(f - a)$ とおく．$a_1, \ldots, a_r$ を相異なる K の元とし，$F = (X - a_1) \cdots (X - a_r)$ とおく．このとき，$\mathrm{Ker}\ F(f) = V_{a_1} \oplus \cdots \oplus V_{a_r}$ である． □

証明 r に関する帰納法で示す．$r = 1$ なら明らかである．$r > 1$ とし，$G = (X - a_1) \cdots (X - a_{r-1})$ とおく．$F(f) = G(f)(f - a_r)$ だから，$(f - a_r)(\mathrm{Ker}\ F(f)) \subset \mathrm{Ker}\ G(f)$ である．$f - a_r$ の $\mathrm{Ker}\ F(f)$ への制限 $(f - a_r)|_{\mathrm{Ker}\ F(f)} : \mathrm{Ker}\ F(f) \to \mathrm{Ker}\ G(f)$ を考える．$\mathrm{Ker}(f - a_r)|_{\mathrm{Ker}\ F(f)} = \mathrm{Ker}(f - a_r) \cap \mathrm{Ker}\ F(f) = \mathrm{Ker}(f - a_r)$ である．帰納法の仮定より，$\mathrm{Ker}\ G(f) = V_{a_1} \oplus \cdots \oplus V_{a_{r-1}}$ である．$\mathrm{Ker}\ G(f)$ への制限 $(f - a_r)|_{\mathrm{Ker}\ G(f)} : \mathrm{Ker}\ G(f) \to \mathrm{Ker}\ G(f)$ は，V_{a_i} の $a_i - a_r$ 倍写像の直和だから，同形である．命題 2.4.6 より，$\mathrm{Ker}\ F(f) = \mathrm{Ker}\ G(f) \oplus \mathrm{Ker}(f - a_r)$ である． ■

系 3.2.8 V を有限次元 K 線形空間とし，f を V の自己準同形とする．$a_1, \ldots, a_r \in K$ を f の相異なる固有値すべてとし，$V_{a_1}, \ldots, V_{a_r}$ を固有空間とする．次の条件は同値である．

(1) f は対角化可能である．

(2) V の基底 $x_1, \ldots, x_n$ で，各 x_i が固有ベクトルであるものが存在する．

(3) f の最小多項式 φ は，相異なる 1 次式の積 $(X - a_1) \cdots (X - a_r)$ である．

(4) $V = V_{a_1} + \cdots + V_{a_r}$ である．

(5) $V = V_{a_1} \oplus \cdots \oplus V_{a_r}$ である． □

証明 (1)⇔(2)：行列表示の定義より明らかである．

(2)⇒(4)：固有ベクトルは固有空間に含まれる．

(4)⇒(3)：$a_1, \ldots, a_r$ は f の固有値だから，命題 3.2.2 より，$F = (X - a_1) \cdots (X - a_r)$ は φ をわりきる．$V = V_{a_1} + \cdots + V_{a_r}$ ならば，$F(f) = 0$ であり，最小多項式 φ は，逆に，$F = (X - a_1) \cdots (X - a_r)$ をわりきる．

(3)⇒(5)：$\varphi = (X - a_1) \cdots (X - a_r)$ とする．命題 3.2.7 より，$V = \operatorname{Ker} \varphi(f) = V_{a_1} \oplus \cdots \oplus V_{a_r}$ である．

(5)⇒(2)：固有空間 $V_{a_1}, \ldots, V_{a_r}$ の基底をならべて得られる V の基底は，固有ベクトルからなる． ■

例題 3.2.9 $A = \begin{pmatrix} a & b \\ c & d \end{pmatrix} \in M_2(K)$ とする．

1．次の条件は同値であることを示せ．

(1) A は対角化可能である．

(2) A はスカラー行列であるかまたは，$X^2 - (a + d)X + ad - bc = (X - \alpha)(X - \beta)$ をみたす K の相異なる元 α, β がある．

2．次の条件は同値であることを示せ．

(1) A は三角化可能である．

(2) $X^2 - (a + d)X + ad - bc = (X - \alpha)(X - \beta)$ をみたす K の元 α, β がある．

解答 1．A がスカラー行列でない場合に示せば十分である．このときは，例 3.1.5 より，A の最小多項式は $X^2 - (a + d)X + ad - bc$ である．よって，系 3.2.8 を適用すればよい．

2．A がスカラー行列でない場合に示せば十分である．

(1)⇒(2)：A と共役な行列の最小多項式は A の最小多項式と等しい．したがって，A が $\begin{pmatrix} \alpha & \gamma \\ 0 & \beta \end{pmatrix} \in M_2(K)$ と共役なら，$X^2-(a+d)X+ad-bc=(X-\alpha)(X-\beta)$ である．

(2)⇒(1)：命題 3.2.2 より，$X^2-(a+d)X+ad-bc=(X-\alpha)(X-\beta)$ なら，α は A の固有値である．$x \in K^2$ を α に属する固有ベクトルとし，x, y を K^2 の基底とすると，x, y に関する A 倍写像の行列表示は上三角行列である．

系 3.2.10　V を有限次元線形空間，f を V の自己準同形とし，W を $f(W) \subset W$ をみたす V の部分空間とする．f が対角化可能なら，W の自己準同形 $f|_W$ も対角化可能である．　□

証明　系 3.2.8 より，f の最小多項式 φ は相異なる 1 次式の積である．命題 3.1.15.1 より $f|_W$ の最小多項式 φ_W は φ をわりきる．よって φ_W も相異なる 1 次式の積である．系 3.2.8 より，$f|_W$ も対角化可能である．　■

系 3.2.11　V を有限次元線形空間とする．S を V の対角化可能な自己準同形からなる集合で，$f, g \in S$ ならば $fg = gf$ となるものとする．このとき，V の基底で，それに関する S に属する任意の自己準同形の行列表示が対角行列となるものが存在する．　□

証明　V の次元に関する帰納法で示す．S の元がすべてスカラー倍のときは明らかである．$\dim V \leq 1$ ならば，S の元はすべてスカラー倍である．

S がスカラー倍でない自己準同形 $f\colon V \to V$ を含むとする．$V = V_{a_1} \oplus \cdots \oplus V_{a_r}$ を f に関する V の固有空間分解とする．補題 3.2.6 より，任意の $g \in S$ と $i = 1, \ldots, r$ に対し，$g(V_{a_i}) \subset V_{a_i}$ である．さらに，系 3.2.10 より，g の V_{a_i} への制限は対角化可能である．よって，帰納法の仮定より，各 V_{a_i} の基底で，それに関する S に属する任意の自己準同形の行列表示が対角行列となるものが存在する．これらをならべて得られる V の基底を考えればよい．　■

まとめ
・固有値は最小多項式の根である．
・最小多項式が相異なる 1 次式の積なら，固有ベクトルからなる基底があり，その基底に関する行列表示は対角行列である．

問題

A 3.2.1 $A = \begin{pmatrix} 0 & 0 & 0 & 1 \\ 1 & 0 & 0 & 0 \\ 0 & 1 & 0 & 0 \\ 0 & 0 & 1 & 0 \end{pmatrix} \in M_4(\mathbb{C})$ とする．

1. A の最小多項式を求めよ．
2. A の固有値をすべて求めよ．
3. A の固有ベクトルからなる $\mathbb{C}^4$ の基底を求めよ．

A 3.2.2 $B = \begin{pmatrix} 0 & -1 \\ 1 & 0 \end{pmatrix} \in M_2(\mathbb{C})$ は対角化可能だが，$B \in M_2(\mathbb{R})$ は対角化可能でないことを示せ．

A 3.2.3 $A = \begin{pmatrix} a & b \\ c & d \end{pmatrix} \in M_2(\mathbb{R})$ について，次の条件はそれぞれ同値であることを示せ．

1. (1) A は対角化可能である．
   (2) A はスカラー行列であるかまたは $(a-d)^2 + 4bc > 0$.
2. (1) A は三角化可能である．
   (2) $(a-d)^2 + 4bc \geq 0$.

B 3.2.4 n を自然数とし，$a \in K$ とする．多項式 $(X-a)^n$ の同伴行列は $J(a, n)$ と共役であることを示せ．

B 3.2.5 V を有限次元線形空間とし，f をその自己準同形とする．次の条件は同値であることを示せ．

(1) f はスカラー倍である．

(2) 0 でない任意の元 $x \in V$ は，f の固有ベクトルである．

3.3　一般固有空間と三角化

ジョルダン行列 $J(a,n)$ の最小多項式は $(X-a)^n$ だから，$n>1$ なら対角化可能でない．対角化可能でない行列を調べるには，固有空間を考えるだけでは不十分である．そこで，固有空間を広げたものを考える．$a \in K$ に対し，多項式 $F \in K[X]$ の根 a の**重複度** (multiplicity) が m であるとは，$(X-a)^m$ は F をわりきり，$F=(X-a)^m G$ とおくと，$G(a) \neq 0$ であることをいう．根 a の重複度が 0 であるとは，a が F の根でないことである．

定義 3.3.1　V を K 線形空間とし，f を V の自己準同形とする．$a \in K$ とし，d を f の最小多項式 φ の根 a の重複度とする．V の部分空間 $\widetilde{V}_a = \mathrm{Ker}(f-a)^d$ を a に属する**一般固有空間** (generalized eigenspace) という．　□

一般固有空間のことを**広義固有空間**ともいう．

余談 48　$\widetilde{V}_a$ の V の上についている波線 $\sim$ はチルダと読む．例えば $\widetilde{V}$ は V チルダと読む．ここでは V_a はひとかたまりの記号と思っているので，$\widetilde{V}_a$ は V_a チルダと読む．

【例 3.3.2】　$J(a,n) \in M_n(K)$ をジョルダン行列とする．$V=K^n$ とし，$f\colon V \to V$ を $J(a,n)$ 倍写像とする．このとき，f の最小多項式は $(X-a)^n$ であり，$V=\widetilde{V}_a$ である．

命題 3.3.3　V を K 線形空間とし，f を V の自己準同形とする．$a \in K$ とし，d を f の最小多項式 φ の根 a の重複度とする．$V_a = \mathrm{Ker}(f-a)$ を固有空間，$\widetilde{V}_a = \mathrm{Ker}(f-a)^d$ を一般固有空間とする．

1. $\widetilde{V}_a = \{x \in V \mid (f-a)^n(x)=0$ をみたす自然数 $n \geq 0$ が存在する $\}$ である．

2. $f(\widetilde{V}_a) \subset \widetilde{V}_a$, $V_a \subset \widetilde{V}_a$ である．

3. $\widetilde{V}_a$ が有限次元であるとする．$\widetilde{V}_a$ の基底で，それに関する $f|_{\widetilde{V}_a} : \widetilde{V}_a \to \widetilde{V}_a$ の行列表示が，対角成分がすべて a の上三角行列となるものがある． □

証明 1. 右辺を W で表わす．$x \in \widetilde{V}_a$ ならば $(f-a)^d(x) = 0$ だから，$\widetilde{V}_a \subset W$ である．$\widetilde{V}_a \supset W$ を示す．$x \in W$ とし，$(f-a)^n(x) = 0$ とする．$x \in \mathrm{Ker}(f-a)^n$ である．補題 3.2.6 より，$f(\mathrm{Ker}(f-a)^n) \subset \mathrm{Ker}(f-a)^n$ である．$(f-a)^n(\mathrm{Ker}(f-a)^n) = 0$ だから，$f|_{\mathrm{Ker}(f-a)^n}$ の最小多項式 ψ は $(X-a)^n$ をわりきる．$\psi = (X-a)^e$ とおく．$\psi = (X-a)^e$ は φ もわりきるから，$e \leq d$ である．よって，$x \in \mathrm{Ker}(f-a)^n \subset \mathrm{Ker}\,\psi(f) = \mathrm{Ker}(f-a)^e \subset \mathrm{Ker}(f-a)^d = \widetilde{V}_a$ である．

2. 補題 3.2.6 より $f(\widetilde{V}_a) \subset \widetilde{V}_a$ である．d を f の最小多項式 φ の根 a の重複度とする．$d \geq 1$ なら，$V_a = \mathrm{Ker}(f-a) \subset \widetilde{V}_a = \mathrm{Ker}(f-a)^d$ である．$d = 0$ なら $\widetilde{V}_a = \mathrm{Ker}\,1 = 0$ であるが，命題 3.2.2 より $V_a = 0$ である．

3. $\widetilde{V}_a$ の部分空間の増大列 $0 = W_0 \subset V_a = W_1 \subset W_2 \subset \cdots \subset W_d = \widetilde{V}_a$ を $W_k = \mathrm{Ker}(f-a)^k$ で定め，数列 $n_1 = \dim V_a \leq n_2 \leq \cdots \leq n_d = \dim \widetilde{V}_a$ を $n_k = \dim W_k$ で定める．$1 \leq k \leq d$ に対し W_k の基底を帰納的に延長して，$\widetilde{V}_a = W_d$ の基底 $x_1, \ldots, x_{n_d}$ を構成する．$1 \leq k \leq d$ に対し $x_1, \ldots, x_{n_k}$ は W_k の基底である．

$(f-a)(W_k) \subset W_{k-1}$ だから，この基底に関する，制限 $(f-a)|_{\widetilde{V}_a}$ の行列表示は，上三角行列で，その対角成分はすべて 0 である．よって，同じ基底に関する制限 $f|_{\widetilde{V}_a}$ の行列表示は，対角成分がすべて a の上三角行列である． ■

定理 3.3.4 V を K 線形空間とし，f を V の自己準同形とする．$a_1, \ldots, a_r$ を相異なる K の元，$d_1, \ldots, d_r$ を自然数とし，$F = (X-a_1)^{d_1} \cdots (X-a_r)^{d_r}$ とおく．このとき，$\mathrm{Ker}\,F(f) = \mathrm{Ker}\,(f-a_1)^{d_1} \oplus \cdots \oplus \mathrm{Ker}\,(f-a_r)^{d_r}$ である．
□

証明 r に関する帰納法で示す．$r = 1$ なら明らかである．$r > 1$ とし，$G = (X-a_1)^{d_1} \cdots (X-a_{r-1})^{d_{r-1}}$ とおく．帰納法の仮定より，$\mathrm{Ker}\,G(f) = \mathrm{Ker}\,(f-a_1)^{d_1} \oplus \cdots \oplus \mathrm{Ker}\,(f-a_{r-1})^{d_{r-1}}$ である．$G(a_r) \neq 0$ だから，次の補題を示せばよい．

補題 3.3.5 V を K 線形空間，f を V の自己準同形とする．$G \in K[X]$,

$a \in K$ とし，$W = \mathrm{Ker}\ G(f)$ とおく．$G(a) \neq 0$ ならば，次がなりたつ．

1. $f - a$ の W への制限 $(f-a)|_W : W \to W$ は W の自己同形である．
2. $\mathrm{Ker}\ G(f)(f-a)^d = W \oplus \mathrm{Ker}\ (f-a)^d$ である． □

証明　1. G を $X - a$ でわった商を Q とすると，$G = Q\cdot(X-a) + G(a)$ である．$H = -\dfrac{Q}{G(a)}$ とおくと，$H \cdot (X-a) = 1 - \dfrac{G}{G(a)}$ である．よって，$H(f) \circ (f-a) = (f-a) \circ H(f)$ の $W = \mathrm{Ker}\ G(f)$ への制限は恒等写像である．

2. $W \subset W' = \mathrm{Ker}\ G(f)(f-a)^d$ とおく．$(f-a)^d(W') \subset W$ である．$(f-a)^d$ の W' への制限を $g : W' \to W$ で表わす．$\mathrm{Ker}\ (f-a)^d \subset W'$ だから，$\mathrm{Ker}\ g = \mathrm{Ker}\ (f-a)^d \cap W'$ は $\mathrm{Ker}\ (f-a)^d$ と等しい．1 より，制限 $g|_W : W \to W$ は同形である．よって，命題 2.4.6 より，$W' = W \oplus \mathrm{Ker}\ g = W \oplus \mathrm{Ker}\ (f-a)^d$ である． ■

系 3.3.6　V を有限次元 K 線形空間とし，f を V の自己準同形とする．次の条件は同値である．

(1) f は三角化可能である．

(2) V の基底 $x_1, \ldots, x_n$ で，各 $i = 1, \ldots, n$ に対し，$f(x_i) \in \langle x_1, \ldots, x_i \rangle$ をみたすものが存在する．

(3) f の最小多項式 φ は 1 次式の積に分解する．

(4) K の元 $a_1, \ldots, a_r$ で，V が一般固有空間の直和 $V = \widetilde{V}_{a_1} \oplus \cdots \oplus \widetilde{V}_{a_r}$ となるものがある．

(5) V の基底で，それに関する f の行列表示 A が，対角成分がすべて $a_i \in K$ の上三角行列 A_i の直和 $\begin{pmatrix} A_1 & 0 & \cdots & 0 \\ 0 & A_2 & \ddots & \vdots \\ \vdots & \ddots & \ddots & 0 \\ 0 & \cdots & 0 & A_r \end{pmatrix}$ となるものがある．

□

証明　(1)⇔(2)：行列表示の定義より明らかである．

(1)⇒(3)：上三角行列 $A \in M_n(K)$ の最小多項式 φ は 1 次式の積に分解することを示せばよい．A の対角成分を $a_1, \ldots, a_n$ とすると，例題 3.2.3.1 より，φ は $(X - a_1) \cdots (X - a_n)$ をわりきる．よって φ は，1 次式の積に分解する．

(3)⇒(4)：$V = \mathrm{Ker}\,\varphi(f)$ だから，定理 3.3.4 を $\varphi = (X-a_1)^{d_1}\cdots(X-a_r)^{d_r}$ に適用すればよい．

(4)⇒(5)：命題 3.3.3.3 より，各 i に対し，一般固有空間 $\widetilde{V}_{a_i}$ の基底で，それに関する $f|_{\widetilde{V}_{a_i}}$ の行列表示 A_i が，上三角行列で対角成分がすべて a_i のものがある．この基底をならべて得られる V の基底に関する f の行列表示は，(5) の条件をみたす．

(5)⇒(1)：(5) の行列 A は上三角行列である． ■

【例 3.3.7】 $\mathbb{C}$ 係数の最高次係数が 1 の任意の多項式 $F \in \mathbb{C}[X]$ は，1 次式の積に分解する．したがって，有限次元 $\mathbb{C}$ 線形空間の任意の自己準同形は，三角化可能である．

系 3.3.8 V を有限次元線形空間，f を V の三角化可能な自己準同形とする．

1. 次の条件は同値である．

(1) f は対角化可能である．

(2) f の各固有値 $a_1, \ldots, a_r$ に対し，一般固有空間 $\widetilde{V}_{a_i}$ は固有空間 V_{a_i} と等しい．

2. W を $f(W) \subset W$ をみたす V の部分空間とする．W の自己準同形 $f|_W$ は三角化可能である． □

証明 1. $V = \widetilde{V}_{a_1} \oplus \cdots \oplus \widetilde{V}_{a_r}$ を一般固有空間による直和分解とする．各固有値 a_i に対し $V_{a_i} \subset \widetilde{V}_{a_i}$ だから，(2) は，V が固有空間の直和 $V_{a_1} \oplus \cdots \oplus V_{a_r}$ であることと同値である．よって，系 3.2.8 よりしたがう．

2. 系 3.3.6 より，f の最小多項式は 1 次式の積に分解する．命題 3.1.15.1 より，$f|_W$ の最小多項式も 1 次式の積に分解する．よって，系 3.3.6 より $f|_W$ も三角化可能である． ■

定義 3.3.9 V を有限次元 K 線形空間とし，f を V の三角化可能な自己準同形とする．$a_1, \ldots, a_r \in K$ を f の固有値とし，$\widetilde{V}_{a_i}$ を固有値 a_i の一般固有空間とする．直和分解 $V = \widetilde{V}_{a_1} \oplus \cdots \oplus \widetilde{V}_{a_r}$ を，f に関する**一般固有空間分解** (generalized eigenspace decomposition) とよぶ． □

$A \in M_n(K)$ で $f\colon K^n \to K^n$ が A 倍写像のときは，f に関する一般固有空間分解を，A に関する**一般固有空間分解**とよぶ.

> まとめ
> ・一般固有空間は，固有空間を広げたものである.
> ・最小多項式が 1 次式の積に分解するなら，三角化可能であり，一般固有空間の直和に分解する.

問題

A 3.3.1 $A = \begin{pmatrix} 0 & 0 & -1 \\ 1 & 0 & 1 \\ 0 & 1 & 1 \end{pmatrix} \in M_3(\mathbb{R})$ とする.

1. A は三角化可能だが，対角化可能でないことを示せ.
2. $V = \mathbb{R}^3$ の A に関する一般固有空間分解を求めよ.

B 3.3.2 $V = \{f \in \mathbb{R}[X] \mid \deg f \leq n\}$ とし，V の自己準同形 F, E をそれぞれ $F(f)(X) = f(X+1), E(f)(X) = Xf'(X)$ で定める.

1. E, F がそれぞれ対角化可能，三角化可能であるかを調べよ.
2. E, F の最小多項式を求めよ.

B 3.3.3 V を K 線形空間とし，f を V の自己準同形とする．$a \in K$ を f の固有値とし，$W = \widetilde{V}_a$ を一般固有空間，$g = f|_W : W \to W$ を f の制限とする．f の最小多項式の根 a の重複度を d とすると，g の最小多項式は $(X-a)^d$ であることを示せ.

B 3.3.4 V を有限次元 K 線形空間とし，f を V の三角化可能な自己準同形とする．W を V の部分空間で，$f(W) \subset W$ をみたすものとする．$V = \widetilde{V}_{a_1} \oplus \cdots \oplus \widetilde{V}_{a_r}$ が，V の f に関する一般固有空間分解であるとき，W の $f|_W$ に関する一般固有空間分解を求めよ.

B 3.3.5　V を線形空間とし，f をその自己準同形とする．$a_1, \ldots, a_r$ を相異なる K の元，$d_1, \ldots, d_r \geq 1$ を自然数とする．f の最小多項式 φ が 1 次式の積 $(X-a_1)^{d_1} \cdots (X-a_r)^{d_r}$ に分解するとし，$V = \widetilde{V}_{a_1} \oplus \cdots \oplus \widetilde{V}_{a_r}$ を一般固有空間分解とする．$i = 1, \ldots, r$ に対し，多項式 $G_i, E_i \in K[X]$ を

$$G_i = (X-a_1)^{d_1} \cdots (X-a_{i-1})^{d_{i-1}}(X-a_{i+1})^{d_{i+1}} \cdots (X-a_r)^{d_r},$$

$$E_i = 1 - \frac{(-1)^{d_i}}{G_i(a_i)^{d_i}}(G_i - G_i(a_i))^{d_i} = 1 - \left(1 - \frac{G_i}{G_i(a_i)}\right)^{d_i}$$

で定める．

1.
$$E_i(f)|_{\widetilde{V}_{a_j}} = \begin{cases} \mathrm{id}_{\widetilde{V}_{a_j}} & i = j \text{ のとき}, \\ 0 & i \neq j \text{ のとき} \end{cases}$$

を示せ．

2. $\widetilde{V}_{a_i} = \mathrm{Im}\ G_i(f)$ を示せ．

3.4　巾零自己準同形とジョルダン標準形

V を有限次元線形空間とし，f を三角化可能な自己準同形とする．a_i を f の固有値とし，f の最小多項式の根 a_i の重複度を d_i とする．$f - a_i$ の一般固有空間 $\widetilde{V}_{a_i}$ への制限を g_i で表わすと，$g_i^{d_i} = 0$ である．系 3.3.6(5) の行列 A_i に対し，$A_i - a_i$ は g_i の行列表示である．したがって，g_i の行列表示が簡単な形になるような $\widetilde{V}_{a_i}$ の基底があれば，f の簡単な形をした行列表示が得られることになる．このような g_i を調べるため，次のように定義する．

定義 3.4.1　V を K 線形空間とし，f を V の自己準同形とする．$f^n = 0$ をみたす自然数 $n \geq 0$ が存在するとき，f は**巾零** (nilpotent) であるという．　□

V の自己準同形 f が巾零であるとは，f の最小多項式が X^d となる自然数 $d \geq 0$ があるということである．

定理 3.4.2　V を K 線形空間とし，N を $N^{m+1} = 0$ をみたす V の自己準同形とする．このとき，V の直和分解

$$V = \bigoplus_{0 \le p, 0 \le q, p+q \le m} V_{p,q}$$

で，次の条件をみたすものが存在する．

(J)　$p > 0$ ならば，$N(V_{p,q}) = V_{p-1,q+1}$ であり，N の制限 $N|_{V_{p,q}} : V_{p,q} \to V_{p-1,q+1}$ は同形である．$p = 0$ ならば，$N(V_{0,q}) = 0$ である．　□

余談 49　条件 (J) の前半を「$p > 0$ ならば，N は同形 $V_{p,q} \to V_{p-1,q+1}$ をひきおこす」ということも多い．

余談 50　$V_{p,q}$ のうちいくつかは 0 となる場合もある．

N を図示すると，次の図のようになる．

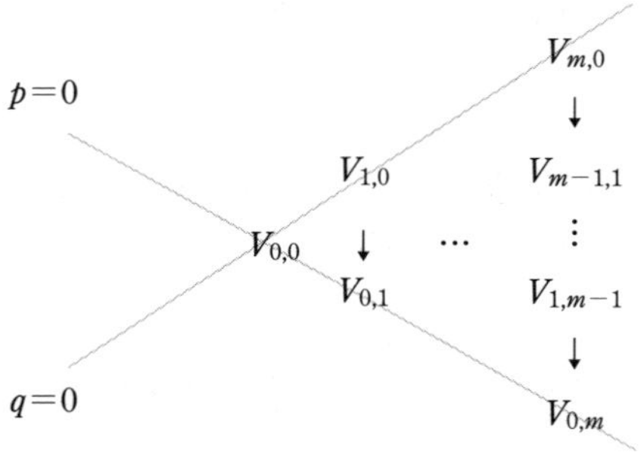

上の図で，矢印は，N が上の部分空間から下の部分空間への同形であることを表わす．各列のいちばん下の部分空間への N の制限は 0 である．

（証明の前に）まず，直線 $p = 0$ 上にある部分空間 $V_{0,q}$ を構成し，次にそれを使って，直線 $q = 0$ 上にある部分空間 $V_{p,0}$ を構成する．一般の $V_{p,q}$ は $V_{p,q} = N^q(V_{p+q,0})$ として定義する．これらが条件をみたすことは，右下の $V_{0,m}$ から順に示していく．

条件をみたす直和分解があったとすると，$\mathrm{Im}\ N^r = \bigoplus_{q \ge r} V_{p,q}, \mathrm{Ker}\ N = \bigoplus_q V_{0,q}$ となり，$\mathrm{Ker}\ N \cap \mathrm{Im}\ N^r = \bigoplus_{q \ge r} V_{0,q}$ が得られる．このことに着目して $V_{0,q}$ を定義する．条件 (J) より，$N^q \colon V_{q,0} \to V_{0,q}$ が同形だから，これをみたすように，$V_{q,0}$ を定める．さらに，条件 (J) より，$N^q \colon V_{p+q,0} \to V_{p,q}$ は同

形だから，$V_{p,q} = N^q(V_{p+q,0})$ として定義する．

このように定義すると，条件 (J) はみたされる．r に関する帰納法で，$\mathrm{Ker}\ N^{r+1} = \bigoplus_{0 \le p \le r, 0 \le q, p+q \le m} V_{p,q}$ を示す．

定理を証明するには，上のような順に考えるのがわかりやすいが，部分空間 $V_{p,q}$ を構成するには，あとで述べる例題 3.4.5 のように，右端の列 $p+q=m$ から順につくるのが実用的である．

証明 $q = 0, \ldots, m$ に対し，$V_{0,q} \subset V$ を $\mathrm{Ker}\ N \cap \mathrm{Im}\ N^q = V_{0,q} \oplus (\mathrm{Ker}\ N \cap \mathrm{Im}\ N^{q+1})$ をみたす部分空間とする．$\mathrm{Ker}\ N \cap \mathrm{Im}\ N^r = \bigoplus_{r \le q \le m} V_{0,q}$ を，$0 \le r \le m+1$ に関する上からの帰納法で示す．$r = m+1$ なら，両辺とも 0 である．帰納法の仮定より，$\mathrm{Ker}\ N \cap \mathrm{Im}\ N^{r+1} = \bigoplus_{r+1 \le q \le m} V_{0,q}$ である．両辺に $V_{0,r}$ を直和すれば，$\mathrm{Ker}\ N \cap \mathrm{Im}\ N^r = \bigoplus_{r \le q \le m} V_{0,q}$ が得られる．$r = 0$ とおけば，$\mathrm{Ker}\ N = \bigoplus_{0 \le q \le m} V_{0,q}$ である．

$V_{0,q} \subset \mathrm{Im}\ N^q$ だから，N^q の $(N^q)^{-1}(V_{0,q})$ への制限 $(N^q)^{-1}(V_{0,q}) \to V_{0,q}$ は，全射である．$V_{q,0}$ を，V の部分空間で $(N^q)^{-1}(V_{0,q}) = V_{q,0} \oplus \mathrm{Ker}\ N^q$ をみたすものとする．命題 2.4.6 の (1)⇒(2) より，N^q の $V_{q,0}$ への制限 $V_{q,0} \to V_{0,q}$ は同形である．$0 < p, 0 < q, p+q \le m$ に対し，$V_{p,q} = N^q(V_{p+q,0})$ とおく．

これらが，条件 (J) をみたすことを示す．$p+q=r$ をみたす p, q に対し，N の $V_{p,q}$ への制限は，全射の列

$$V_{r,0} \xrightarrow{N} V_{r-1,1} \xrightarrow{N} \cdots \xrightarrow{N} V_{p,q} \xrightarrow{N} V_{p-1,q+1} \xrightarrow{N} \cdots \xrightarrow{N} V_{0,r}$$

を定める．これらの合成 $N^r : V_{r,0} \to V_{0,r}$ は同形だから，各 $0 < p \le r$ に対し，$V_{p,q} \to V_{p-1,q+1}$ も同形である．$V_{0,p} \subset \mathrm{Ker}\ N$ だから，$N(V_{0,p}) = 0$ である．よって，条件 (J) はみたされる．

r に関する帰納法で，$\mathrm{Ker}\ N^{r+1} = \bigoplus_{0 \le p \le r, 0 \le q, p+q \le m} V_{p,q}$ を示す．$r = 0$ のときは，$\mathrm{Ker}\ N = \bigoplus_{0 \le q \le m} V_{0,q}$ を上で示した．$r > 0$ の場合を示す．条件 (J) より，$p \le r$ なら $V_{p,q} \subset \mathrm{Ker}\ N^{r+1}$ である．同形 $N^r : V_{r,q-r} \to V_{0,q}$ の直和

$$\bigoplus_{r \le q \le m} V_{r,q-r} \longrightarrow \bigoplus_{r \le q \le m} V_{0,q} = \mathrm{Ker}\ N \cap \mathrm{Im}\ N^r$$

は同形である．これは，包含写像の和 $\bigoplus_{r \le q \le m} V_{r,q-r} \to \mathrm{Ker}\ N^{r+1}$ と N^r の制限 $\mathrm{Ker}\ N^{r+1} \to \mathrm{Ker}\ N \cap \mathrm{Im}\ N^r$ の合成である．よって，和 $\sum_{r \le q \le m} V_{r,q-r} \subset \mathrm{Ker}\ N^{r+1}$ は直和 $\bigoplus_{r \le q \le m} V_{r,q-r}$ であり，制限 $(N^r)|_{\mathrm{Ker}\ N^{r+1}}$:

$\text{Ker } N^{r+1} \rightarrow \text{Ker } N \cap \text{Im } N^r$ は全射である．さらに，命題 2.4.6 の (2)⇒(1) より，$\text{Ker } N^{r+1} = \text{Ker } N^r \oplus (\bigoplus_{r \leq q \leq m} V_{r,q-r})$ である．帰納法の仮定より，$\text{Ker } N^r = \bigoplus_{0 \leq p < r, 0 \leq q, p+q \leq m} V_{p,q}$ だから，$\text{Ker } N^{r+1} = (\bigoplus_{0 \leq p < r, 0 \leq q, p+q \leq m} V_{p,q}) \oplus (\bigoplus_{r \leq q \leq m} V_{r,q-r}) = \bigoplus_{0 \leq p \leq r, 0 \leq q, p+q \leq m} V_{p,q}$ である．

$r = m$ とおけば，$V = \text{Ker } N^{m+1} = \bigoplus_{0 \leq p \leq m, 0 \leq q, p+q \leq m} V_{p,q}$ である．■

【例 3.4.3】　$V = K^n$ の自己準同形 N を，ジョルダン行列 $J(0,n)$ による $J(0,n)$ 倍写像とする．$N^n = 0$ であり，$V_{i-1,n-i} = \langle e_i \rangle$ $(i = 1, \ldots, n), V_{p,q} = 0$ $(p+q \neq n-1)$ とおけば，$V = \bigoplus_{p \geq 0, q \geq 0, p+q \leq n-1} V_{p,q}$ は，定理 3.4.2 の条件をみたす直和分解である．

定理 3.4.2 を使って，巾零自己準同形の，簡単な形をした行列表示が得られる．

系 3.4.4　V を有限次元 K 線形空間とし，N を $N^{m+1} = 0$ をみたす，V の巾零自己準同形とする．$r = 0, \ldots, m$ に対し，$n_r = \dim(\text{Ker } N \cap \text{Im } N^r) - \dim(\text{Ker } N \cap \text{Im } N^{r+1})$ とおく．このとき，V の基底で，それに関する N の行列表示 J が，

$$J = J(0,1)^{\oplus n_0} \oplus \cdots \oplus J(0,r+1)^{\oplus n_r} \oplus \cdots \oplus J(0,m+1)^{\oplus n_m}$$

となるものがある．□

証明　$V = \bigoplus_{0 \leq p, 0 \leq q, p+q \leq m} V_{p,q}$ を定理 3.4.2 の条件をみたす直和分解とする．まず，$n_r = \dim V_{r,0}$ を示す．$\text{Ker } N = \bigoplus_{0 \leq q \leq m} V_{0,q}$ かつ $\text{Im } N^r = \bigoplus_{0 \leq p, r \leq q, p+q \leq m} V_{p,q}$ である．よって，$\text{Ker } N \cap \text{Im } N^r = \bigoplus_{r \leq q \leq m} V_{0,q}$ であり，$n_r = \dim V_{0,r} = \dim V_{r,0}$ である．

$r = 0, \ldots, m$ に対し，$V_r = V_{r,0} \oplus V_{r-1,1} \oplus \cdots \oplus V_{0,r}$ とおく．$N(V_r) \subset V_r$ である．$V = V_0 \oplus \cdots \oplus V_m$ だから，V_r の基底で，N の V_r への制限の行列表示が $J(0,r+1)^{\oplus n_r}$ となるものを構成すればよい．

$x \in V_{r,0}$ を 0 でない元とする．$W_x = \langle N^r x, \ldots, Nx, x \rangle$ とおく．W_x の基底 x, $Nx, \ldots, N^r x$ に関する N の行列表示は $J(0,r+1)$ である．$x_1, \ldots, x_{n_r}$ を $V_{r,0}$ の基底とすると，$V_r = W_{x_1} \oplus \cdots \oplus W_{x_{n_r}}$ である．したがって，基底 $N^r x_1$,

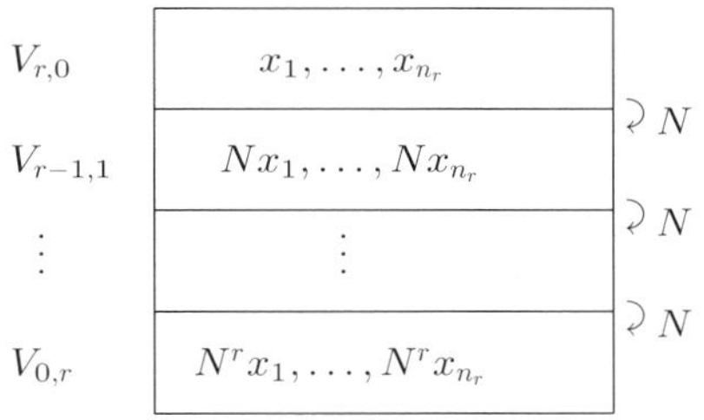

図 3.1 $V_r = V_{r,0} \oplus V_{r-1,1} \oplus \cdots \oplus V_{0,r}$

$\ldots, x_1, \ldots, N^r x_{n_r}, \ldots, x_{n_r}$ に関する，$N|_{V_r}$ の行列表示は $J(0, r+1)^{\oplus n_r}$ である．■

巾零自己準同形 N に対し，系 3.4.4 の行列 J を，N の**ジョルダン標準形** (Jordan normal form) という．

定理 3.4.2 の条件をみたす部分空間 $V_{p,0}$ とその基底を，p に関して上から帰納的に，次のように構成できる．

例題 3.4.5 1. V の基底 $x_1, \ldots, x_n$ と，$\mathrm{Im}\ N^r$ の部分空間 $W_r = \displaystyle\sum_{0 \le p, r \le q, r < p+q \le m} V_{p,q}$ の基底 $N^r y_1, \ldots, N^r y_s$ が与えられているとする．部分空間 $V_{r,0}$ とその基底の構成法を与えよ．

2. 上の構成法を使って，$N = \begin{pmatrix} 0 & 0 & 0 & 1 & 0 & 0 \\ 0 & 0 & 0 & 0 & 1 & -1 \\ 1 & -1 & 0 & -1 & -1 & 1 \\ 0 & 0 & 0 & 0 & 0 & 0 \\ 0 & 0 & 0 & 0 & 0 & 0 \\ 0 & 0 & 0 & 0 & 0 & 0 \end{pmatrix}$ のジョルダン標準形を次のようにして求めよ．

(1) $N^2 \neq 0, N^3 = 0$ を示せ．

(2) 定理 3.4.2 の条件 (J) をみたす直和分解 $K^6 = \bigoplus_{p+q \le 2} V_{p,q}$ を 1 つ与えよ．

(3) $J = P^{-1}NP$ が N のジョルダン標準形となるような，$P \in GL_6(K)$ を 1 つ求めよ．J も求めよ．

解答　1. $N^r y_1, \ldots, N^r y_s, N^r x_{i_1}, \ldots, N^r x_{i_t}$ を $\mathrm{Im}\, N^r$ の基底とする．$N(\mathrm{Im}\, N^r) = N(W_r)$ より，$N^{r+1} x_{i_j} = N(a_{1j} N^r y_1 + \cdots + a_{sj} N^r y_s)$ をみたす $a_{kj} \in K$ がある．$z_j = x_{i_j} - (a_{1j} y_1 + \cdots + a_{sj} y_s)$ とおき，$V_{r,0} = \langle z_1, \ldots, z_t \rangle$ とおけばよい．

2. (1) $N^2 = \begin{pmatrix} 0 & 0 & 0 & 0 & 0 & 0 \\ 0 & 0 & 0 & 0 & 0 & 0 \\ 0 & 0 & 0 & 1 & -1 & 1 \\ 0 & 0 & 0 & 0 & 0 & 0 \\ 0 & 0 & 0 & 0 & 0 & 0 \\ 0 & 0 & 0 & 0 & 0 & 0 \end{pmatrix}$，$N^3 = 0$ である．

(2) $V_{0,2} = \mathrm{Im}\ N^2 = \langle e_3 \rangle$ である．$e_3 = N^2 e_4, N e_4 = e_1 - e_3$ だから，$V_{2,0} = \langle e_4 \rangle$，$V_{1,1} = \langle e_1 - e_3 \rangle$ とおく．$W_1 = V_{0,2} + V_{1,1} = \langle e_3, e_1 - e_3 \rangle$ となる．

$\mathrm{Im}\, N = \langle e_3, e_1 - e_3, e_2 - e_3 \rangle = \langle e_2 - e_3 \rangle + W_1$ である．$N(e_2 - e_3) = -e_3 = -N(e_1 - e_3), e_1 - e_3 \in W_1$ だから，$V_{0,1} = \langle (e_2 - e_3) + (e_1 - e_3) \rangle = \langle e_1 + e_2 - 2e_3 \rangle$ とおく．$e_1 + e_2 - 2e_3 = N(e_4 + e_5)$ だから，$V_{1,0} = \langle e_4 + e_5 \rangle$ とおく．$W_0 = \langle e_3, e_1 - e_3, e_4, e_2 - e_1, e_4 + e_5 \rangle$ となる．

$V = \langle e_6 \rangle + W_0$ である．$N e_6 = e_3 - e_2 = -N e_5, e_5 \in W_0$ だから，$V_{0,0} = \langle e_5 + e_6 \rangle$ とおけば，条件をみたす直和分解が得られる．

(3) (2) より，$P = \begin{pmatrix} 0 & 1 & 0 & 1 & 0 & 0 \\ 0 & 0 & 0 & 1 & 0 & 0 \\ 1 & -1 & 0 & -2 & 0 & 0 \\ 0 & 0 & 1 & 0 & 1 & 0 \\ 0 & 0 & 0 & 0 & 1 & 1 \\ 0 & 0 & 0 & 0 & 0 & 1 \end{pmatrix}$ とおけばよい．ジョルダン標準形は，$P^{-1} N P = \begin{pmatrix} 0 & 1 & 0 & 0 & 0 & 0 \\ 0 & 0 & 1 & 0 & 0 & 0 \\ 0 & 0 & 0 & 0 & 0 & 0 \\ 0 & 0 & 0 & 0 & 1 & 0 \\ 0 & 0 & 0 & 0 & 0 & 0 \\ 0 & 0 & 0 & 0 & 0 & 0 \end{pmatrix}$ である．

系 3.4.6　V を有限次元線形空間，f を V の三角化可能な自己準同形とし，

$a_1, \ldots, a_r$ を f の固有値とする．このとき，自然数の列 $1 \leq p_{1,i} \leq \cdots \leq p_{l_i,i}$ $(i = 1, \ldots, r)$ で，行列 $J(a_i, p_{j,i})$ $(1 \leq i \leq r, 1 \leq j \leq l_i)$ の直和が，f の行列表示となるものが存在する．□

証明　系 3.3.6 より，系 3.4.4 を，一般固有空間への制限 $(f - a_i)|_{\widetilde{V}_{a_i}}$ に適用すればよい．■

定義 3.4.7　V を有限次元線形空間とし，f を V の三角化可能な自己準同形とする．ジョルダン行列のいくつかの直和 J が，f の行列表示になるとき，J は f の**ジョルダン標準形**であるという．□

f のジョルダン標準形が $\begin{pmatrix} a & 0 \\ 0 & b \end{pmatrix}$ ならば，$\begin{pmatrix} b & 0 \\ 0 & a \end{pmatrix}$ も f のジョルダン標準形である．このように，f のジョルダン標準形はただ 1 つとは限らない．しかし，各固有値 a_i に対し，自然数の列 $1 \leq p_{1,i} \leq \cdots \leq p_{l_i,i}$ は，系 3.4.4 より，一意的に定まる．

有限次元線形空間の三角化可能な自己準同形は，対角化可能な部分と巾零な部分に分解する．

定義 3.4.8　V を有限次元線形空間とし，f をその三角化可能な自己準同形とする．$V = \widetilde{V}_{a_1} \oplus \cdots \oplus \widetilde{V}_{a_r}$ を，f に関する一般固有空間分解とする．

V の自己準同形 s で，各 $\widetilde{V}_{a_i}$ への制限が a_i 倍写像であるという条件で定まるものを，f の**半単純部分** (semi-simple part) とよぶ．$n = f - s$ を f の**巾零部分** (nilpotent part) とよび，$f = s + n$ を f の**ジョルダン分解** (Jordan decomposition) とよぶ．固有値 $a_1, \ldots, a_r$ がどれも 0 でないとき，$u = s^{-1}f = 1 + s^{-1}n$ を f の**巾単部分** (unipotent part) とよび，$f = su$ を f の**乗法的なジョルダン分解**とよぶ．□

三角化可能な自己準同形 f に対し，その半単純部分 s は対角化可能であり，巾零部分 n は巾零である．f が対角化可能であることと，f の巾零部分が 0 であることは同値である．

三角化可能な行列 $A \in M_n(K)$ に対し，A 倍写像の半単純部分が S 倍写像であり，巾零部分が N 倍写像であるような行列 $S, N \in M_n(K)$ をそれぞれ

A の半単純部分，巾零部分とよぶ．ジョルダン行列 $J(a,n) \in M_n(K)$ の，半単純部分はスカラー行列 a で，巾零部分は $J(0,n)$ である．

まとめ

・巾零自己準同形には，それに適した直和分解がある．

・三角化可能な自己準同形は，対角化可能な部分と巾零部分の和に分解する．

・三角化可能な自己準同形の，巾零部分に適した一般固有空間の直和分解を考えれば，ジョルダン標準形が得られる．

問題

A 3.4.1　$A = \begin{pmatrix} 0 & 0 & 0 & 0 \\ 1 & 0 & 0 & 0 \\ 0 & 1 & 0 & 1 \\ 0 & 0 & 1 & 0 \end{pmatrix} \in M_4(\mathbb{R})$ とする．

1. A の固有値をすべて求めよ．
2. A の各固有値について，固有空間と一般固有空間の基底をそれぞれ 1 つ求めよ．
3. A のジョルダン標準形 J を 1 つ求めよ．
4. $P^{-1}AP = J$ をみたす $P \in GL_4(\mathbb{R})$ を 1 つ求めよ．
5. A の半単純部分を求めよ．

A 3.4.2　V を有限次元 K 線形空間とし，N を $N^{m+1} = 0$ をみたす V の自己準同形とする．$V = \bigoplus_{0 \leq p \leq m, 0 \leq q \leq m-p} V_{p,q}$ を定理 3.4.2 の条件をみたす直和分解とする．$\mathrm{Im}\, N^r$ を，$V_{p,q}$ の直和として表わせ．

B 3.4.3　$V = \{f \in \mathbb{R}[X] \mid \deg f \leq n\}$ とし，$F\colon V \to V$ を $F(f)(X) = f(X+1)$ で定める．F のジョルダン標準形を与える V の基底を 1 つ求めよ．

B 3.4.4　$a_1, \ldots, a_r$ を K の相異なる元とし，$d_1, \ldots, d_r \geq 1$ を自然数とする．$n = d_1 + \cdots + d_r$ とおき，$A \in M_n(K)$ を多項式 $(X - a_1)^{d_1} \cdots (X - a_r)^{d_r}$

の同伴行列とする．

1. $V = K^n$ の A に関する一般固有空間 $\widetilde{V}_{a_i}$ を求めよ（ヒント：問題 3.3.5.2 を使う）．

2. A のジョルダン標準形は $J(a_1, d_1) \oplus \cdots \oplus J(a_r, d_r)$ であることを示せ．

C 3.4.5　V を有限次元線形空間とし，f をその三角化可能な自己準同形とする．f の半単純部分 s と巾零部分 n は，どちらも f の多項式であることを示せ．f が同形なら，巾単部分 u も f の多項式であることを示せ（ヒント：問題 3.3.5 を使う）．

C 3.4.6　V を有限次元 K 線形空間とし，f を V の自己準同形とする．s, n がたがいに可換な V の自己準同形で，s は対角化可能，n が巾零かつ $f = s + n$ とする．このとき，f は三角化可能で，s は f の半単純部分，n は f の巾零部分であることを示せ．

3.5 行列式

正方行列 $A \in M_n(K)$ に対し，行列式 $\det A \in K$ を定義する．行列の大きさ n について帰納的に定義する．

定義 3.5.1　$n = 0$ のときは，$0 \in 0 = M_0(K)$ に対し，$\det 0 = 1 \in K$ と定義する．

$n-1$ 次正方行列については行列式が定義されたものとして，n 次行列に対して定義する．$A = (a_{ij}) \in M_n(K)$ とする．$i = 1, \ldots, n$ に対し，$A_i \in M_{n-1}(K)$ を，A の第 n 列と第 i 行をのぞいて得られる行列とする．$A_i \in M_{n-1}(K)$ に対しては行列式 $\det A_i \in K$ がすでに定義されているから，A の**行列式** (determinant) $\det A \in K$ を

$$\det A = \sum_{i=1}^{n} (-1)^{n-i} \det A_i \cdot a_{in}$$

で定義する．□

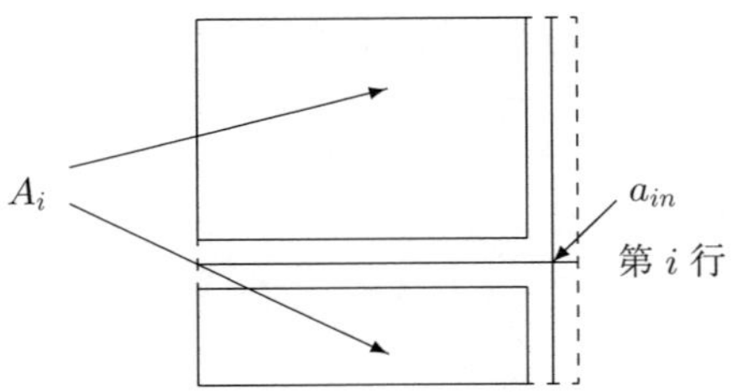

図 3.2 A_i

【例 3.5.2】 1. $n = 1$ のときは,

$$\det(a) = a$$

である.

$n = 2$ のときは,

$$\det \begin{pmatrix} a_{11} & a_{12} \\ a_{21} & a_{22} \end{pmatrix} = a_{11}a_{22} - a_{21}a_{12}$$

である.

$n = 3$ のときは,

$$\begin{aligned} &\det \begin{pmatrix} a_{11} & a_{12} & a_{13} \\ a_{21} & a_{22} & a_{23} \\ a_{31} & a_{32} & a_{33} \end{pmatrix} \\ &= (a_{11}a_{22} - a_{21}a_{12})a_{33} - (a_{11}a_{32} - a_{31}a_{12})a_{23} + (a_{21}a_{32} - a_{31}a_{22})a_{13} \\ &= a_{11}a_{22}a_{33} + a_{31}a_{12}a_{23} + a_{21}a_{32}a_{13} \\ &\qquad -a_{21}a_{12}a_{33} - a_{11}a_{32}a_{23} - a_{31}a_{22}a_{13} \end{aligned}$$

である.

2. $A = (a_{ij}) \in M_n(K)$ を上三角行列とすると, $\det A$ は, 対角成分の積 $a_{11} \cdots a_{nn}$ である.

行列式の計算のために, いくつか記号を準備する.

定義 3.5.3 $n \geq 0$ を自然数とする．可逆な写像 $\sigma\colon \{1,\ldots,n\} \to \{1,\ldots,n\}$ を，n 文字の**置換** (permutation) とよぶ．集合 $\{$ 可逆な写像 $\sigma\colon \{1,\ldots,n\} \to \{1,\ldots,n\}\}$ を $\overset{\text{エス}}{\mathfrak{S}_n}$ で表わす．$\sigma \in \mathfrak{S}_n$ に対し，$e_{\sigma(1)},\ldots,e_{\sigma(n)} \in K^n$ をならべて得られる行列 $P(\sigma) = \begin{pmatrix} e_{\sigma(1)} & \cdots & e_{\sigma(n)} \end{pmatrix}$ の行列式 $\det P(\sigma)$ を，σ の**符号** (signature) とよび，$\mathrm{sgn}(\sigma)$ で表わす．

$1 \leq i < j \leq n$ に対し，$\sigma(i) = j, \sigma(j) = i, \sigma(k) = k\ (k \neq i, j)$ で定まる写像 $\sigma \in \mathfrak{S}_n$ を $(i\ j)$ で表わす． □

$\mathfrak{S}_n$ の元の個数は $n!$ である．

命題 3.5.4 $n \geq 0$ を自然数とする．写像 $d\colon M_n(K) \to K$ について，次の条件はすべて同値である．

(1) 任意の $A \in M_n(K)$ に対し，$d(A) = d(1)\det A$ がなりたつ．

(2) 任意の $A \in M_n(K)$ に対し，

$$d(A) = d(1) \sum_{\sigma \in \mathfrak{S}_n} \mathrm{sgn}(\sigma) \cdot a_{\sigma(1)1} a_{\sigma(2)2} \cdots a_{\sigma(n)n}$$

がなりたつ．

(3) $d\colon M_n(K) \to K$ は，次の性質 (i), (ii) をみたす．

(i) $A \in M_n(K)$, $1 \leq j \leq n$, $b \in K^n$, $c \in K$ とする．A の第 j 列 $a_j \in K^n$ を $b, a_j + b, c \cdot a_j \in K^n$ でおきかえて得られる行列をそれぞれ B, C, D とする．このとき，

$$d(C) = d(A) + d(B), \quad d(D) = c \cdot d(A)$$

がなりたつ．

(ii) $A \in M_n(K)$, $1 \leq j < j' \leq n$ とする．A の第 j 列 $a_j \in K^n$ と第 j' 列 $a_{j'} \in K^n$ が等しいならば，

$$d(A) = 0$$

である．

(4) $d\colon M_n(K) \to K$ は，性質 (i), (ii) と次の (iii) をみたす．

(iii) $A \in M_n(K)$, $1 \leq j < j' \leq n$ とする．B を A の第 j 列 $a_j \in K^n$

と第 j' 列 $a_{j'} \in K^n$ をいれかえて得られる行列とすると，

$$d(A) + d(B) = 0$$

がなりたつ． □

証明　(3)⇒(4)：記号を (iii) のとおりとする．さらに，C を A の第 j 列を $a_{j'}$ で，D を A の第 j' 列を a_j で，E を A の第 j 列と第 j' 列を両方とも $a_j + a_{j'}$ で，それぞれおきかえて得られる行列とする．(i) より，$d(E) = d(A)+d(B)+d(C)+d(D)$ となる．(ii) より，$d(E) = d(C) = d(D) = 0$ だから，$d(A) + d(B) = 0$ である．

(1)⇒(3)：$d = \det$ として示せばよい．(i) を n に関する帰納法で示す．$n \leq 1$ のときは明らかである．$j < n$ の場合は，帰納法の仮定と行列式の定義よりしたがう．$j = n$ のときは，行列式の定義より明らかである．

(ii) を n に関する帰納法で示す．$n \leq 1$ のときは示すべきことは何もない．$j' < n$ の場合は，帰納法の仮定と行列式の定義よりしたがう．

$j' = n$ のときに示す．まず，$j = n-1, j' = n$ の場合に示す．$A_{ii'}$ を，A から，第 i 行と第 i' 行，第 $n-1$ 列と第 n 列をすべてのぞいた行列とすると，行列式の定義より

$$\det A = \sum_{1 \leq i < i' \leq n} \Big((-1)^{n-i'} (-1)^{(n-1)-i} \det A_{ii'} a_{i(n-1)} a_{i'n} \\ + (-1)^{n-i} (-1)^{(n-1)-(i'-1)} \det A_{ii'} a_{i'(n-1)} a_{in} \Big)$$

である．よって，A の第 $n-1$ 列と第 n 列が等しければ，$\det A = 0$ である．

$j < n-1, j' = n$ の場合に示す．A' を A の第 j 列と第 $n-1$ 列を置き換えて得られる行列とする．A' の第 $n-1$ 列と第 n 列は等しいから，$\det A' = 0$ である．帰納法の仮定より，$\det : M_{n-1}(K) \to K$ は条件 (iii) をみたすから，行列式の定義の式より，$\det A = -\det A'$ である．よって $\det A = 0$ である．

(4)⇒(2)：$\mathfrak{P}_n$（ピー）$= \{$ 写像 $f \colon \{1, \ldots, n\} \to \{1, \ldots, n\}\}$ とおく．$f \in \mathfrak{P}_n$ に対し，$P(f) \in M_n(K)$ を，$e_{f(1)}, \ldots, e_{f(n)} \in K^n$ をならべた行列 $\begin{pmatrix} e_{f(1)} & \cdots & e_{f(n)} \end{pmatrix}$ とする．(i) より，$d(A) = \sum_{f \in \mathfrak{P}_n} d(P(f)) \cdot a_{f(1)1} a_{f(2)2} \cdots a_{f(n)n}$ が得られる．(ii) より，$f \in \mathfrak{P}_n \setminus \mathfrak{S}_n$ なら，$d(P(f)) = 0$ である．

(iii) から，$\sigma \in \mathfrak{S}_n$ に対し，$d(P(\sigma)) = \mathrm{sgn}(\sigma)d(1)$ であることを導けばよい．$\{i \mid 1 \leq i \leq n,\ \sigma(i) \neq i\} \cup \{n\}$ の最小値 $m = m(\sigma)$ に関する上からの帰納法で示す．$m = n$ のときは $\sigma = 1$ だから明らかである．$1 \leq i < j \leq n$ に対し，(iii) より，$d(P(\sigma \circ (i\ j))) = -d(P(\sigma))$ である．(1)⇒(4) が示されているから det も (iii) をみたす．よって，$\mathrm{sgn}(\sigma \circ (i\ j)) = -\mathrm{sgn}(\sigma)$ である．$m < n$ とすると，$\sigma' = \sigma \circ (m\sigma^{-1}(m))$ とおけば，$m(\sigma') > m$ である．よって，帰納法の仮定より $d(P(\sigma)) = -d(P(\sigma')) = -\mathrm{sgn}(\sigma')d(1) = \mathrm{sgn}(\sigma)d(1)$ である．

(2)⇒(1)：(1)⇒(2) はすでに示されているから，任意の $A \in M_n(K)$ に対し，

$$\det A = \sum_{\sigma \in \mathfrak{S}_n} \mathrm{sgn}(\sigma) \cdot a_{\sigma(1)1} a_{\sigma(2)2} \cdots a_{\sigma(n)n}$$

である． ■

系 3.5.5 1. $A \in M_n(K)$ に対し，

$$\det A = \sum_{\sigma \in \mathfrak{S}_n} \mathrm{sgn}(\sigma) \cdot a_{\sigma(1)1} a_{\sigma(2)2} \cdots a_{\sigma(n)n}$$

である．

2. $\sigma \in \mathfrak{S}_n$ ならば，$\mathrm{sgn}(\sigma) = \pm 1$ である．$1 \leq i < j \leq n$ に対し，$\mathrm{sgn}(\sigma \circ (i\ j)) = -\mathrm{sgn}(\sigma)$ がなりたつ． □

証明 1 と $\mathrm{sgn}(\sigma \circ (i\ j)) = -\mathrm{sgn}(\sigma)$ は，命題 3.5.4 の証明のなかで示されている．2 は，命題 3.5.4(4)⇒(2) の証明と同様に，$\{i \mid 1 \leq i \leq n, \sigma(i) \neq i\} \cup \{n\}$ の最小値 $m = m(\sigma)$ に関する上からの帰納法で示される． ■

系 3.5.6 1. 行列 $A, B \in M_n(K)$ に対し，$\det BA = \det B \cdot \det A$ がなりたつ．

2. $\sigma, \tau \in \mathfrak{S}_n$ に対し，$\mathrm{sgn}(\sigma \circ \tau) = \mathrm{sgn}(\sigma)\mathrm{sgn}(\tau)$ がなりたつ．

3. 行列 $A \in M_n(K)$ の転置行列を ${}^tA$ とすると，$\det {}^tA = \det A$ がなりたつ．

□

証明 1. 写像 $d\colon M_n(K) \to K$ を $d(A) = \det BA$ で定義する．$A = \begin{pmatrix} a_1 & \cdots & a_n \end{pmatrix}$ とすると，$d(A) = \det \begin{pmatrix} Ba_1 & \cdots & Ba_n \end{pmatrix}$ だから，これは命題 3.5.4 の条件 (i), (ii) をみたす．よって $\det BA = d(A) = d(1) \det A =$

$\det B \det A$ である．

2．$P(\sigma \circ \tau) = P(\sigma)P(\tau)$ だから，1 よりしたがう．

3．$\sigma \in \mathfrak{S}_n$ に対し，2 より，$\mathrm{sgn}(\sigma)\mathrm{sgn}(\sigma^{-1}) = \mathrm{sgn}(\sigma\sigma^{-1}) = \mathrm{sgn}(1) = 1$ だから，$\mathrm{sgn}(\sigma^{-1}) = \mathrm{sgn}(\sigma)^{-1} = \mathrm{sgn}(\sigma)$ である．よって，

$$\begin{aligned}\det {}^t\!A &= \sum_{\sigma \in \mathfrak{S}_n} \mathrm{sgn}(\sigma) \cdot a_{1\sigma(1)} \cdots a_{n\sigma(n)} = \sum_{\sigma \in \mathfrak{S}_n} \mathrm{sgn}(\sigma) \cdot a_{\sigma^{-1}(1)1} \cdots a_{\sigma^{-1}(n)n} \\ &= \sum_{\sigma \in \mathfrak{S}_n} \mathrm{sgn}(\sigma^{-1}) \cdot a_{\sigma(1)1} \cdots a_{\sigma(n)n}\end{aligned}$$

は，$\sum_{\sigma \in \mathfrak{S}_n} \mathrm{sgn}(\sigma) \cdot a_{\sigma(1)1} \cdots a_{\sigma(n)n} = \det A$ と等しい． ■

【例 3.5.7】 1．$A = \begin{pmatrix} A_{11} & A_{12} \\ 0 & A_{22} \end{pmatrix}$ ならば，$\det A = \det A_{11} \cdot \det A_{22}$ である．

2．$A = \begin{pmatrix} A_1 & 0 & \cdots & 0 \\ 0 & A_2 & \ddots & \vdots \\ \vdots & \ddots & \ddots & 0 \\ 0 & \cdots & 0 & A_r \end{pmatrix} = A_1 \oplus \cdots \oplus A_r$ ならば，$\det A = \det A_1 \cdots \det A_r$ である．

定義 3.5.8 $A \in M_n(K)$ とする．$1 \leq i, j \leq n$ に対し，A の第 ij 成分を 1 で，第 i 行と第 j 列のそれ以外の成分をすべて 0 でおきかえて得られる行列の行列式を Δ_{ij} とおく．行列 $\Delta(A) = (\Delta_{ji}) \in M_n(K)$ を，A の**余因子行列** (cofactor matrix) とよぶ． □

命題 3.5.9 $A \in M_n(K)$ とする．$\Delta(A)$ を A の余因子行列とすると，$\Delta(A)A = \det A$ である．右辺は，各対角成分が $\det A$ のスカラー行列を表わす． □

証明 $1 \leq j \leq n$ として，$\Delta(A)A$ の jj 成分が $\det A$ であることを示す．$1 \leq i \leq n$ に対し，A の第 j 列を e_i でおきかえて得られる行列を A_{ij} とする．命題 3.5.4 の性質 (i) より，$\det A = \sum_{i=1}^{n} a_{ij} \det A_{ij}$ である．系 3.5.5.1 より，$\det A_{ij} = \Delta_{ij}$ である．したがって，$\Delta(A)A$ の jj 成分 $\sum_{i=1}^{n} \Delta_{ij} a_{ij}$ は $\det A$ と等しい．

$1 \le j, j' \le n, j \ne j'$ とすると，上のことから，$\Delta(A)A$ の jj' 成分は，A の第 j 列を第 j' 列でおきかえて得られる行列の行列式と等しい．したがって命題 3.5.4 の性質 (ii) より，$\Delta(A)A$ の対角成分以外の成分はすべて 0 である．■

系 3.5.10 行列 $A \in M_n(K)$ に対し，次の条件は同値である．

(1) A は可逆である．

(2) $\det A \ne 0$. □

証明 (1)⇒(2)：A^{-1} を A の逆行列とすると，$\det A \cdot \det A^{-1} = \det AA^{-1} = \det 1 = 1$ である．よって，$\det A \ne 0$ である．

(2)⇒(1)：$\Delta(A)$ を A の余因子行列とすると，$\Delta(A)A = \det A$ である．したがって，$\det A \ne 0$ ならば，$\dfrac{1}{\det A}\Delta(A)$ は A の逆行列である． ■

まとめ

・行列式を帰納的に定義し，基本的な性質を復習した．

問題

B 3.5.1 $a_1, \ldots, a_n \in K$ とし，$A = \begin{pmatrix} 1 & a_1 & \cdots & a_1^{n-1} \\ 1 & a_2 & \cdots & a_2^{n-1} \\ & & \cdots & \\ 1 & a_n & \cdots & a_n^{n-1} \end{pmatrix} \in M_n(K)$ とおく．

1. $V = \{f \in K[X] \mid \deg f \le n-1\}$ とし，$F\colon V \to K^n$ を，$g \mapsto \begin{pmatrix} g(a_1) \\ \vdots \\ g(a_n) \end{pmatrix}$ で定める．A は，線形写像 F の，基底 $B = (1, X, \ldots, X^{n-1})$ と標準基底に関する行列表示であることを示せ．

2. $i = 1, \ldots, n$ に対し，$f_i = (X - a_1) \cdots (X - a_{i-1})$ とおく．V の基底 B から $B' = (f_1, f_2, \ldots, f_n)$ への底の変換行列 P の行列式は，1 であることを示せ．

3. 線形写像 F の，基底 B' と標準基底に関する行列表示 A' の行列式を求めよ．

4. $A' = AP$ を示し，$\det A$ を求めよ．

余談 51 問題 3.5.1 の行列式 $\det A$ を**ファンデルモンドの行列式**という．

3.6 固有多項式

有限次元線形空間の自己準同形を調べるときに，最小多項式についで，固有多項式も重要な多項式である．

定義 3.6.1 $A \in M_n(K)$ とする．

1. $X - A = X \cdot 1 - A \in M_n(K(X))$ の行列式 $\Phi_A = \det(X - A) \in K[X]$ を A の**固有多項式**という．

2. $A = (a_{ij})$ とする．対角成分の和 $a_{11} + a_{22} + \cdots + a_{nn}$ を A の**トレース** (trace) とよび，$\mathrm{Tr}\, A$ と表わす． □

固有多項式のことを**特性多項式** (characteristic polynomial) ともいう．

A の固有多項式は $\Phi_A = \det \begin{pmatrix} X - a_{11} & -a_{12} & \cdots & -a_{1n} \\ -a_{21} & X - a_{22} & \ddots & \vdots \\ \vdots & \ddots & \ddots & -a_{(n-1)n} \\ -a_{n1} & \cdots & -a_{n(n-1)} & X - a_{nn} \end{pmatrix}$

だから，最高次係数が 1 の n 次式である．$\Phi_A = X^n + a_1 X^{n-1} + \cdots + a_{n-1}X + a_n$ とおくと，$a_1 = -\mathrm{Tr}\, A$ であり，$a_n = (-1)^n \det A$ である．

【例 3.6.2】 1. $n = 0$ のとき，$\Phi_0 = 1$ である．

$n = 1$ のとき，$A = (a)$ とすると，$\Phi_A = X - a$ である．

$n = 2$ のとき，$A = \begin{pmatrix} a & b \\ c & d \end{pmatrix}$ とすると，$\Phi_A = X^2 - (a + d)X + ad - bc$ である．

2. $A \in M_n(K)$ が上三角行列ならば，Φ_A は対角成分に関する積 $(X - a_{11})(X - a_{22}) \cdots (X - a_{nn})$ である．ジョルダン行列 $J(a, n)$ の固有多項式は

$(X-a)^n$ である．

3. $A \in M_n(K)$ を，多項式 $F = X^n + a_1X^{n-1} + \cdots + a_{n-1}X + a_n$ の同伴行列とする．A の固有多項式 Φ_A は

$$\det\begin{pmatrix} X & \cdots & \cdots & 0 & a_n \\ -1 & \ddots & & \vdots & a_{n-1} \\ 0 & \ddots & \ddots & \vdots & \vdots \\ \vdots & \ddots & \ddots & X & a_2 \\ 0 & \cdots & 0 & -1 & X+a_1 \end{pmatrix}$$
$$= \sum_{i=1}^{n-1}(-1)^{n-i}X^{i-1}(-1)^{n-i}a_{n+1-i} + X^{n-1}(X+a_1)$$

であり，最小多項式 F と等しい．

命題 3.6.3　$A, B \in M_n(K)$ が共役ならば，A と B の行列式，トレース，固有多項式は等しい．□

証明　$P \in GL_n(K)$ として，$\Phi_A = \Phi_{P^{-1}AP}$ を示せばよい．$X - P^{-1}AP = P^{-1}(X-A)P$ だから，系 3.5.6.1 より，$\Phi_{P^{-1}AP} = \det(X - P^{-1}AP) = \det P^{-1}\det(X-A)\det P = \det(X-A) = \Phi_A$ である．■

f の行列表示そのものは，V の基底に依存するが，命題 3.6.3 により，f の行列表示の行列式，トレース，固有多項式は V の基底の選び方によらずに定まる．そこで，次のように定義する．

定義 3.6.4　V を有限次元 K 線形空間，f を V の自己準同形とする．V の基底に関する f の行列表示 A の，行列式 $\det A$，トレース $\mathrm{Tr}\ A$，固有多項式 $\Phi_A = \det(X-A)$ をそれぞれ，f の**行列式**，**トレース**，**固有多項式**とよび，$\det f, \mathrm{Tr}\ f, \Phi_f = \det(X-f)$ で表わす．□

命題 3.6.5　V を有限次元 K 線形空間とし，f を V の自己準同形とする．$\Phi \in K[X]$ を f の固有多項式とする．$a \in K$ に対し，次の条件は同値である．

(1) a は f の固有値である．

(2) $\Phi(a) = 0$. □

証明　(2) は $\det(f-a)=0$ と同値である．これは，系 3.5.10 より，$f-a$ が同形でないことと同値である．V は有限次元だから，これは $f-a$ が単射でないこととも同値であり，(1) と同値である．■

$A \in M_n(K)$ が上三角行列ならば，例 3.6.2.2 より，A の固有値とは A の対角成分 $a_{11}, \ldots, a_{nn} \in K$ のことである．

例題 3.6.6　$A \in M_2(K)$ とし，Φ_A を固有多項式，φ_A を最小多項式とする．次のことを示せ．

1．$\Phi_A = (X-a)^2$ ならば，次のどちらかがなりたつ．

(1) $\varphi_A = X - a$ であり，$A = a$ である．

(2) $\varphi_A = (X-a)^2$ であり，A は $J(a,2) = \begin{pmatrix} a & 1 \\ 0 & a \end{pmatrix}$ と共役である．

2．Φ_A が相異なる 1 次式の積 $(X-a)(X-b)$ ならば，φ_A も $(X-a)(X-b)$ で，A は $\begin{pmatrix} a & 0 \\ 0 & b \end{pmatrix}$ と共役である．

3．Φ_A が 1 次式の積に分解しないならば，$\varphi_A = \Phi_A$ で，A は Φ_A の同伴行列 $\begin{pmatrix} 0 & -\det A \\ 1 & \mathrm{Tr}\, A \end{pmatrix}$ と共役である．

解答　1．$A = a$ と $\varphi_A = X - a$ は同値である．$A \neq a$ とする．$x \in K^2$ を $Ax \neq ax$ となるものとすると，$x, (A-a)x$ は K^2 の基底である．A 倍写像の，基底 $(A-a)x, x$ に関する行列表示を B とする．B の 2 列めは $\begin{pmatrix} 1 \\ a \end{pmatrix}$ で，$\mathrm{Tr}\, B = 2a$, $\det B = a^2$ だから，$B = J(a,2)$ である．系 3.1.8 より，$\varphi_A = \varphi_B = (X-a)^2$ である．

2．例題 3.2.9.1 よりしたがう．

3．$x \in K^2, \neq 0$ とする．x は固有ベクトルでないから，x によって生成される A 安定部分空間は K^2 全体である．命題 3.1.9 より，基底 x, Ax に関する A 倍写像の行列表示 B は，A の最小多項式 φ_A の同伴行列である．例 3.6.2.3 より，$\varphi_A = \Phi_B = \Phi_A$ である．

命題 3.6.7 V を有限次元線形空間とし，f をその自己準同形とする．

1. W を $f(W) \subset W$ をみたす V の部分空間とする．$f|_W$ の固有多項式は，f の固有多項式をわりきる．

2. $p\colon V \to W$ を全射とし，g を W の自己準同形とする．図式

$$\begin{array}{ccc} V & \xrightarrow{p} & W \\ {\scriptstyle f}\downarrow & & \downarrow{\scriptstyle g} \\ V & \xrightarrow{p} & W \end{array}$$

が可換ならば，g の固有多項式は f の固有多項式をわりきる． □

証明 1. $B' = (x_1, \ldots, x_m)$ を W の基底とし，$B = (x_1, \ldots, x_n)$ をその V の基底への延長とする．このとき，f の基底 B に関する行列表示は，区分けして書くと $A = \begin{pmatrix} A_{11} & A_{12} \\ 0 & A_{22} \end{pmatrix}$ となる．f の W への制限 $f|_W\colon W \to W$ の，基底 B' による行列表示は A_{11} である．例 3.5.7.1 より，$\det(X-f) = \det(X-A) = \det(X-A_{11})\det(X-A_{22})$ だから，$\det(X-f|_W) = \det(X-A_{11})$ は $\det(X-f)$ をわりきる．

2. $x_1, \ldots, x_m$ を $\operatorname{Ker} p$ の基底とし，$B = (x_1, \ldots, x_n)$ をその V の基底への延長とする．$B' = (p(x_{m+1}), \ldots, p(x_n))$ は W の基底になる．f の基底 B に関する行列表示は，区分けして書くと $A = \begin{pmatrix} A_{11} & A_{12} \\ 0 & A_{22} \end{pmatrix}$ となる．g の基底 B' に関する行列表示は，A_{22} である．よって，$\det(X-g) = \det(X-A_{22})$ は $\det(X-f) = \det(X-A)$ をわりきる． ■

最小多項式と固有多項式について，次の定理がなりたつ．

定理 3.6.8 V を有限次元線形空間とし，f を V の自己準同形とする．$\Phi \in K[X]$ を f の固有多項式とし，$\dim V = n$ とする．

1. (**ケイリー - ハミルトンの定理** (Cayley-Hamilton theorem)) f の最小多項式 φ は，固有多項式 Φ をわりきる．したがって，$\Phi(f) = 0$ である．

2. f の固有多項式 Φ は φ^n をわりきる． □

(証明の前に) まず，V の元 x に対し，x によって生成される f 安定部分

空間 W_x への f の制限の，最小多項式と固有多項式は等しいことを示す．このことを使って，命題 3.1.15.2 と命題 3.6.7 から定理を導く．

証明 $x \in V$ に対し，W_x で x によって生成される f 安定部分空間を表わす．制限 $f|_{W_x} : W_x \to W_x$ の最小多項式を φ_x とする．命題 3.1.9 より，W_x の基底で，それに関する $f|_{W_x}$ の行列表示 A が，φ_x の同伴行列となるものがある．例 3.6.2.3 より，A の固有多項式も φ_x である．

$x_1, \ldots, x_n$ を V の基底とする．

1. $V = W_{x_1} + \cdots + W_{x_n}$ だから，命題 3.1.15.2 より，f の最小多項式 φ は $\varphi_{x_1}, \ldots, \varphi_{x_n}$ の最小公倍式である．命題 3.6.7.1 より，$\varphi_{x_1}, \ldots, \varphi_{x_n}$ は Φ をわりきる．したがって最小公倍式 φ は Φ をわりきる．

2. Φ が積 $\varphi_{x_1} \cdots \varphi_{x_n}$ をわりきることを示す．直和 $W_{x_1} \oplus \cdots \oplus W_{x_n}$ の自己準同形 $f|_{W_{x_1}} \oplus \cdots \oplus f|_{W_{x_n}}$ の固有多項式は，積 $\varphi_{x_1} \cdots \varphi_{x_n}$ である．全射 $W_{x_1} \oplus \cdots \oplus W_{x_n} \to V$ に命題 3.6.7.2 を適用すれば，f の固有多項式 Φ は $\varphi_{x_1} \cdots \varphi_{x_n}$ をわりきる．よって，Φ は φ^n をわりきる． ■

系 3.6.9 V を有限次元 K 線形空間とし，f を V の自己準同形とする．

1. 次の条件は同値である．

(1) f は三角化可能である．

(2) f の固有多項式は 1 次式の積に分解する．

2. $n = \dim V$ とする．次の条件は同値である．

(1) f は巾零である．

(2) f の固有多項式は X^n である． □

証明 1. 定理 3.6.8 より，(2) は，f の最小多項式が 1 次式の積に分解することと同値である．よって，系 3.3.6 よりしたがう．

2. 定理 3.6.8 より，(2) は，f の最小多項式が X^n をわりきることと同値である．これは f が巾零であることと同値である． ■

定義 3.6.10 V を有限次元 K 線形空間とし，f を V の自己準同形とする．Φ を f の固有多項式，$a \in K$ を f の固有値とする．a の Φ の根としての重複度 m を，固有値 a の**重複度**という． □

命題 3.6.11 V を有限次元 K 線形空間とし，f を V の自己準同形とする．$a \in K$ とし，$\widetilde{V}_a$ を一般固有空間とする．m を固有値 a の重複度とすると，$\dim \widetilde{V}_a = m$ である． □

証明 d を f の最小多項式 φ の根 a の重複度とし，$\varphi = (X-a)^d F$, $W = \mathrm{Ker}\ F(f)$ とおく．$V = \mathrm{Ker}\ F(f)(f-a)^d$ かつ $F(a) \neq 0$ だから，補題 3.3.5.2 より，$V = W \oplus \widetilde{V}_a$ である．$\dim \widetilde{V}_a = l$ とおき，Ψ を $f|_W$ の固有多項式とする．命題 3.3.3.3 より，$f|_{\widetilde{V}_a}$ の固有多項式は $(X-a)^l$ である．$V = \widetilde{V}_a \oplus W$ だから，$\Phi = (X-a)^l \Psi$ である．補題 3.3.5 より，$(f-a)|_W$ は同形だから，$\Psi(a) \neq 0$ である．よって Φ の根 a の重複度 m は $l = \dim \widetilde{V}_a$ である． ■

まとめ

- 線形空間の自己準同形の固有多項式は，行列表示の固有多項式として定義される．
- 固有値は，固有多項式の根である．
- 最小多項式は固有多項式をわりきる．
- 一般固有空間の次元は，固有値の重複度と等しい．

問題

A 3.6.1 行列 $A = \begin{pmatrix} 0 & 0 & -1 \\ 1 & 0 & 1 \\ 0 & 1 & 1 \end{pmatrix}$ の，トレース，行列式，固有多項式を求めよ．

A 3.6.2 W を問題 2.3.5 の線形空間 $\{(a_n) \in \mathbb{R}^{\mathbb{N}} \mid a_{n+3} = a_{n+2} + a_{n+1} - a_n\}$ とし，$D\colon W \to W$ を $D((a_n)) = (a_{n+1})$ で定まる自己準同形とする．D のトレース，行列式，固有多項式を求めよ．

A 3.6.3 $\alpha \in \mathbb{C}$ とする．α 倍写像 $\mathbb{C} \to \mathbb{C}$ の $\mathbb{R}$ 線形写像としての固有多項式を求めよ．

A 3.6.4 $A \in M_2(K)$ が巾零であるための条件は，$\mathrm{Tr}\, A = \det A = 0$ であることを示せ．

B 3.6.5 $W = \{f \in K[X] \mid \deg f \leq n\}$ とする．W の自己準同形 $F \colon W \to W$ を $F(f) = f(X+1)$ で定める．F の固有多項式を求めよ．

B 3.6.6 有限次元線形空間の三角化可能な自己準同形に対し，例題 3.2.3.1 を使って，定理 3.6.8 の別証明を与えよ．

B 3.6.7 V を有限次元 K 線形空間とし，f を V の自己準同形とする．$a \in K$ を f の固有値とし，$W = \widetilde{V}_a$ を一般固有空間，$g = f|_W : W \to W$ を f の制限とする．W の基底 $x_1, \ldots, x_m$ に関する，g の行列表示 A が上三角行列ならば，A の対角成分はすべて a であることを示せ．

C 3.6.8 $A \in M_2(K)$ とし，$K[A] = \{f(A) \mid f \in K[X]\}, Z(A) = \{B \in M_2(K) \mid AB = BA\}$ とおく．次の条件はそれぞれ同値であることを示せ．

1. (1) A はスカラー行列である．
   (2) 0 でない任意のベクトル $x \in K^2$ は，A の固有ベクトルである．
   (3) $K[A] = K$ である．
   (4) $Z(A) = M_2(K)$ である．
2. (1) A はスカラー行列でない．
   (2) x, Ax が K^2 の基底となるベクトル x がある．
   (3) $K[A] = K \oplus KA$ かつ $A \neq 0$ である．
   (4) $Z(A) = K \oplus KA$ かつ $A \neq 0$ である．

C 3.6.9 V を有限次元 $\mathbb{C}$ 線形空間とし，f をその自己準同形とする．

1. $\det(1 - fX) = \exp\left(-\sum_{n=1}^{\infty} \frac{\mathrm{Tr}\, f^n}{n} X^n\right)$ を示せ．
2. 次の条件は同値であることを示せ．

(1) f は巾零である．

(2) すべての自然数 $n \geq 1$ に対し，$\mathrm{Tr}\, f^n = 0$ である．

3.7 応用：漸化式をみたす数列と定数係数線形常微分方程式*

例 1.3.3 のように，数列 (a_n) を $a(n) = a_n$ で定まる関数 $a\colon \mathbb{N} \to \mathbb{R}$ と考える．例 2.2.8 で定義した，実数列の空間 $\mathbb{R}^{\mathbb{N}}$ の自己準同形 D を考える．$b = D(a)$ とすると，$b(n) = a(n+1)$ である．

$m \geq 0$ を自然数，$p_1, \ldots, p_m$ を実数とし，漸化式

$$a_{n+m} = p_1 a_{n+m-1} + \cdots + p_{m-1} a_{n+1} + p_m a_n$$

をみたす数列 $a = (a_n)$ 全体のなす $\mathbb{R}^{\mathbb{N}}$ の部分空間を W とおく．$P = X^m - (p_1 X^{m-1} + \cdots + p_{m-1} X + p_m) \in \mathbb{R}[X]$ とおき，$\mathbb{R}^{\mathbb{N}}$ の自己準同形 $P(D) = D^m - (p_1 D^{m-1} + \cdots + p_{m-1} D + p_m)$ を考えると，$W = \mathrm{Ker}(P(D)\colon \mathbb{R}^{\mathbb{N}} \to \mathbb{R}^{\mathbb{N}})$ である．例 2.2.8 でみたように，線形写像 $G\colon W \to \mathbb{R}^m$ を，$G(a) = \begin{pmatrix} a_0 \\ a_1 \\ \vdots \\ a_{m-1} \end{pmatrix}$ で定めると，これは同形であり，したがって $\dim W = m$ である．

定数係数線形常微分方程式の解について，その存在と一意性の定理を証明する．

定理 3.7.1 $m \geq 0$ を自然数とし，$p_1, \ldots, p_m, a_0, \ldots, a_{m-1}$ を実数とする．無限回微分可能な関数 $f\colon \mathbb{R} \to \mathbb{R}$ で，微分方程式

$$f^{(m)} = p_1 f^{(m-1)} + \cdots + p_{m-1} f' + p_m f$$

の解であり，**初期条件** (initial condition) $f(0) = a_0, f'(0) = a_1, \ldots, f^{(m-1)}(0) = a_{m-1}$ をみたすものが，ただ 1 つ存在する． □

漸化式をみたす数列を使って，もっとくわしい次のことを証明する．

命題 3.7.2 $m \geq 0$ を自然数とし，$p_1, \ldots, p_m$ を実数とする．

1. 数列 $a = (a_n) \in \mathbb{R}^{\mathbb{N}}$ が漸化式

$$a_{n+m} = p_1 a_{n+m-1} + \cdots + p_{m-1} a_{n+1} + p_m a_n$$

をみたすとする．このとき，巾級数 $\displaystyle\sum_{n=0}^{\infty} \frac{a_n}{n!} x^n$ の収束半径は ∞ であり，$f(x) = \displaystyle\sum_{n=0}^{\infty} \frac{a_n}{n!} x^n \in C^\infty(\mathbb{R})$ は，微分方程式

$$f^{(m)} = p_1 f^{(m-1)} + \cdots + p_{m-1} f' + p_m f$$

をみたす．

2. $r > 0$ を正の実数とし，開区間 $(-r, r)$ で定義された m 回微分可能な関数 f が微分方程式

$$f^{(m)} = p_1 f^{(m-1)} + \cdots + p_{m-1} f' + p_m f$$

をみたすとする．このとき，f は無限回微分可能であり，$a_n = f^{(n)}(0)$ で定義される数列 $a = (a_n) \in \mathbb{R}^{\mathbb{N}}$ は，漸化式

$$a_{n+m} = p_1 a_{n+m-1} + \cdots + p_{m-1} a_{n+1} + p_m a_n$$

をみたす．さらに，$-r < x < r$ をみたすすべての実数 x に対し，$f(x) = \displaystyle\sum_{n=0}^{\infty} \frac{a_n}{n!} x^n$ がなりたつ． □

証明 1. $|P|$ を $1, |p_1|, \ldots, |p_m|$ の最大値とし，$|A|$ で $|a_0|, \ldots, |a_{m-1}|$ の最大値を表わす．漸化式より，$n \geq m$ に関する帰納法で，$|a_n| \leq (m|P|)^{n-m+1}|A|$ がなりたつ．任意の実数 x に対し，$n \geq m$ なら $\left|\dfrac{a_n}{n!} x^n\right| \leq \dfrac{(m|P|)^{n-m+1}|A||x|^n}{n!}$ である．$\displaystyle\sum_{n=0}^{\infty} \frac{(m|P|)^n |x|^n}{n!} = e^{m|P||x|}$ は収束するから，巾級数 $\displaystyle\sum_{n=0}^{\infty} \frac{a_n}{n!} x^n$ の収束半径は ∞ である．

項別微分により，微分方程式 $f^{(m)} = p_1 f^{(m-1)} + \cdots + p_{m-1} f' + p_m f$ の両辺はそれぞれ $\displaystyle\sum_{n=0}^{\infty} \frac{a_{n+m}}{n!} x^n$, $\displaystyle\sum_{n=0}^{\infty} \frac{p_1 a_{n+m-1} + \cdots + p_{m-1} a_{n+1} + p_m a_n}{n!} x^n$ である．漸化式より，f は微分方程式をみたす．

2. 微分方程式 $f^{(m)} = p_1 f^{(m-1)} + \cdots + p_{m-1} f' + p_m f$ より，$f^{(m)}$ は微分可

能である．両辺をくりかえし微分することで，任意の $n \geq m$ に対し，f は n 回微分可能で，微分方程式 $f^{(n)} = p_1 f^{(n-1)} + \cdots + p_{m-1} f^{(n-m+1)} + p_m f^{(n-m)}$ をみたすことがしたがう．両辺に 0 を代入すれば，数列 $(a_n) = (f^{(n)}(0))$ は，漸化式 $a_{n+m} = p_1 a_{n+m-1} + \cdots + p_{m-1} a_{n+1} + p_m a_n$ をみたす．

$-r < x < r$ をみたす実数 x に対し，$f(x) = \displaystyle\sum_{n=0}^{\infty} \frac{a_n}{n!} x^n$ を示す．$|A|$ を $\max_{-|x| \leq t \leq |x|} |f(t)|, \ldots, \max_{-|x| \leq t \leq |x|} |f^{(m-1)}(t)|$ の最大値とし，$|P|$ を 1, $|p_1|, \ldots, |p_m|$ の最大値とする．f は，任意の $n \geq m$ に対し微分方程式 $f^{(n)} = p_1 f^{(n-1)} + \cdots + p_{m-1} f^{(n-m+1)} + p_m f^{(n-m)}$ をみたすから，$n \geq m$ に関する帰納法により，任意の $-|x| \leq t \leq |x|$ に対し，$|f^{(n)}(t)| \leq (m|P|)^{n-m+1}|A|$ がなりたつ．よって，テイラーの定理より，$\displaystyle\left| f(x) - \sum_{k=0}^{n-1} \frac{a_k}{k!} x^k \right| \leq \frac{(m|P|)^{n-m+1}|A|}{n!} |x|^n$ がなりたつ．$n \to \infty$ のとき右辺は $\to 0$ だから，$f(x) = \displaystyle\sum_{n=0}^{\infty} \frac{a_n}{n!} x^n$ である．

■

$C^\infty(\mathbb{R})$ の部分空間 V を

$$V = \{f \in C^\infty(\mathbb{R}) \mid f^{(m)} = p_1 f^{(m-1)} + \cdots + p_{m-1} f' + p_m f\}$$

で定める．例 2.2.9 のように，$\mathbb{R}^{\mathbb{N}}$ の部分空間

$$W = \{a \in \mathbb{R}^{\mathbb{N}} \mid \text{自然数 } n \geq 0 \text{ に対し } a_{n+m} = p_1 a_{n+m-1} + \cdots + p_{m-1} a_{n+1} + p_m a_n\}$$

への線形写像 $T : V \to W$ を $T(f) = (f^{(n)}(0))$ で定める．

系 3.7.3 $T : V \to W$ は同形であり，$\dim V = \dim W = m$ である． □

証明 命題 3.7.2.1 より，数列 $a = (a_n) \in W$ に対し，$f(x) = \displaystyle\sum_{n=0}^{\infty} \frac{a_n}{n!} x^n$ で定まる関数 $f \in V$ を対応させることで，線形写像 $S : W \to V$ が定まる．$f^{(n)}(0) = a_n$ だから，$T \circ S = \mathrm{id}_W$ である．命題 3.7.2.2 より，$S \circ T = \mathrm{id}_V$ である．よって，$T : V \to W$ は同形である．例 1.4.5 より $\dim W = m$ だから，$\dim V = m$ である． ■

定理 3.7.1 の証明　写像 $F: V \to \mathbb{R}^m$ と $G: W \to \mathbb{R}^m$ をそれぞれ $F(f) = \begin{pmatrix} f(0) \\ \vdots \\ f^{(m-1)}(0) \end{pmatrix}$, $G(a) = \begin{pmatrix} a_0 \\ \vdots \\ a_{m-1} \end{pmatrix}$ で定める．G と T は同形だから，$F = G \circ T$ も同形である． ■

【例 3.7.4】　系 3.7.3 より，$f \in V = \{f \in C^\infty(\mathbb{R}) \mid f'' = -f\}$ に $\begin{pmatrix} f(0) \\ f'(0) \end{pmatrix} \in \mathbb{R}^2$ を対応させる写像 $F: V \to \mathbb{R}^2$ は，同形である．$F(\cos) = e_1, F(\sin) = e_2$ だから，$\cos, \sin$ は V の基底である．

数列 $a \in W = \{a \in \mathbb{R}^{\mathbb{N}} \mid D^2(a) = -a\}$ に $\begin{pmatrix} a_0 \\ a_1 \end{pmatrix} \in \mathbb{R}^2$ を対応させる写像 $G: W \to \mathbb{R}^2$ は，同形である．G による e_1, e_2 の逆像 c, s は，$c_{2n} = s_{2n+1} = (-1)^n, c_{2n+1} = s_{2n} = 0$ で定まる数列である．$c = T(\cos), s = T(\sin)$ だから，$\cos x = \sum_{n=0}^{\infty} (-1)^n \dfrac{x^{2n}}{(2n)!}, \sin x = \sum_{n=0}^{\infty} (-1)^n \dfrac{x^{2n+1}}{(2n+1)!}$ である．

$\mathbb{R}^{\mathbb{N}}$ の自己準同形 D の，$W = \mathrm{Ker}(P(D) : \mathbb{R}^{\mathbb{N}} \to \mathbb{R}^{\mathbb{N}})$ への制限も，D で表わす．同形 $G\colon W \to \mathbb{R}^m$ による，標準基底 $e_1, \ldots, e_m$ の逆像からなる W の基底を，$b_0, \ldots, b_{m-1}$ とする．漸化式より $b_i(m) = p_{m-i} b_i(i) = p_{m-i}$ である．よって，$0 \leq i, j < m$ に対し

$$D(b_i)(j) = b_i(j) = \begin{cases} 1 & j = i - 1 \text{ のとき}, \\ p_{m-i} & j = m - 1 \text{ のとき}, \\ 0 & \text{それ以外のとき} \end{cases}$$

であり，線形写像 $D\colon W \to W$ の基底 $b_0, \ldots, b_{m-1}$ に関する行列表示は，多項式 $P = X^m - (p_1 X^{m-1} + \cdots + p_{m-1} X + p_m)$ の同伴行列の転置 $A = \begin{pmatrix} 0 & 1 & 0 & \cdots & 0 \\ 0 & 0 & 1 & \ddots & \vdots \\ \vdots & & \ddots & \ddots & 0 \\ 0 & \cdots & \cdots & 0 & 1 \\ p_m & p_{m-1} & \cdots & p_2 & p_1 \end{pmatrix}$ である．A の最小多項式は，転置 ${}^tA$ の最小多項式と等しいから，例 3.1.11 より，D の最小多項式は P である．例

3.6.2.3 より，$D\colon W \to W$ の固有多項式 $\det(X-A)=\det(X-{}^tA)$ も P である．

$C^\infty(\mathbb{R})$ の例 2.2.7 で定義した自己準同形 D の，$V=\mathrm{Ker}(P(D):C^\infty(\mathbb{R})\to C^\infty(\mathbb{R}))$ への制限も，D で表わす．$T:V\to W$ は同形であり，図式

$$\begin{array}{ccc} V & \xrightarrow{D} & V \\ {\scriptstyle T}\downarrow & & \downarrow{\scriptstyle T} \\ W & \xrightarrow{D} & W \end{array}$$

は可換だから，V の基底 $T^{-1}(b_0),\ldots,T^{-1}(b_{m-1})$ に関する，D の行列表示も A であり，最小多項式と固有多項式は，どちらも P である．

命題 3.7.5 自然数 $m\geq 0$ と実数 a に対し，$V_a(m)=\mathrm{Ker}((D-a)^m\colon C^\infty(\mathbb{R})\to C^\infty(\mathbb{R}))$, $W_a(m)=\mathrm{Ker}((D-a)^m\colon \mathbb{R}^{\mathbb{N}}\to\mathbb{R}^{\mathbb{N}})$ とおく．

1. $e^{ax},xe^{ax},\ldots,x^{m-1}e^{ax}$ は $V_a(m)$ の基底である．$V_a(m)$ の基底

$$e^{ax},xe^{ax},\frac{x^2}{2}e^{ax},\ldots,\frac{x^k}{k!}e^{ax},\ldots,\frac{x^{m-1}}{(m-1)!}e^{ax}$$

に関する D の行列表示は $J(a,m)$ である．

2. $W_0(m)=\{x\in\mathbb{R}^{\mathbb{N}} \mid n\geq m \text{ なら } x_n=0\}$ である．数列 $b_i\in\mathbb{R}^{\mathbb{N}}$ を

$$b_i(n)=\begin{cases}1 & n=i\text{ のとき,}\\ 0 & n\neq i\text{ のとき}\end{cases}$$

で定めると，$b_0,\ldots,b_{m-1}$ は，$W_0(m)$ の基底である．この基底に関する D の行列表示は $J(0,m)$ である．

$a\neq 0$ ならば，$(a^n),(na^n),\ldots,(n^{m-1}a^n)$ は $W_a(m)$ の基底である．$W_a(m)$ の基底

$$(a^n),(na^{n-1}),\ldots,\left(\binom{n}{k}a^{n-k}\right),\ldots,\left(\binom{n}{m-1}a^{n-m+1}\right)$$

に関する，D の行列表示は $J(a,m)$ である．

3. $a_1,\ldots,a_r$ を相異なる実数，$m_1,\ldots,m_r\geq 1$ を自然数とし，$P=(X-a_1)^{m_1}\cdots(X-a_r)^{m_r}$ とおく．$V=\mathrm{Ker}(P(D):C^\infty(\mathbb{R})\to C^\infty(\mathbb{R}))$

の D に関する一般固有空間分解は，$V = V_{a_1}(m_1) \oplus \cdots \oplus V_{a_r}(m_r)$ である．$W = \mathrm{Ker}(P(D) : \mathbb{R}^{\mathbb{N}} \to \mathbb{R}^{\mathbb{N}})$ の，D に関する一般固有空間分解も，$W = W_{a_1}(m_1) \oplus \cdots \oplus W_{a_r}(m_r)$ である． □

証明　まず，2 を $a = 0$ の場合に証明する．$b_0, \ldots, b_{m-1}$ は，同形 $G\colon W_0(m) \to \mathbb{R}^m$ による標準基底の逆像である．$D(b_0) = 0$ であり，$i > 0$ なら $D(b_i) = b_{i-1}$ である．よって，この基底に関する D の行列表示は $J(0, m)$ である．

1 を示す．まず $a = 0$ の場合に示す．$T : V_0(m) \to W_0(m)$ は同形であり，T による $W_0(m)$ の基底 $b_0, \ldots, b_{m-1}$ の逆像は，$1, x, \ldots, \dfrac{x^k}{k!}, \ldots, \dfrac{x^{m-1}}{(m-1)!}$ である．この基底に関する D の行列表示も $J(0, m)$ である．

$a \neq 0$ の場合に示す．$C^\infty(\mathbb{R})$ の自己同形 P_a を，$P_a(f)(x) = e^{ax} f(x)$ で定める．$D \circ P_a(f)(x) = (e^{ax} f(x))' = e^{ax} f'(x) + a e^{ax} f(x)$ だから，$D \circ P_a = P_a \circ (D + a)$ である．したがって，$(D - a)^m \circ P_a = P_a \circ D^m$ となるから，P_a は同形 $V_0(m) \to V_a(m)$ を定める．よって，$a = 0$ の場合より，$e^{ax}, xe^{ax}, \ldots, x^{m-1}e^{ax}$ は $V_a(m)$ の基底である．$D \circ P_a = P_a \circ (D + a)$ だから，基底 $e^{ax}, xe^{ax}, \dfrac{x^2}{2}e^{ax}, \ldots, \dfrac{x^k}{k!}e^{ax}, \ldots, \dfrac{x^{m-1}}{(m-1)!}e^{ax}$ に関する D の行列表示は，$J(0, m) + a = J(a, m)$ である．

2 を，$a \neq 0$ の場合に証明する．同形 $T : V_a(m) \to W_a(m)$ による，$V_a(m)$ の基底 $e^{ax}, xe^{ax}, \dfrac{x^2}{2}e^{ax}, \ldots, \dfrac{x^k}{k!}e^{ax}, \ldots, \dfrac{x^{m-1}}{(m-1)!}e^{ax}$ の像は，$(a^n), (na^{n-1}), \ldots, \left(\begin{pmatrix} n \\ k \end{pmatrix} a^{n-k}\right), \ldots, \left(\begin{pmatrix} n \\ m-1 \end{pmatrix} a^{n-m+1}\right)$ である．この基底に関する D の行列表示も $J(a, m)$ である．

3．$\widetilde{V}_{a_i} \subset V$ を固有値 a_i に属する一般固有空間とすると，$V_{a_i}(m_i) \subset \widetilde{V}_{a_i}$ かつ，$m_i = \dim V_{a_i}(m_i) = \dim \widetilde{V}_{a_i}$ だから，$V_{a_i}(m_i) = \widetilde{V}_{a_i}$ である．W についても同様である． ■

まとめ

- 定数係数線形常微分方程式の初期条件をみたす解が，一意的に存在する．
- テイラー展開を考えれば，定数係数線形常微分方程式を解くことは，漸化式をみたす数列を求めることに帰着される．
- 微分方程式の係数が定める多項式を1次式の積に分解すれば，それの解の空間の基底が得られ，ジョルダン標準形も求められる．
- 漸化式をみたす数列についても同様である．

問題

A 3.7.1 $P = X^3 - X^2 - X + 1$ とする．

1. $V = \mathrm{Ker}(P(D) : C^\infty(\mathbb{R}) \to C^\infty(\mathbb{R}))$ の基底で，$D : V \to V$ の行列表示 J がジョルダン標準形になるものを1つ与えよ．

2. $W = \mathrm{Ker}(P(D) : \mathbb{R}^{\mathbb{N}} \to \mathbb{R}^{\mathbb{N}})$ の基底で，$D\colon W \to W$ の行列表示 J がジョルダン標準形になるものを1つ与えよ．

B 3.7.2 $m \geq 0$ を自然数とし，b と $c \neq 0$ を実数とする．$V_{b,c}(m) = \mathrm{Ker}(((D-b)^2 + c^2)^m : C^\infty(\mathbb{R}) \to C^\infty(\mathbb{R}))$ とおく．

1.

$$e^{bx}\cos cx, e^{bx}\sin cx, xe^{bx}\cos cx, xe^{bx}\sin cx, \ldots, x^{m-1}e^{bx}\cos cx, x^{m-1}e^{bx}\sin cx$$

は，$V_{b,c}(m)$ の基底であることを示せ．

2. 上の基底に関する，$D|_{V_{b,c}(m)}$ の行列表示を求めよ．

第 4 章 双対空間

この章からは，線形空間と線形写像のさまざまな標準的構成法を解説する．まず 4.1 節で，双対空間を定義する．線形空間 V の双対空間 V^* は，線形写像 $V \to K$ 全体のなす線形空間である．有限次元線形空間の双対空間には，もとの線形空間の基底の双対基底がある．

4.2 節では，線形空間の部分空間が定める双対空間の部分空間や，線形空間からその双対空間の双対空間への標準写像を調べる．線形写像 $f\colon V \to W$ に対し，双対写像とよばれる，逆向きの線形写像 $f^*\colon W^* \to V^*$ が定まる．4.3 節では，これを調べる．

4.4 節では，線形写像 $V \to W$ 全体のなす線形空間 $\mathrm{Hom}(V, W)$ を考える．V と W がベクトルの空間のときは，$\mathrm{Hom}(V, W)$ は行列の空間と考えることができる．双対空間は，$\mathrm{Hom}(V, W)$ の $W = K$ という特別な場合にあたる．双対空間は，特に重要な対象であるし，このような抽象的な構成に慣れるために，4.1 節で先に導入した．

これらの空間の元は写像なので，はじめのうちは抵抗を感じるかもしれないが，慣れるとたいへん役に立つ構成である．双対空間や双対写像は，次章でも使うことになる．

4.1 双対空間

線形空間 V の双対空間は，線形写像 $f\colon V \to K$ からなる．

定義 4.1.1 V を K 線形空間とする．線形写像 $f\colon V \to K$ を V の**線形形式** (linear form) という． □

線形形式のことを **1 次形式**ともいう.

【例 4.1.2】 $a = \begin{pmatrix} a_1 & \cdots & a_n \end{pmatrix} \in M_{1n}(K)$ を行ベクトルとすると, a 倍写像 $a\cdot\colon K^n \to K$ は K^n の線形形式である. $x = \begin{pmatrix} x_1 \\ \vdots \\ x_n \end{pmatrix}$ に対し, $a \cdot x = a_1x_1 + \cdots + a_nx_n$ である.

命題 2.2.1 より, 行ベクトル $a \in M_{1n}(K)$ に, 線形形式 $a\cdot\colon K^n \to K$ を対応させる写像 $M_{1n}(K) \to \{$ 線形形式 $K^n \to K\}$ は, 可逆である.

【例 4.1.3】 1. $a \in \mathbb{R}$ とする. 関数 $f \in C^\infty(\mathbb{R})$ に対し $f(a) \in \mathbb{R}$ を対応させる写像 $C^\infty(\mathbb{R}) \to \mathbb{R}$ は, $C^\infty(\mathbb{R})$ の線形形式である.

2. $n \in \mathbb{N}$ とする. 数列 $a \in \mathbb{R}^{\mathbb{N}}$ に対し $a(n) \in \mathbb{R}$ を対応させる写像 $e_n\colon \mathbb{R}^{\mathbb{N}} \to \mathbb{R}$ は, $\mathbb{R}^{\mathbb{N}}$ の線形形式である.

3. $a \in K$ とする. 多項式 $f \in K[X]$ に対し $f(a) \in K$ を対応させる写像 $K[X] \to K$ は, $K[X]$ の線形形式である.

線形形式 $f, g\colon V \to K$ に対し, $h(x) = f(x) + g(x)$ で定まる写像 $h\colon V \to K$ を, f と g の**和**とよび $f + g$ で表わす. $a \in K$ と線形形式 $f\colon V \to K$ に対し, $h(x) = a \cdot f(x)$ で定まる写像 $h\colon V \to K$ を, f の $\boldsymbol{a}$ **倍**とよび af で表わす. 命題 2.1.2 より, $f + g\colon V \to K$ と $af\colon V \to K$ は線形形式である.

命題 4.1.4 V を K 線形空間とする. $V^* = \{f\colon V \to K \mid f$ は V の線形形式 $\}$ は, 上で定めた, 加法とスカラー倍により, K 線形空間になる. □

証明 V^* が K 線形空間の公理をみたすことを, K が K 線形空間の公理をみたすことを使って確かめればよい. (1) を確かめる. $f, g, h\colon V \to K$ を線形形式として, $(f + g) + h = f + (g + h)$ を確かめればよい. この式は, 写像 $V \to K$ としての等式である. したがって, 任意の $x \in V$ に対し, K の元の等式 $((f + g) + h)(x) = (f + (g + h))(x)$ を示せばよい. 線形形式の和の定義より,

$$((f+g)+h)(x) = (f+g)(x)+h(x) = (f(x)+g(x))+h(x)$$
$$\underset{K\text{ についての }(1)}{=} f(x)+(g(x)+h(x)) = f(x)+(g+h)(x) = (f+(g+h))(x)$$

がなりたつ．

定数写像 $0 \in V^*$ は，(2) をみたす．$f \in V^*$ に対し，$(-1)\cdot f \in V^*$ は (3) をみたす．条件 (4)–(7) も，(1) と同様に，K についての対応する条件から導かれる．証明は省略する． ■

定義 4.1.5 V を K 線形空間とする．K 線形空間 $V^* = \{f\colon V \to K \mid f$ は V の線形形式$\}$ を，V の **双対（そうつい）空間** (dual space) とよぶ． □

余談 52 数学には，点と関数，ベクトル場と微分形式，関数と測度のように，たがいに双対的な対象がいろいろある．線形空間の双対空間は，そのなかでもっとも基本的なものである．

双対空間 V^* は，例 1.3.5 で定義した，写像のなす線形空間 K^V の部分空間である．

【例 4.1.6】 $a \in K^n = M_{n1}(K)$ に対し，その転置 ${}^t a \in M_{1n}(K)$ による ${}^t a$ 倍写像を $f_a : K^n \to K$ で表わす．$a \in K^n$ に対し線形形式 $f_a : K^n \to K$ を対応させる写像 $F : K^n \to (K^n)^*$ は，例 4.1.2 より，同形である．逆写像 $F^{-1} : (K^n)^* \to K^n$ は，線形形式 $f\colon K^n \to K$ に対し，ベクトル $\begin{pmatrix} f(e_1) \\ \vdots \\ f(e_n) \end{pmatrix} \in K^n$ を対応させる写像である．

$i = 1, \ldots, n$ に対し，ベクトル $x = \begin{pmatrix} x_1 \\ \vdots \\ x_n \end{pmatrix} \in K^n$ に，その第 i 成分 x_i を対応させる写像 $f_i : K^n \to K$ は，K^n の線形形式である．$a = \begin{pmatrix} a_1 \\ \vdots \\ a_n \end{pmatrix}$ とする

と，$f_a = a_1f_1 + \cdots + a_nf_n$ である．したがって F は双対空間 $(K^n)^*$ の基底 $f_1, \ldots, f_n$ が定める同形である．

$n=1$ のときは，$a \in K$ に対し，$f_a \in K^*$ は a 倍写像 $K \to K$ である．同形 $K \to K^*: a \mapsto f_a$ の逆写像は，$f \in K^*$ に対し $f(1)$ を対応させる写像である．

命題 4.1.7 V を有限次元 K 線形空間とする．

1. $x_1, \ldots, x_n$ を V の基底とする．$i = 1, \ldots, n$ に対し

$$f_i(x_j) = \begin{cases} 1 & i = j \text{ のとき}, \\ 0 & i \neq j \text{ のとき} \end{cases}$$

をみたす線形形式 $f_i : V \to K$ がただ 1 つ存在する．$f_1, \ldots, f_n$ は V^* の基底である．

2. $\dim V = n$ ならば，$\dim V^* = n$ である． □

証明 1. 命題 2.1.3 より，各 $i = 1, \ldots, n$ に対し，条件をみたす線形形式 $f_i : V \to K$ がただ 1 つ存在する．基底 $x_1, \ldots, x_n$ を $a_1, \ldots, a_n \in K$ にうつす線形形式 $V \to K$ は，$a_1f_1 + \cdots + a_nf_n$ である．よって，任意の線形形式 $f : V \to K$ に対し，$f = a_1f_1 + \cdots + a_nf_n$ をみたすベクトル $\begin{pmatrix} a_1 \\ \vdots \\ a_n \end{pmatrix} \in K^n$ は，ただ 1 つ存在する．

2. 1 より明らかである． ■

定義 4.1.8 $x_1, \ldots, x_n$ を V の基底とする．命題 4.1.7.1 で定めた線形形式 $f_1, \ldots, f_n \in V^*$ を，$x_1, \ldots, x_n$ の**双対基底** (dual basis) とよぶ． □

基底 $x_1, \ldots, x_n$ の双対基底を，$x_1^*, \ldots, x_n^*$ で表わすことも多い．

余談 53 V が有限次元のときは，V の基底を考えれば，それを双対基底にうつす同形 $V \to V^*$ がある．しかし，この同形は基底に依存するもので，特別な同形 $V \to V^*$ があるわけではない．

次章でみるように，同形 $V \to V^*$ を 1 つ与えることは，非退化双線形形式を定めることに対応する．

余談 54　双対基底 $f_1, \ldots, f_n \in V^*$ は 1 次独立だが，各 $x \in V$ に対し，$f_1(x), \ldots, f_n(x) \in K$ は $n > 1$ なら 1 次独立ではない．写像の値 $f(x)$ と写像そのもの f を区別して考えることが重要である．

【例 4.1.9】　$e_1, \ldots, e_n \in K^n$ の双対基底は，例 4.1.6 の線形形式 $f_1, \ldots, f_n \in (K^n)^*$ である．

命題 4.1.10　V を有限次元線形空間とする．線形形式 $f_1, \ldots, f_n \colon V \to K$ について，次の条件は同値である．

(1) $f_1, \ldots, f_n$ は双対空間 V^* の基底である．

(2) $F \colon V \to K^n$ を $F(x) = \begin{pmatrix} f_1(x) \\ \vdots \\ f_n(x) \end{pmatrix}$ で定めると，F は同形である．

(3) $x_1, \ldots, x_n$ を V の基底とすると，行列 $A = (f_i(x_j)) \in M_n(K)$ は可逆である．□

証明　(2)⇒(1)：$x_1, \ldots, x_n$ を，F による標準基底 $e_1, \ldots, e_n \in K^n$ の逆像とする．$x_1, \ldots, x_n$ は V の基底であり，$f_1, \ldots, f_n \in V^*$ は $x_1, \ldots, x_n$ の双対基底である．

(2)⇔(3)：$x_1, \ldots, x_n$ を V の基底とする．$A = (f_i(x_j)) \in M_n(K)$ は，$F(x_1), \ldots, F(x_n) \in K^n$ をならべて得られる行列である．よって，A が可逆であることと，$F(x_1), \ldots, F(x_n)$ が K^n の基底であることは同値である．したがって (2) と (3) は同値である．

(1)⇒(3)：$g_1, \ldots, g_n$ を $x_1, \ldots, x_n$ の双対基底とする．$P = (p_{ij}) \in GL_n(K)$ を $g_1, \ldots, g_n$ から $f_1, \ldots, f_n$ への底の変換行列とすると，$f_i = p_{1i}g_1 + \cdots + p_{ni}g_n$ だから，$f_i(x_j) = p_{ji}$ である．よって，$A = {}^tP$ は可逆である．■

【例 4.1.11】　$B = (x_1, \ldots, x_n)$ を V の基底，$B' = (y_1, \ldots, y_m)$ を W の基底とする．線形写像 $f \colon V \to W$ の，基底 B, B' に関する行列表示を，

$A = (a_{ij}) \in M_{mn}(K)$ とする．$g_1, \ldots, g_m$ を $y_1, \ldots, y_m$ の双対基底とすると，$a_{ij} = g_i(f(x_j))$ である．

まとめ

・線形空間の線形形式全体は，双対空間をなす．

・有限次元線形空間の双対空間は，同じ次元の有限次元線形空間であり，もとの空間の基底の双対基底がある．

問題

A 4.1.1 $V = K^3$ とし，$W = \langle e_1 - e_2, e_2 - e_3 \rangle$ とする．標準基底 $e_1, e_2, e_3 \in K^3$ の双対基底を f_1, f_2, f_3 とする．

1. $f_1 + f_2 + f_3$ の W への制限は 0 であることを示せ．
2. $f_1|_W, f_2|_W$ は W^* の基底であることを示せ．

A 4.1.2 $a_1, \ldots, a_n \in K^n$ を基底とし，$b_1, \ldots, b_n \in K^n$ とする．次の条件は同値であることを示せ．

(1) 転置 ${}^t b_1, \ldots, {}^t b_n$ 倍写像が定める線形形式 $f_{b_1}, \ldots, f_{b_n} \in (K^n)^*$ は，$a_1, \ldots, a_n$ の双対基底である．

(2) $A = \begin{pmatrix} a_1 & \ldots & a_n \end{pmatrix}$, $B = \begin{pmatrix} b_1 & \cdots & b_n \end{pmatrix} \in M_n(K)$ とおくと，${}^t BA = 1$ である．

B 4.1.3 V を問題 2.3.5 の線形空間 $\{a \in \mathbb{R}^{\mathbb{N}} \mid a(n+3) = a(n+2) + a(n+1) - a(n)\}$ とする．自然数 $m \geq 0$ に対し，$e_m \colon V \to \mathbb{R}$ を，$e_m(a) = a(m)$ で定まる線形形式とする．

1. e_0, e_1, e_2 は V^* の基底であることを示せ．
2. e_3 を e_0, e_1, e_2 の 1 次結合として表わせ．

B 4.1.4 $V = \{f \in K[X] | \deg f \leq n\}$ とおく．

1. $a \in K$ に対し，線形形式 $g_a \colon V \to K$ を $g_a(f) = f(a)$ で定める．$a_0, \ldots, a_n \in K$ が相異なるならば，$g_{a_0}, \ldots, g_{a_n}$ は双対空間 V^* の基底である

ことを示せ．

2. $K = \mathbb{R}$ とする．自然数 $i \geq 0$ に対し，線形形式 $h_i\colon V \to \mathbb{R}$ を $h_i(f) = f^{(i)}(0)$ で定める．$h_0, \ldots, h_n$ は双対空間 V^* の基底であることを示せ．また，$h_0, \ldots, h_n$ が定める同形 $V \to \mathbb{R}^{n+1}$ の逆写像を求めよ．

4.2 零化空間，再双対空間

線形空間とその双対空間に，部分空間の間の対応を定める．

命題 4.2.1 V を線形空間とし，V^* をその双対空間とする．

1. W を V の部分空間とする．$W^\perp = \{f \in V^* \mid f(W) = 0\}$ は V^* の部分空間である．

2. W を V^* の部分空間とする．$W^\top = \{x \in V \mid f \in W$ ならば $f(x) = 0\}$ は V の部分空間である． □

証明 1. 写像 $i^* : V^* \to W^*$ を，線形形式 $f : V \to K$ に対し，その W への制限 $f|_W : W \to K$ を対応させることで定める．線形形式 $f, g : V \to K$ と $a \in K$ に対し，$(f + g)|_W = f|_W + g|_W$ かつ $(af)|_W = a \cdot f|_W$ だから，$i^* : V^* \to W^*$ は線形写像である．$W^\perp = \mathrm{Ker}(i^* : V^* \to W^*)$ だから，$W^\perp$ は V^* の部分空間である．

2. $W^\top = \bigcap_{f \in W} \mathrm{Ker}(f : V \to K)$ だから，$W^\top$ は V の部分空間である． ■

定義 4.2.2 V を線形空間とし，V^* をその双対空間とする．

1. V の部分空間 W に対し，V^* の部分空間 $W^\perp = \{f \in V^* \mid f(W) = 0\}$ を，W の**零化空間** (annihilator) という．

2. V^* の部分空間 W に対し，V の部分空間 $W^\top = \{x \in V \mid f \in W$ ならば $f(x) = 0\}$ を，W の**被零化空間** (annihilated) という． □

記号 $W^\perp$ は慣用のものだが，$W^\top$ はこの本だけのものである．$W \subset W'$ が V の部分空間ならば，$W^\perp \supset W'^\perp$ である．$W \subset W'$ が V^* の部分空間ならば，$W^\top \supset W'^\top$ である．

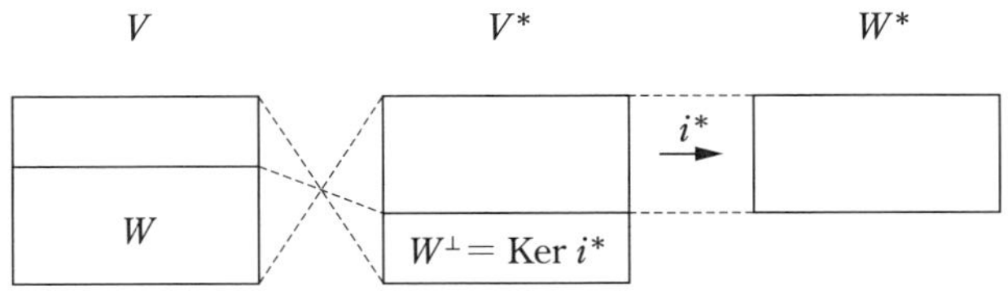

図 4.1 零化空間

命題 4.2.3 V を有限次元線形空間とし，V^* をその双対空間とする．

1．$x_1, \ldots, x_n$ を，部分空間 $W \subset V$ の基底 $x_1, \ldots, x_m$ を延長する V の基底とする．$f_1, \ldots, f_n \in V^*$ を，$x_1, \ldots, x_n$ の双対基底とすると，$f_{m+1}, \ldots, f_n$ は $W^\perp$ の基底である．$\dim W^\perp = \dim V - \dim W$ である．

2．$f_1, \ldots, f_n$ を，部分空間 $W \subset V^*$ の基底 $f_1, \ldots, f_m$ を延長する V^* の基底とする．$F\colon V \to K^n$ を $f_1, \ldots, f_n$ が定める同形とし，$x_1, \ldots, x_n \in V$ を標準基底の逆像とすると，$x_{m+1}, \ldots, x_n$ は $W^\top$ の基底である．$\dim W^\top = \dim V - \dim W$ である． □

証明 1．$W = \langle x_1, \ldots, x_m \rangle$ だから，$f = a_1 f_1 + \cdots + a_n f_n \in V^*$ に対し，$f \in W^\perp$ は，各 $i = 1, \ldots, m$ に対し $f(x_i) = a_i$ が 0 であることと同値である．よって，$W^\perp = \langle f_{m+1}, \ldots, f_n \rangle$ であり，$f_{m+1}, \ldots, f_n$ は $W^\perp$ の基底である．

$\dim W^\perp = n - m = \dim V - \dim W$ である．

2 の証明は 1 と同様だから省略する． ■

系 4.2.4 V を有限次元線形空間とし，V^* をその双対空間とする．

1．V の部分空間 W に対し，$W = (W^\perp)^\top$ がなりたつ．

2．V^* の部分空間 W に対し，$W = (W^\top)^\perp$ がなりたつ． □

系 4.2.4.1 は，V が有限次元でなくてもなりたつことを，系 4.2.7.1 で示す．

証明 1．$(W^\perp)^\top$ の定義より，$W \subset (W^\perp)^\top$ である．$\dim (W^\perp)^\top = \dim V - \dim W^\perp = \dim V - (\dim V - \dim W) = \dim W$ だから，$W = (W^\perp)^\top$ である．

2．1 の証明と同様である． ■

$\mathcal{S}_V$ で V の部分空間全体の集合を表わし，$\mathcal{S}_{V^*}$ で双対空間 V^* の部分空間全体の集合を表わす．V の部分空間 $W \in \mathcal{S}_V$ に対し，$W^\perp \in \mathcal{S}_{V^*}$ を対応させる

写像と，V^* の部分空間 $W' \in \mathcal{S}_{V^*}$ に対し，$W'^{\top} \in \mathcal{S}_V$ を対応させる写像をそれぞれ $\perp\colon \mathcal{S}_V \to \mathcal{S}_{V^*}$，$\top\colon \mathcal{S}_{V^*} \to \mathcal{S}_V$ で表わすと，系 4.2.4 は，$\perp\colon \mathcal{S}_V \to \mathcal{S}_{V^*}$ と $\top\colon \mathcal{S}_{V^*} \to \mathcal{S}_V$ が可逆であり，たがいに逆写像であるということである．

命題 4.2.5　V を線形空間とする．$W, W' \subset V$ を部分空間とする．

1. $W^\perp \cap W'^\perp = (W + W')^\perp$ である．
2. $W^\perp + W'^\perp = (W \cap W')^\perp$ である．
3. $V = W \oplus W'$ ならば，$V^* = W^\perp \oplus W'^\perp$ である．　□

証明　1. $W^\perp, W'^\perp \supset (W + W')^\perp$ だから，$W^\perp \cap W'^\perp \supset (W + W')^\perp$ である．$f \in W^\perp \cap W'^\perp$ とすると，$x \in W, x' \in W'$ に対し，$f(x + x') = f(x) + f(x') = 0$ だから，$f \in (W + W')^\perp$ である．よって，$W^\perp \cap W'^\perp \subset (W + W')^\perp$ である．

2. $W^\perp \subset (W \cap W')^\perp$ かつ $W'^\perp \subset (W \cap W')^\perp$ だから $W^\perp + W'^\perp \subset (W \cap W')^\perp$ である．

$(W \cap W')^\perp \subset W^\perp + W'^\perp$ を示す．$W_1 \subset W, W_1' \subset W'$ を，それぞれ $W = (W \cap W') \oplus W_1, W' = (W \cap W') \oplus W_1'$ をみたす部分空間とする．さらに，$W'' \subset V$ を，$V = (W + W') \oplus W''$ をみたす部分空間とする．$V = (W \cap W') \oplus W_1 \oplus (W_1' \oplus W'')$ である．$p\colon V \to W_1$ を第 2 成分への射影とし，$q\colon V \to W_1' \oplus W''$ を第 3 成分への射影とする．

$f \in (W \cap W')^\perp$ とする．$g = f|_{W_1' \oplus W''} \circ q$，$h = f|_{W_1} \circ p$ とおく．$\mathrm{Ker}\ q = (W \cap W') \oplus W_1 = W$ だから，$g \in W^\perp$ である．$\mathrm{Ker}\ p = (W \cap W') \oplus (W_1' \oplus W'') \supset W'$ だから，$h \in W'^\perp$ である．$f = g + h$ を示す．$x \in V$ とする．$x = y + z + w, y \in W \cap W', z \in W_1, w \in W_1' \oplus W''$ とすると，$f(x) = f(y) + f(z) + f(w) = f(p(x)) + f(q(x)) = h(x) + g(x)$ である．よって，$f = g + h \in W^\perp + W'^\perp$ が示された．

3. $W^\perp \cap W'^\perp = (W + W')^\perp = V^\perp = 0$ であり，$W^\perp + W'^\perp = (W \cap W')^\perp = 0^\perp = V^*$ である．　■

線形空間 V に対し，その双対空間 V^* の双対空間 $V^{**} = (V^*)^*$ を，**再双対空間** (bidual space) という．**標準的な線形写像** $e_V\colon V \to V^{**}$ が，次のように定義される．

命題 4.2.6 V を K 線形空間とする．

1. $x \in V$ とする．線形形式 $f \in V^*$ を $f(x) \in K$ にうつす写像 $\mathrm{ev}_x\colon V^* \to K$ は，V^* の線形形式である．

2. $x \in V$ を $\mathrm{ev}_x \in V^{**}$ にうつす写像 $e_V\colon V \to V^{**}$ は，線形写像である．

3. $x_1, \ldots, x_n$ を V の基底とし，$f_1, \ldots, f_n \in V^*$ をその双対基底とする．$e_V(x_1), \ldots, e_V(x_n) \in V^{**}$ は，$f_1, \ldots, f_n$ の双対基底である．

4. 線形写像 $e_V\colon V \to V^{**}$ は単射である．V が有限次元なら e_V は同形である． □

ev_x は，x での**値を対応させる写像** (evaluation mapping) である．

余談 55 V を n 次元線形空間とすると，その双対空間 V^* と再双対空間 V^{**} はどちらも n 次元線形空間だから，同形 $V \to V^*$ と $V \to V^{**}$ がある．同形 $V \to V^*$ は，V の基底を考えれば，それをその双対基底にうつすことで定義できる．しかし，この同形は，基底に依存する．これに反し，標準同形 $e_V\colon V \to V^{**}$ は，V だけで定まるものである．

このように，何かに依存して定まるものと，そうではなく標準的に定まるものとを区別することは重要である．

証明 1. 線形写像の公理を確かめる．$f, g \in V^*$ とすると，$\mathrm{ev}_x(f+g) = (f+g)(x) = f(x) + g(x) = \mathrm{ev}_x(f) + \mathrm{ev}_x(g)$ である．$f \in V^*, a \in K$ とすると，$\mathrm{ev}_x(af) = (af)(x) = a \cdot f(x) = a \cdot \mathrm{ev}_x(f)$ である．

2. 線形写像の公理を確かめる．$x, y \in V$ として，$e_V(x+y) = e_V(x) + e_V(y)$ を示す．任意の $f \in V^*$ に対して，$\mathrm{ev}_{x+y}(f) = (\mathrm{ev}_x + \mathrm{ev}_y)(f)$ を示せばよい．左辺は ev の定義より，$f(x+y)$ である．右辺は

$$(\mathrm{ev}_x + \mathrm{ev}_y)(f) \underset{+\text{の定義}}{=} \mathrm{ev}_x(f) + \mathrm{ev}_y(f) \underset{\mathrm{ev}\text{の定義}}{=} f(x) + f(y) \underset{f\ \text{は線形}}{=} f(x+y)$$

である．よって，写像 $e_V\colon V \to V^{**}$ は加法を保つことが示された．スカラー倍についても，

$$\mathrm{ev}_{ax}(f) \underset{\mathrm{ev}\text{の定義}}{=} f(ax) \underset{f\ \text{は線形}}{=} a \cdot f(x) \underset{\mathrm{ev}\text{の定義}}{=} a \cdot \mathrm{ev}_x(f) \underset{a\ \text{倍の定義}}{=} (a \cdot \mathrm{ev}_x)(f)$$

より，$e_V(ax) = a \cdot e_V(x)$ である．

3．$i,j=1,\ldots,n$ に対し，$e_V(x_i)(f_j)=f_j(x_i)$ は，$i=j$ なら 1 で，$i\neq j$ なら 0 である．よって，$e_V(x_1),\ldots,e_V(x_n)\in V^{**}$ は，$f_1,\ldots,f_n$ の双対基底である．

4．V が有限次元ならば，$e_V\colon V\to V^{**}$ は基底を基底にうつすから同形である．

一般の V に対し，e_V が単射であることを示す．$x\in V, x\neq 0$ として，$e_V(x)=\mathrm{ev}_x\neq 0$ を示せばよい．$V'\subset V$ を $V=Kx\oplus V'$ をみたす部分空間とする．線形形式 $p\in V^*$ を，第 1 射影 $V\to Kx$ と，同形 $Kx\to K\colon x\mapsto 1$ の合成と定義する．$\mathrm{ev}_x(p)=p(x)=1$ だから，$\mathrm{ev}_x\neq 0$ である． ■

系 4.2.7　V を線形空間とする．W を V の部分空間とする．

1．W は標準写像 $e_V\colon V\to V^{**}$ による $(W^\perp)^\perp$ の逆像と等しく，$(W^\perp)^\top$ と等しい．

2．V が有限次元ならば，同形 $e_V\colon V\to V^{**}$ は，同形 $W\to(W^\perp)^\perp$ をひきおこす． □

証明　1．$W'\subset V$ を $V=W\oplus W'$ をみたす部分空間とする．命題 4.2.5.3 より，$V^*=W^\perp\oplus W'^\perp$ であり，$V^{**}=(W^\perp)^\perp\oplus(W'^\perp)^\perp$ となる．標準単射 $e_V\colon V\to V^{**}$ によって，$e_V(W)\subset(W^\perp)^\perp, e_V(W')\subset(W'^\perp)^\perp$ だから，e_V は $e_V|_W\colon W\to(W^\perp)^\perp$ と $e_V|_{W'}\colon W'\to(W'^\perp)^\perp$ の直和である．

図式

$$\begin{array}{ccc} V & \xrightarrow{\text{第 2 射影}} & W' \\ {\scriptstyle e_V}\big\downarrow & & \big\downarrow{\scriptstyle e_V|_{W'}} \\ V^{**} & \xrightarrow{\text{第 2 射影}} & (W'^\perp)^\perp \end{array}$$

は可換で，$(W^\perp)^\perp$ の逆像は，合成の核である．$e_V\colon V\to V^{**}$ は，単射だから，その成分 $e_V|_{W'}$ も単射である．よって，合成の核は第 2 射影 $V\to W'$ の核 W である．

$(W^\perp)^\top=\{x\in V\mid f\in W^\perp \text{ ならば } f(x)=0\}=\{x\in V\mid f\in W^\perp \text{ ならば } \mathrm{ev}_x(f)=0\}=\{x\in V\mid \mathrm{ev}_x(W^\perp)=0\}=\{x\in V\mid \mathrm{ev}_x\in(W^\perp)^\perp\}$ は，e_V による $(W^\perp)^\perp$ の逆像である．

2．V が有限次元なら，$e_V\colon V\to V^{**}$ は同形であり，その成分 $e_V|_W$ も同形である． ■

$\perp\colon \mathcal{S}_V \to \mathcal{S}_{V^*}, \top\colon \mathcal{S}_{V^*} \to \mathcal{S}_V$ を，それぞれ V の部分空間 W に対し $W^\perp \in \mathcal{S}_{V^*}$，$V^*$ の部分空間 W' に対し $W^\top \in \mathcal{S}_V$ を対応させる写像とすると，系 4.2.7 は，$\top \circ \perp = \mathrm{id}_{\mathcal{S}_V}$ ということである．

まとめ

- 部分空間の零化空間は，双対空間の部分空間である．双対空間の部分空間の被零化空間は，もとの空間の部分空間である．
- 有限次元線形空間の部分空間は，零化空間を対応させることにより，双対空間の部分空間と 1 対 1 に対応する．
- 線形空間からその再双対空間への標準写像があり，有限次元のときは同形である．

問題

A 4.2.1 $V = K^3$ とし，$W = \langle e_1 - e_3, e_2 - e_3\rangle$ とする．標準基底 $e_1, e_2, e_3 \in K^3$ の双対基底を f_1, f_2, f_3 とする．$W^\perp$ の基底を，双対基底 f_1, f_2, f_3 の 1 次結合として表わせ．

A 4.2.2 $V = K^n$ とする．$A \in M_{mn}(K)$ とし，$W = \{x \in K^n | Ax = 0\}$ とおく．$a \in K^n$ に対し，$f_a\colon K^n \to K$ を，$f_a(x) = {}^t ax$ で定まる線形形式とし，転置行列 ${}^tA$ が $a_1, \ldots, a_m \in K^n$ をならべて得られる行列であるとする．

1. $W = \langle f_{a_1}, \ldots, f_{a_m}\rangle^\top$ を示せ．
2. $W^\perp = \langle f_{a_1}, \ldots, f_{a_m}\rangle$ を示せ．

B 4.2.3 V を問題 4.1.3 の線形空間 $\{a \in \mathbb{R}^{\mathbb{N}} \mid a(n+3) = a(n+2) + a(n+1) - a(n)\}$ とする．自然数 $m \geq 0$ に対し，$e_m\colon V \to \mathbb{R}$ を，$e_m(a) = a(m)$ で定まる線形形式とする．

$W = \langle (1), (n)\rangle$ とする．W の零化空間 $W^\perp$ の基底を 1 つとり，それを e_0, e_1, e_2 の 1 次結合として表わせ．

4.3 双対写像

線形写像は，双対空間に逆向きの線形写像を定める．

命題 4.3.1 $f\colon V \to W$ を K 線形写像とする．$g \in W^*$ を線形形式 $g \circ f\colon V \to K$ にうつす写像 $f^*\colon W^* \to V^*$ は，線形写像である． □

証明 線形写像の公理を確かめる．$g, h \in W^*$ に対し，$f^*(g+h) = f^*(g)+f^*(h)$ を示す．任意の $x \in V$ に対し，K での等式 $(f^*(g+h))(x) = (f^*(g)+f^*(h))(x)$ を示せばよい．左辺は

$$
\begin{aligned}
&(f^*(g+h))(x) \overset{f^*\text{の定義}}{=} ((g+h)\circ f)(x) \\
&\overset{\circ\text{の定義}}{=} (g+h)(f(x)) \overset{\text{写像の和の定義}}{=} g(f(x)) + h(f(x))
\end{aligned}
$$

である．右辺は

$$
\begin{aligned}
&(f^*(g) + f^*(h))(x) \overset{\text{写像の和の定義}}{=} f^*(g)(x) + f^*(h)(x) \\
&\overset{f^*\text{の定義}}{=} (g\circ f)(x) + (h\circ f)(x) \overset{\circ\text{の定義}}{=} g(f(x)) + h(f(x))
\end{aligned}
$$

となるから，両辺は等しい．

スカラー倍についても同様である．$g \in W^*, a \in K$ に対し，$f^*(ag) = af^*(g)$ を示す．任意の $x \in V$ に対し，$(f^*(ag))(x) = (af^*(g))(x)$ を示せばよい．左辺は

$$
\begin{aligned}
&(f^*(ag))(x) \overset{f^*\text{の定義}}{=} ((ag)\circ f)(x) \\
&\overset{\circ\text{の定義}}{=} (ag)(f(x)) \overset{\text{写像のスカラー倍の定義}}{=} a\cdot g(f(x))
\end{aligned}
$$

である．右辺は

$$
\begin{aligned}
&(af^*(g))(x) \overset{\text{写像のスカラー倍の定義}}{=} a\cdot f^*(g)(x) \\
&\overset{f^*\text{の定義}}{=} a\cdot (g\circ f)(x) \overset{\circ\text{の定義}}{=} a\cdot g(f(x))
\end{aligned}
$$

となるから，両辺は等しい． ■

定義 4.3.2 $f\colon V \to W$ を K 線形写像とする．線形写像 $f^*\colon W^* \to V^*$ を f の**双対写像** (dual mapping) とよぶ． □

W が V の部分空間のとき，包含写像 $i : W \to V$ の双対写像 $i^* : V^* \to W^*$ は，線形形式 $f : V \to K$ に対しその W への制限 $f|_W : W \to K$ を対応させる写像である．

命題 4.3.3 1. V を線形空間とすると，$\mathrm{id}_V^* = \mathrm{id}_{V^*}$ である．

2. 線形写像 $f, g\colon V \to W$ に対し，$(f+g)^* = f^* + g^*$ である．線形写像 $f\colon V \to W$ と $a \in K$ に対し，$(af)^* = af^*$ である．

3. 線形写像 $f\colon U \to V,\, g\colon V \to W$ に対し，$(g \circ f)^* = f^* \circ g^*$ がなりたつ． □

証明 1. $f \in V^*$ とすると，$\mathrm{id}_V^*(f) = f \circ \mathrm{id}_V = f$ である．

2. $(f+g)^* = f^* + g^*$ を示す．$h \in W^*$ として，$h \circ (f+g) = h \circ f + h \circ g \in V^*$ を示せばよい．任意の $x \in V$ に対して，$(h \circ (f+g))(x) = (h \circ f + h \circ g)(x)$ を示せばよい．左辺は $h((f+g)x) = h(f(x) + g(x)) = h(f(x)) + h(g(x))$ であり，右辺と等しい．

$(af)^* = af^*$ の証明も同様だから省略する．

3. $h \in W^*$ とすると，$(g \circ f)^*(h) = h \circ (g \circ f) = (h \circ g) \circ f = f^*(g^*(h))$ である． ■

余談 56 双対写像の向きは逆向きになる．さらに，合成の順序も反対になる．このような性質を，**反変** (contravariant) **性**という．

命題 4.3.4 $V,\, W$ を有限次元線形空間とし，$B = (x_1, \ldots, x_n)$ と $B' = (y_1, \ldots, y_m)$ を，それぞれ V と W の基底とする．$B^* = (f_1, \ldots, f_n)$ を B の双対基底とし，$B'^* = (g_1, \ldots, g_m)$ を B' の双対基底とする．

1. $n = m$ とし，$f\colon V \to W$ を，$x_1, \ldots, x_n$ を $y_1, \ldots, y_n$ にうつす同形とする．このとき，双対写像 $f^*\colon W^* \to V^*$ は，$g_1, \ldots, g_n$ を $f_1, \ldots, f_n$ にうつす同形である．

2. $f\colon V \to W$ を線形写像とする．f の基底 B, B' に関する行列表示を A

とする．双対写像 $f^*\colon W^* \to V^*$ の，双対基底 B'^*, B^* に関する行列表示は，$A \in M_{mn}(K)$ の転置 ${}^tA \in M_{nm}(K)$ である． □

証明　1．$f^*(g_i)(x_j) = g_i(f(x_j)) = g_i(y_j)$ は $i = j$ なら 1 であり，そうでなければ 0 である．よって，$f^*(g_1), \ldots, f^*(g_n)$ は $x_1, \ldots, x_n$ の双対基底である．

2．$g_B\colon K^n \to V, g_{B'}\colon K^m \to W, g_{B^*}\colon K^n \to V^*, g_{B'^*}\colon K^m \to W^*$ を，それぞれ基底 B, B' と双対基底 B^*, B'^* が定める同型とする．$h : K^n \to (K^n)^*$ と $h' : K^m \to (K^m)^*$ を，a を ${}^ta$ 倍写像にうつす，例 4.1.6 の同型とする．図式

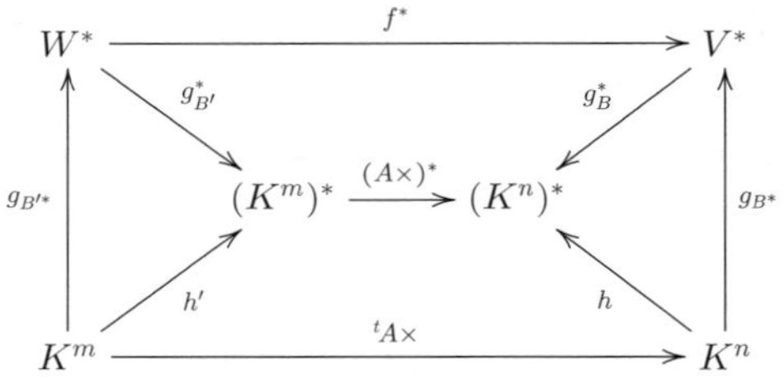

が可換であることを示せばよい．

行列表示の定義より $f \circ g_B = g_{B'} \circ (A\times)$ である．よって，命題 4.3.3.3 より，上の台形は可換である．h, h' は，標準基底をその双対基底にうつすから，1 より，右と左の三角形は可換である．g_B^* は同形だから，下の台形が可換であることを示せばよい．

下の台形が可換であることを示す．$a \in K^m$ として，K^n の線形形式の等式 $(A\times)^*(h'(a)) = h({}^tAa)$ を示せばよい．したがって，$x \in K^n$ に対し，$(A\times)^*(h'(a))(x) = h({}^tAa)(x)$ を示せばよい．左辺は $h'(a)(Ax) = {}^ta(Ax)$ であり，右辺は ${}^t({}^tAa)x = ({}^taA)x$ である．よって $(A\times)^*(h'(a)) = h({}^tAa)$ が示された． ■

下の台形が可換であるということは，A 倍写像の双対写像が，${}^tA$ 倍写像であるということを表わしている．

余談 57　命題の 2 の証明の前半は，$V = K^n, W = K^m$ かつ $x_1, \ldots, x_n$ と $y_1, \ldots, y_m$ がそれぞれ標準基底 $e_1, \ldots, e_n$ と $e_1, \ldots, e_m$ である場合への帰着であり，後半がその場合の証明である．このように，特別な場合に，一般の

場合を帰着させて証明することがよくある．

そのようなときに，帰着させる部分の証明を省略して，証明が「$V = K^n$, $W = K^m$ で $x_1, \ldots, x_n$ と $y_1, \ldots, y_m$ が標準基底であると仮定してよい」という文ではじまっていることもよくある．そのようなときは，省略されている部分の証明を，自分で補うことが必要である．

系 4.3.5 V を線形空間とし，$B = (x_1, \ldots, x_n)$ と $B' = (x'_1, \ldots, x'_n)$ を V の基底とする．$P \in GL_n(K)$ を B から B' への底の変換行列とすると，双対基底 B^* から B'^* への底の変換行列は転置の逆行列 ${}^tP^{-1}$ である． □

証明 P は 1_V の基底 B', B に関する行列表示である．よって，命題 4.3.4.2 より，$(1_V)^* = 1_{V^*}$ の基底 B^*, B'^* に関する行列表示は ${}^tP$ であり，基底 B'^*, B^* に関する行列表示は ${}^tP^{-1}$ である． ■

命題 4.3.6 $f\colon V \to W$ を線形写像とし，$f^*\colon W^* \to V^*$ をその双対写像とする．

1. $\mathrm{Ker}\ f^* = (\mathrm{Im}\ f)^\perp$ である．
2. $\mathrm{Im}\ f^* = (\mathrm{Ker}\ f)^\perp$ である． □

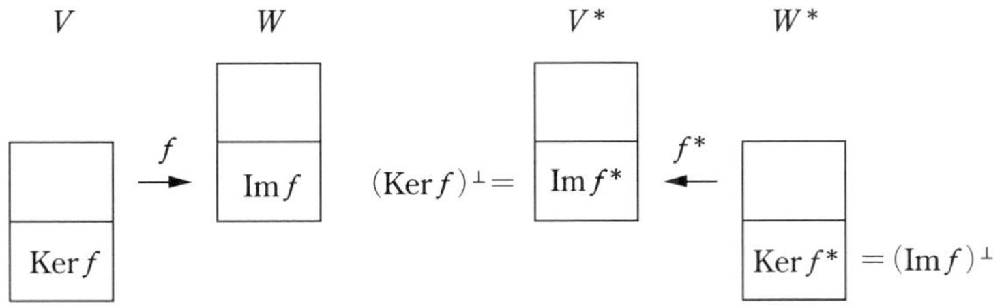

図 4.2 双対写像の核と像

証明 1. 線形形式 $g \in W^*$ に対し，$g \in \mathrm{Ker}\ f^*$ は $g \circ f = 0$ と同値であり，$g(\mathrm{Im}\ f) = 0$ と同値である．これは $g \in (\mathrm{Im}\ f)^\perp$ ということだから，$\mathrm{Ker}\ f^* = (\mathrm{Im}\ f)^\perp$ である．

2. $g = f^*(h) \in \mathrm{Im}\ f^*$ とすると，$g(\mathrm{Ker}\ f) = h(f(\mathrm{Ker}\ f)) = 0$ だから，$g \in (\mathrm{Ker}\ f)^\perp$ である．よって，$\mathrm{Im}\ f^* \subset (\mathrm{Ker}\ f)^\perp$ である．

$(\mathrm{Ker}\ f)^\perp \subset \mathrm{Im}\ f^*$ を示す．直和分解 $V = V' \oplus \mathrm{Ker}\ f, W = \mathrm{Im}\ f \oplus W'$ をとり，$i\colon V' \to V$ を包含写像，$p\colon W \to \mathrm{Im}\ f$ を第 1 射影とする．f は，同形 $\bar{f}\colon V' \to \mathrm{Im}\ f$ をひきおこす．合成 $\bar{f}^{-1} \circ p \circ f\colon V \to V$ は，$\mathrm{Ker}\ f$ への制限は 0 で V' への制限は包含写像だから，第 1 射影 $q : V = V' \oplus \mathrm{Ker}\ f \to V'$ である．

$g \in (\mathrm{Ker}\ f)^\perp$ に対し，$h = p^* \circ (\bar{f}^{-1})^* \circ i^*(g) = g \circ i \circ \bar{f}^{-1} \circ p$ とおくと，$g = f^*(h)$ となることを示す．$\bar{f}^{-1} \circ p \circ f = q$ より，$f^*(h) = h \circ f$ は，$g \circ i \circ q$ と等しい．$g \circ i \circ q$ の V' への制限は g の V' への制限と等しく，$\mathrm{Ker}\ f$ への制限も $g|_{\mathrm{Ker}\ f} = 0$ と等しいから，$g \circ i \circ q = g$ である． ■

W を V の部分空間とし，$i\colon W \to V$ を包含写像とすると，$W^\perp = \mathrm{Ker}\ i^*$ である．

系 4.3.7 $f\colon V \to W$ を線形写像とする．

1. f が単射であるためには，双対写像 $f^*\colon W^* \to V^*$ が全射であることが必要十分である．

2. f が全射であるためには，双対写像 $f^*\colon W^* \to V^*$ が単射であることが必要十分である．

3. f が定める全射 $p\colon V \to \mathrm{Im}\ f$ の双対 p^* は，同形 $(\mathrm{Im}\ f)^* \to \mathrm{Im}\ (f^*\colon W^* \to V^*)$ を定める．$\mathrm{Im}\ f$ が有限次元なら，$\mathrm{Im}\ f^*$ も有限次元で，$\mathrm{rank}\ f = \mathrm{rank}\ f^*$ である．

$A \in M_{mn}(K)$ とすると，A の階数と ${}^tA$ の階数は等しい．

4. $V = W \oplus W'$ とし，$p\colon V \to W, p'\colon V \to W'$ を射影とする．このとき，p^*, p'^* は，同形 $W^* \to W'^\perp, W'^* \to W^\perp, W^* \oplus W'^* \to V^*$ を定める． □

証明 1. f が単射とすると，$\mathrm{Ker}\ f = 0$ である．よって，命題 4.3.6.2 より，$\mathrm{Im}\ f^* = 0^\perp = V^*$ である．

f^* が全射とすると，命題 4.3.6.2 より，$(\mathrm{Ker}\ f)^\perp = \mathrm{Im}\ f^* = V^*$ である．系 4.2.7 より，$\mathrm{Ker}\ f = ((\mathrm{Ker}\ f)^\perp)^\top = (V^*)^\top$ である．$(V^*)^\top = \mathrm{Ker}\ (e_V : V \to V^{**})$ は，命題 4.2.6.4 より 0 である．よって，$\mathrm{Ker}\ f = 0$ であり，f は単射である．

2. f が全射なら，$W = \mathrm{Im}\, f$ である．よって，命題 4.3.6.1 より，$\mathrm{Ker}\, f^* = W^\perp = 0$ である．

f^* が単射とすると，命題 4.3.6.1 より，$(\mathrm{Im}\, f)^\perp = \mathrm{Ker}\, f^* = 0$ である．系 4.2.7 より，$\mathrm{Im}\, f = ((\mathrm{Im}\, f)^\perp)^\top = 0^\top = W$ である．よって，f は全射である．

3. $i\colon \mathrm{Im}\, f \to W$ を包含写像とする．$f = i \circ p$ で，p は全射，i は単射である．したがって，$f^* = p^* \circ i^*$ で，i^* は全射，p^* は単射である．さらに，$\mathrm{Im}\, p^* = \mathrm{Im}\, f^*$ である．

$\mathrm{Im}\, f$ が有限次元なら，その双対 $(\mathrm{Im}\, f)^*$ も有限次元で，それと同形な $\mathrm{Im}\, f^*$ も有限次元である．これらの次元はすべて等しいから，$\mathrm{rank}\, f = \mathrm{rank}\, f^*$ である．

A 倍写像の双対の行列表示は ${}^tA$ だから，$\mathrm{rank}\, A = \mathrm{rank}\, {}^tA$ である．

4. $p\colon V \to W$ は全射で，$\mathrm{Ker}\, p = W'$ だから，2 と命題 4.3.6.2 より，p^* は同形 $W^* \to W'^\perp$ をひきおこす．p' についても同様である．命題 4.2.5.3 より $V^* = W^\perp \oplus W'^\perp$ だから，直和 $p^* \oplus p'^*$ は同形 $W^* \oplus W'^* \to V^*$ を定める．■

まとめ

- 線形写像は，双対空間に逆向きの線形写像を定める．
- 双対写像の双対基底に関する行列表示は，もとの写像の行列表示の転置である．

問題

A 4.3.1 $V = K^3$ とし，e_1, e_2, e_3 を標準基底，$f_1, f_2, f_3 \in V^*$ をその双対基底とする．$W = K(e_1 + e_2 + e_3)$ とし，$W^\perp \subset V^*$ をその零化空間とする．

1. $W^\perp$ の基底を 1 つ求め，それを f_1, f_2, f_3 の 1 次結合として表わせ．

2. $A = \begin{pmatrix} 0 & 0 & 1 \\ 1 & 0 & 0 \\ 0 & 1 & 0 \end{pmatrix}$ とし，$f\colon V \to V$ を A 倍写像とし，$f^*\colon V^* \to V^*$ をその双対写像とする．$f(W) \subset W, f^*(W^\perp) \subset W^\perp$ を示せ．

3. 1 でつくった $W^\perp$ の基底に関する，$f^*|_{W^\perp}$ の行列表示を求めよ．

A 4.3.2 $f\colon V \to W$ を線形写像とする．図式

$$\begin{array}{ccc} V & \xrightarrow{f} & W \\ {\scriptstyle e_V}\downarrow & & \downarrow{\scriptstyle e_W} \\ V^{**} & \xrightarrow{f^{**}} & W^{**} \end{array}$$

は可換であることを示せ．

B 4.3.3 V を問題 4.1.3 の線形空間 $\{a \in \mathbb{R}^{\mathbb{N}} \mid a(n+3) = a(n+2) + a(n+1) - a(n)\}$ とし，$D\colon V \to V$ を $D(a)(n) = a(n+1)$ で定まる自己準同形とする．自然数 $m \geq 0$ に対し，$e_m\colon V \to \mathbb{R}$ を，$e_m(a) = a(m)$ で定まる線形形式とする．

1. $D^*(e_n) = e_{n+1}$ を示せ．
2. D^* の，基底 e_0, e_1, e_2 に関する行列表示を求めよ．

B 4.3.4 V を有限次元線形空間とし，f をその自己準同形とする．

1. f の固有多項式と，双対 f^* の固有多項式は等しいことを示せ．
2. f の最小多項式と，双対 f^* の最小多項式も等しいことを示せ．
3. V の一般固有空間分解を使って，V^* の一般固有空間分解を表わせ．
4. f が巾零であるとする．定理 3.4.2 の条件を満たす V の直和分解を使って，定理 3.4.2 の条件を満たす V^* の直和分解を表わせ．

4.4 線形写像の空間*

K 線形空間 V と W に対し，$\mathrm{Hom}(V, W)$ で 集合 $\{K$ 線形写像 $V \to W\}$ を表わす．命題 2.1.2 より，$f, g \in \mathrm{Hom}(V, W)$ に対し，和 $f + g \in \mathrm{Hom}(V, W)$ が，$(f+g)(x) = f(x) + g(x)$ によって定義される．$a \in K$ と $f \in \mathrm{Hom}(V, W)$ に対し，スカラー倍 $af \in \mathrm{Hom}(V, W)$ が，$(af)(x) = a \cdot f(x)$ によって定義される．

命題 4.4.1 $\mathrm{Hom}(V, W) = \{K$ 線形写像 $V \to W\}$ は，上で定めた加法とスカラー倍により，K 線形空間になる． □

証明 証明は命題 4.1.4 と同様だから省略する． ■

線形写像の空間 $\mathrm{Hom}(V,W)$ は写像の空間 W^V の部分空間である．$W=K$ の場合が双対空間 $V^*=\mathrm{Hom}_K(V,K)$ である．$V=W$ のときは，$\mathrm{Hom}(V,V)$ を $\mathrm{End}(V)$ とも書く．K をはっきりさせたいときは，$\mathrm{Hom}_K(V,W)$ や $\mathrm{End}_K(V)$ のようにも書く．

余談 58 記号 $\mathrm{Hom}(V,W)$ の Hom は，homomorphism のはじめの 3 文字である．End は，endomorphism からきている．

L が K の拡大体で，V,W が L 線形空間であるときは，V,W を自然に K 線形空間と考えることができるが，そのとき一般には，$\mathrm{Hom}_L(V,W) \subsetneqq \mathrm{Hom}_K(V,W)$ となるので注意が必要である．例えば，$\mathrm{Hom}_{\mathbb{C}}(\mathbb{C},\mathbb{C})$ は 1 次元の $\mathbb{C}$ 線形空間だが，$\mathrm{Hom}_{\mathbb{R}}(\mathbb{C},\mathbb{C})$ は 4 次元の $\mathbb{R}$ 線形空間である．複素共役は $\mathrm{Hom}_{\mathbb{R}}(\mathbb{C},\mathbb{C})$ の元だが，$\mathrm{Hom}_{\mathbb{C}}(\mathbb{C},\mathbb{C})$ の元ではない．

【例 4.4.2】 行列 $A\in M_{mn}(K)$ に対し A 倍写像 $K^n\to K^m$ を対応させる写像 $M_{mn}(K)\to \mathrm{Hom}(K^n,K^m)$ は，K 線形空間の同形である．逆写像は，標準基底に関する行列表示で与えられる．

A 倍写像 $K^n\to K^m$ を行列 $A\in M_{mn}(K)$ と同一視すれば，$\mathrm{Hom}(K^n,K^m)=M_{mn}(K)$ となる．

【例 4.4.3】 V を線形空間とし，f を V の自己準同形とする．$F\colon K[X]\to \mathrm{End}(V)$ を，多項式 $G\in K[X]$ に対し，$G(f)\in \mathrm{End}(V)$ を対応させる写像とする．命題 3.1.1 より，F は線形写像である．φ を f の最小多項式とすると，命題 3.1.12 より，$\mathrm{Ker}\ F=(\varphi)$ である．

命題 4.4.4 V,V',W,W' を線形空間とする．

1．$g\colon W\to W'$ を線形写像とする．写像 $g_*\colon \mathrm{Hom}(V,W)\to\mathrm{Hom}(V,W')$ を $g_*(f)=g\circ f$ で定めると，g_* は線形写像である．

2．$h\colon V'\to V$ を線形写像とする．写像 $h^*\colon \mathrm{Hom}(V,W)\to\mathrm{Hom}(V',W)$ を $h^*(f)=f\circ h$ で定めると，h^* は線形写像である． □

証明 命題 4.3.1 の証明と同様だから省略する． ■

$g' \colon W' \to W''$ も線形写像ならば，写像の結合則より，$(g' \circ g)_* = g'_* \circ g_*$ である．$(\mathrm{id}_W)_* = \mathrm{id}_{\mathrm{Hom}(V,W)}$ である．同様に，$h' \colon V'' \to V'$ も線形写像ならば，写像の結合則より，$(h \circ h')^* = h'^* \circ h^*$ である．$(\mathrm{id}_V)^* = \mathrm{id}_{\mathrm{Hom}(V,W)}$ である．

系 4.4.5　線形写像 $f \colon V \to W$ に対し，次の条件は同値である．

(1) f は同形である．

(2) 任意の線形空間 W' に対し，$f^* \colon \mathrm{Hom}(W, W') \to \mathrm{Hom}(V, W')$ は同形である．

(3) 任意の線形空間 V' に対し，$f_* \colon \mathrm{Hom}(V', V) \to \mathrm{Hom}(V', W)$ は同形である．□

証明　(1)⇒(2)：g を f の逆写像とすると，g^* は f^* の逆写像である．

(2)⇒(1)：$W' = V$ とおくと，$f^*(g) = g \circ f = \mathrm{id}_V$ をみたす $g \colon W \to V$ が存在する．$W' = W$ とおくと，$f^*(f \circ g) = (f \circ g) \circ f = f = f^*(\mathrm{id}_W)$ だから，$f \circ g = \mathrm{id}_W$ である．よって g は f の逆写像である．

(1)⇔(3) の証明も同様だから省略する．■

【例 4.4.6】　V, W を線形空間とし，B, B' を V, W の基底，$g \colon K^n \to V$, $h \colon K^m \to W$ を B, B' が定める同形とする．$g^* \circ (h^{-1})_* \colon \mathrm{Hom}(V, W) \to \mathrm{Hom}(K^n, K^m) = M_{mn}(K)$ は，$f \colon V \to W$ に対し，f の基底 B, B' に関する行列表示を対応させることで定まる同形である．これより，$\dim \mathrm{Hom}(V, W) = \dim V \cdot \dim W$ である．

【例 4.4.7】　1. $B \in M_{lm}(K)$ とし，$g \colon K^m \to K^l$ を B 倍写像とする．

$$g_* \colon \mathrm{Hom}(K^n, K^m) = M_{mn}(K) \to \mathrm{Hom}(K^n, K^l) = M_{ln}(K)$$

は左から B をかける写像である．

2. $C \in M_{nr}(K)$ とし，$h \colon K^r \to K^n$ を C 倍写像とする．

$$h^* \colon \mathrm{Hom}(K^n, K^m) = M_{mn}(K) \to \mathrm{Hom}(K^r, K^m) = M_{mr}(K)$$

は右から C をかける写像である．

【例 4.4.8】　V を線形空間とする．$\mathrm{ev}_1(f) = f(1)$ で定まる線形写像 $\mathrm{ev}_1\colon \mathrm{Hom}(K, V) \to V$ は，例 2.1.4 より，同形である．逆写像は $x \in V$ に対し，$f_x(a) = ax$ で定まる写像 $f_x\colon K \to V$ を対応させることで得られる．さらに，$g\colon V \to W$ を線形写像とすると，図式

$$\begin{array}{ccc} \mathrm{Hom}(K,V) & \xrightarrow{\mathrm{ev}_1} & V \\ {\scriptstyle g_*}\downarrow & & \downarrow{\scriptstyle g} \\ \mathrm{Hom}(K,W) & \xrightarrow{\mathrm{ev}_1} & W \end{array}$$

は可換である．

以下，同形 ev_1 により，$\mathrm{Hom}(K, V)$ と V を同一視する．

余談 59　線形空間 V を集合論的に理解するとは，V の各元およびそれらの関係を知ることと考えられる．20 世紀になって，圏論的な考えが広がり，線形空間 V を知ることとは，任意の線形空間 W に対し，V と W の間の線形写像を知ることである，とも考えられるようになった．系 4.4.5 の (2)⇒(1) は，線形空間 V は，V から任意の線形空間への線形写像がすべて決まれば，それで決まってしまうものである，ということを表わしている．この考えは，あとで商空間やテンソル積を定義するときに，重要である．

例えば系 4.4.5 のように，集合論的にいい表わされた線形代数的性質を，線形写像を使っていいかえることができることが多い．まとめてみると，次の表のようになる．

集合論的性質	圏論的ないいかえ
基底 $x_1, \ldots, x_n \in V$	同形 $K^n \to V$
f が全単射である	f が可逆である
直和分解	射影子

命題 2.5.2 や，この節の命題 4.4.11 も，この表に付け加わるものである．

命題 4.4.9　V, W を線形空間とする．

1. $V = V_1 \oplus V_2$ とし，$i_1\colon V_1 \to V, i_2\colon V_2 \to V$ を包含写像とする．このとき，$i_1^* \oplus i_2^*\colon \mathrm{Hom}(V, W) \to \mathrm{Hom}(V_1, W) \oplus \mathrm{Hom}(V_2, W)$ は同形である．

2. $W = W_1 \oplus W_2$ とし，$p_1\colon W \to W_1, p_2\colon W \to W_2$ を射影とする．このとき，$p_{1*} \oplus p_{2*}\colon \mathrm{Hom}(V, W) \to \mathrm{Hom}(V, W_1) \oplus \mathrm{Hom}(V, W_2)$ は同形である． □

証明　1. 逆写像 $\mathrm{Hom}(V_1, W) \oplus \mathrm{Hom}(V_2, W) \to \mathrm{Hom}(V, W)$ が $(f_1, f_2) \mapsto \begin{pmatrix} f_1 & f_2 \end{pmatrix}$ で定まる．

2. 逆写像 $\mathrm{Hom}(V, W_1) \oplus \mathrm{Hom}(V, W_2) \to \mathrm{Hom}(V, W)$ が $(f_1, f_2) \mapsto \begin{pmatrix} f_1 \\ f_2 \end{pmatrix}$ で定まる． ■

系 4.4.10　$V = V_1 \oplus \cdots \oplus V_n, W = W_1 \oplus \cdots \oplus W_m$ とし，$i_j\colon V_j \to V$ を包含写像とし，$p_i\colon W \to W_i$ を射影とする．このとき，写像 $\bigoplus_{i=1}^m \bigoplus_{j=1}^n p_{i*} \circ i_j^*\colon \mathrm{Hom}(V, W) \to \bigoplus_{i=1}^m \bigoplus_{j=1}^n \mathrm{Hom}(V_j, W_i)$ は同形である． □

証明　逆写像 $\displaystyle\bigoplus_{i=1}^m \bigoplus_{j=1}^n \mathrm{Hom}(V_j, W_i) \to \mathrm{Hom}(V, W)$ は $(f_{ij}) \mapsto \begin{pmatrix} f_{11} & \cdots & f_{1n} \\ & \cdots & \\ f_{m1} & \cdots & f_{mn} \end{pmatrix}$ で定まる． ■

添字集合 I, J が無限集合であっても，$\prod_{i \in I} \prod_{j \in J} p_{i*} \circ i_j^*\colon \mathrm{Hom}\Big(\bigoplus_{j \in J} V_j, \prod_{i \in I} W_i\Big) \to \prod_{i \in I} \prod_{j \in J} \mathrm{Hom}(V_j, W_i)$ は同形である．

命題 4.4.11　線形写像の列 $V' \xrightarrow{f} V \xrightarrow{g} V''$ について，次の条件はすべて同値である．

(1) $V' \xrightarrow{f} V \xrightarrow{g} V''$ は完全系列である．

(2) 任意の K 線形空間 W に対し，$\mathrm{Hom}(W, V') \xrightarrow{f_*} \mathrm{Hom}(W, V) \xrightarrow{g_*} \mathrm{Hom}(W, V'')$ は完全系列である．

(3) 任意の K 線形空間 W に対し，$\mathrm{Hom}(V'', W) \xrightarrow{g^*} \mathrm{Hom}(V, W) \xrightarrow{f^*} \mathrm{Hom}(V', W)$ は完全系列である．

(4) $V''^* \xrightarrow{g^*} V^* \xrightarrow{f^*} V'^*$ は完全系列である． □

証明　(1)⇒(2)：命題 2.5.2.2 より，直和分解 $V' = V_1' \oplus V_2'$, $V = V_1 \oplus V_2$, $V'' = V_1'' \oplus V_2''$ と，同形 $\bar{f}\colon V_2' \to V_1, \bar{g}\colon V_2 \to V_1''$ で，$i\colon V_1 \to V, i''\colon V_1'' \to V''$

を包含写像，$p\colon V \to V_2, p'\colon V' \to V_2'$ を第 2 射影とすると，$f = i \circ \bar{f} \circ p', g = i'' \circ \bar{g} \circ p$ をみたすものが存在する．命題 4.4.9 より，

$$\mathrm{Hom}(W, V') = \mathrm{Hom}(W, V_1') \oplus \mathrm{Hom}(W, V_2'),$$
$$\mathrm{Hom}(W, V) = \mathrm{Hom}(W, V_1) \oplus \mathrm{Hom}(W, V_2),$$
$$\mathrm{Hom}(W, V'') = \mathrm{Hom}(W, V_1'') \oplus \mathrm{Hom}(W, V_2'')$$

である．系 4.4.5 より，

$$\bar{f}_*\colon \mathrm{Hom}(W, V_2') \to \mathrm{Hom}(W, V_1), \quad \bar{g}_*\colon \mathrm{Hom}(W, V_2) \to \mathrm{Hom}(W, V_1'')$$

は同形である．$f_* = i_* \circ \bar{f}_* \circ p'_*, g_* = i''_* \circ \bar{g}_* \circ p_*$ だから，命題 2.5.2.2 より，(2) がなりたつ．

(2)⇒(1)：例 4.4.8 より，$W = K$ とすればよい．

(1)⇒(3)：(1)⇒(2) の証明と同様である．

(3)⇒(4)：$W = K$ とすればよい．

(4)⇒(1)：まず $g \circ f = 0$ を示す．可換図式

$$\begin{array}{ccc} V' & \xrightarrow{g\circ f} & V'' \\ {\scriptstyle e_{V'}}\downarrow & & \downarrow{\scriptstyle e_{V''}} \\ V'^{**} & \xrightarrow{(g\circ f)^{**}} & V''^{**} \end{array}$$

において，$(g \circ f)^{**} = (f^* \circ g^*)^* = 0$ である．命題 4.2.6.4 より，たての写像は単射だから，$g \circ f = 0$ である．

命題 2.5.2.1 より，直和分解 $V' = V_1' \oplus V_2', V = V_1 \oplus V_2 \oplus V_3, V'' = V_1'' \oplus V_2''$ と，同形 $\bar{f}\colon V_2' \to V_1, \bar{g}\colon V_2 \to V_1''$ で，$i\colon V_1 \to V, i''\colon V_1'' \to V''$ を包含写像，$p\colon V \to V_2, p'\colon V' \to V_2'$ を第 2 射影とすると，$f = i \circ \bar{f} \circ p', g = i'' \circ \bar{g} \circ p$ をみたすものが存在する．仮定より，$V_3^* = 0$ である．命題 4.2.6.4 より，標準写像 $V_3 \to V_3^{**} = 0$ は単射だから，$V_3 = 0$ である．よって，命題 2.5.2.2 より，(1) がなりたつ． ■

> **まとめ**
> ・線形写像全体も，線形空間をなす．
> ・線形空間の集合論的性質を，線形写像を使って圏論的にいいかえることができる．

問題

A 4.4.1　線形写像 $f, g\colon V \to W$ に対し，次の条件は同値であることを示せ．

(1) $f = g$.

(2) 任意の線形空間 W' に対し，$f^*\colon \mathrm{Hom}(W, W') \to \mathrm{Hom}(V, W')$ と $g^*\colon \mathrm{Hom}(W, W') \to \mathrm{Hom}(V, W')$ とは等しい．

B 4.4.2　U, V, W を線形空間とする．線形写像 $f\colon V \to W$ に対し線形写像 $f_*\colon \mathrm{Hom}(U, V) \to \mathrm{Hom}(U, W)$ を対応させる写像 $\mathrm{Hom}(V, W) \to \mathrm{Hom}(\mathrm{Hom}(U, V), \mathrm{Hom}(U, W))$ は，線形写像であることを示せ．

第5章 双線形形式

双線形形式は，$\mathbb{R}^n$ の内積の一般化である．5.1 節では，双線形形式を一般的に定義する．基底を考えれば，双線形形式は行列で表示できる．双線形形式は，双対空間への線形写像と考えることもできる．よくでてくる双線形形式の多くは，$\mathbb{R}^n$ の内積 (x, y) のように，x と y をいれかえても値が変わらないという性質をもつ．5.2 節では，このような性質をみたす対称双線形形式を調べる．特に，係数体が実数体のときにくわしく調べる．5.3 節では，$\mathbb{C}^n$ の内積の一般化として，$\mathbb{C}$ 線形空間上のエルミート形式を調べる．最後の 5.4 節では，$x = y$ なら値が 0 になるという性質をもつ，交代双線形形式について，基本的な用語を定義する．

5.1 双線形形式

$\mathbb{R}^n$ の内積のみたす性質のうち，次の性質をとりあげて考える．

定義 5.1.1 V, W を K 線形空間とする．写像 $b\colon V \times W \to K$ が**双線形形式** (bilinear form) であるとは，次の条件がみたされることをいう．

(1) 任意の $x, x' \in V, y \in W$ に対し，$b(x + x', y) = b(x, y) + b(x', y)$ がなりたつ．

(2) 任意の $x \in V, y, y' \in W$ に対し，$b(x, y + y') = b(x, y) + b(x, y')$ がなりたつ．

(3) 任意の $a \in K, x \in V, y \in W$ に対し，$b(ax, y) = b(x, ay) = ab(x, y)$ がなりたつ． □

双線形形式を**双 1 次形式**ともいう．

【例 5.1.2】　$A \in M_{mn}(K)$ とする．$x \in K^m, y \in K^n$ に対し，$b_A(x,y) = {}^t\!xAy \in K$ とおくと，$b_A\colon K^m \times K^n \to K$ は，双線形形式である．これを行列 $\boldsymbol{A}$ **が定める双線形形式**とよぶ．

【例 5.1.3】　V^* を V の双対空間とする．写像 $\langle\ ,\ \rangle\colon V \times V^* \to K$ を $\langle x, f\rangle = f(x) \in K$ で定めると，$\langle\ ,\ \rangle$ は双線形形式である．これを，**標準双線形形式**という．

V, W を有限次元線形空間とし，$B = (x_1, \ldots, x_m)$ を V の基底，$B' = (y_1, \ldots, y_n)$ を W の基底とする．行列

$$\begin{pmatrix} b(x_1,y_1) & b(x_1,y_2) & \cdots & b(x_1,y_n) \\ b(x_2,y_1) & b(x_2,y_2) & \cdots & b(x_2,y_n) \\ \vdots & \vdots & \cdots & \vdots \\ b(x_m,y_1) & b(x_m,y_2) & \cdots & b(x_m,y_n) \end{pmatrix} \in M_{mn}(K)$$

を，b の基底 B, B' に関する**行列表示**という．基底 B, B' が定める同形を，それぞれ $g\colon K^m \to V, g'\colon K^n \to W$ とする．双線形形式 $b\colon V \times W \to K$ の B, B' に関する行列表示が A であるとは，任意の $x \in K^m, y \in K^n$ に対し，$b(g(x), g'(y)) = b_A(x,y)$ となることである．双線形形式にその行列表示を対応させる写像

$$\{\text{双線形形式 } V \times W \to K\} \to M_{mn}(K)$$

は可逆である．

【例 5.1.4】　1. $A \in M_{mn}(K)$ とする．例 5.1.2 の双線形形式 $b_A\colon K^m \times K^n \to K$ の，K^m と K^n の標準基底に関する行列表示は A である．

2. $x_1, \ldots, x_n$ を V の基底とし，$f_1, \ldots, f_n \in V^*$ を双対基底とする．標準双線形形式 $\langle\ ,\ \rangle\colon V \times V^* \to K$ の，$x_1, \ldots, x_n$ と $f_1, \ldots, f_n$ に関する行列表示は，単位行列 $1 \in M_n(K)$ である．

命題 5.1.5　$b\colon V \times W \to K$ を双線形形式とする．V の基底 $B = (x_1, \ldots, x_m)$ から $B' = (x'_1, \ldots, x'_m)$ への底の変換行列を $P \in GL_m(K)$ とし，W の基底

$D = (y_1, \ldots, y_n)$ から $D' = (y'_1, \ldots, y'_n)$ への底の変換行列を $Q \in GL_n(K)$ とする．B, D に関する b の行列表示を A とし，B', D' に関する b の行列表示を A' とすると，$A' = {}^tPAQ$ である． □

証明 $g_B, g_{B'} \colon K^m \to V$, $g_D, g_{D'} \colon K^n \to W$ をそれぞれの基底が定める同形とする．命題 2.3.7.1 より，$g_{B'} = g_B \circ (P\times), g_{D'} = g_D \circ (Q\times)$ である．よって，$a \in K^m$, $a' \in K^n$ に対し，${}^taA'a' = b(g_{B'}(a), g_{D'}(a'))$ は，$b(g_B(Pa), g_D(Qa')) = {}^t(Pa)AQa' = {}^ta({}^tPAQ)a'$ に等しい．よって，$A' = {}^tPAQ$ である． ■

双線形形式は，双対空間を考えることで，線形写像として調べることができる．

命題 5.1.6 $b \colon V \times W \to K$ を双線形形式とする．$y \in W$ に対し，写像 $r_b(y) \colon V \to K$ を $r_b(y)(x) = b(x, y)$ で定める．

1. 写像 $r_b(y)$ は V の線形形式である．
2. 写像 $r_b \colon W \to V^*$ は，線形写像である．
3. V, W が有限次元であるとする．$B = (x_1, \ldots, x_m)$ を V の基底とし，$B' = (y_1, \ldots, y_n)$ を W の基底とする．$B^* = (f_1, \ldots, f_m)$ を B の双対基底とする．b の基底 B, B' に関する行列表示は，線形写像 $r_b \colon W \to V^*$ の基底 B', B^* に関する行列表示である． □

証明 1．線形写像の公理を確かめればよい．$r_b(y)(x + x') = b(x + x', y) = b(x, y) + b(x', y) = r_b(y)(x) + r_b(y)(x')$ である．$r_b(y)(ax) = b(ax, y) = ab(x, y) = ar_b(y)(x)$ である．

2．線形写像の公理を確かめればよい．$r_b(y + y')(x) = b(x, y + y') = b(x, y) + b(x, y') = r_b(y)(x) + r_b(y')(x) = (r_b(y) + r_b(y'))(x)$ だから，$r_b(y + y') = r_b(y) + r_b(y')$ である．$r_b(ay)(x) = b(x, ay) = ab(x, y) = ar_b(y)(x) = (ar_b(y))(x)$ だから，$r_b(ay) = ar_b(y)$ である．

3．線形写像 $r_b \colon W \to V^*$ の基底 B', B^* に関する行列表示を $A = (a_{ij})$ とする．$j = 1, \ldots, n$ に対し，$r_b(y_j) = a_{1j}f_1 + \cdots + a_{mj}f_m$ である．$i = 1, \ldots, m$ に対し，$b(x_i, y_j) = r_b(y_j)(x_i) = a_{1j}f_1(x_i) + \cdots + a_{mj}f_m(x_i) = a_{ij}$ である． ■

同様に，$l_b(x)(y) = b(x,y)$ とおくことで，線形写像 $l_b\colon V \to W^*$ が定まる．B, B' を上のとおりとし，$B'^* = (g_1, \ldots, g_n)$ を B' の双対基底とすると，$l_b\colon V \to W^*$ の基底 B, B'^* に関する行列表示は，b の基底 B, B' に関する行列表示の転置である．

$\langle\ ,\ \rangle_V : V \times V^* \to K, \langle\ ,\ \rangle_W : W \times W^* \to K$ を，標準双線形形式とすると，$x \in V, y \in W$ に対し，$b(x,y) = \langle x, r_b(y)\rangle_V = \langle y, l_b(x)\rangle_W$ である．

【例 5.1.7】　標準双線形形式 $\langle\ ,\ \rangle\colon V \times V^* \to K$ に対し，線形写像 $r_{\langle\ ,\ \rangle}\colon V^* \to V^*$ は，恒等写像 id_{V^*} である．

定義 5.1.8　V, W を K 線形空間とし，$b\colon V \times W \to K$ を双線形形式とする．

1. $r_b\colon W \to V^*$ が単射であるとき，b は W で**非退化** (non-degenerate) であるという．$l_b\colon V \to W^*$ が単射であるとき，b は V で非退化であるという．

2. b が W で非退化であるとする．f を V の自己準同形とする．g が W の自己準同形で，図式

$$\begin{array}{ccc} W & \xrightarrow{\ r_b\ } & V^* \\ {\scriptstyle g}\downarrow & & \downarrow{\scriptstyle \text{双対写像 } f^*} \\ W & \xrightarrow{\ r_b\ } & V^* \end{array}$$

が可換であるとき，g は f の**右随伴写像** (right adjoint) であるという．　□

b が W で非退化であるとは，$y \in W$ で，任意の $x \in V$ に対し $b(x,y) = 0$ をみたすものは，$y = 0$ だけであるということである．b が W で非退化ならば，f の右随伴写像は存在すればただ 1 つである．$x \in V, y \in W$ に対し，$f^*(r_b(y))(x) = r_b(y)(f(x)) = b(f(x),y)$, $r_b(g(y))(x) = b(x,g(y))$ だから，g が f の右随伴写像であるとは，任意の $x \in V$, $y \in W$ に対し，$b(f(x),y) = b(x,g(y))$ がなりたつということである．f の右随伴写像も，f^* で表わす．b が V で非退化であるとき，W の自己準同形 g の左随伴写像 $f : V \to V$ も同様に定義する．

$b = \langle\ ,\ \rangle$ を例 5.1.3 の標準双線形形式とすると，$r_b : V^* \to V^*$ は恒等写像だから，$b = \langle\ ,\ \rangle$ は非退化である．

余談 60　随伴写像と双対写像を，同じ記号 f^* で表わしている．これはま

ぎらわしいが，$r_b\colon W \to V^*$ が同形なら，W と V^* を同一視すれば，随伴写像は双対写像と同一視されるので，このような記号の使い方をする．

定義 5.1.9 V, W を有限次元 K 線形空間とし，$b\colon V \times W \to K$ を双線形形式とする．

1. $r_b\colon W \to V^*$ が同形であるとき，b は**非退化**であるという．
2. r_b の階数を b の**階数**という． □

V, W が有限次元であるとき，b が非退化とは，b が V でも W でも非退化ということである．b が非退化ならば，$\dim V = \dim W$ である．このとき，V の自己準同形 f の右随伴写像は，合成写像

$$W \xrightarrow{\ r_b\ } V^* \xrightarrow{f \text{ の双対 } f^*} V^* \xrightarrow{\ r_b^{-1}\ } W$$

である．

命題 5.1.10 V, W を有限次元線形空間とし，$b\colon V \times W \to K$ を双線形形式とする．

1. $r_b : W \to V^*$ の階数は $l_b : V \to W^*$ の階数と等しい．
2. $\dim V = \dim W$ とする．次の条件は同値である．

(1) b は非退化である．

(2) b は W で非退化である．

(3) B, B' を V, W の基底とすると，b の B, B' に関する行列表示は可逆である．

(4) $l_b\colon V \to W^*$ は同形である． □

証明 1. A を V の基底 B と W の基底 B' に関する行列表示とすると，$\mathrm{rank}\ r_b = \mathrm{rank}\ A$ であり，$\mathrm{rank}\ l_b = \mathrm{rank}\ {}^tA$ である．系 4.3.7.3 より，$\mathrm{rank}\ A = \mathrm{rank}\ {}^tA$ だから，$\mathrm{rank}\ r_b = \mathrm{rank}\ l_b$ である．

2. (1)⇔(2)：$\dim W = \dim V = \dim V^*$ だから，命題 2.1.10 より，$r_b : W \to V^*$ が同形であることと単射であることは同値である．

(1)⇔(3)：b の B, B' に関する行列表示 A は r_b の B', B^* に関する行列表示だから，A が可逆であることと r_b が同形であることは同値である．

(1)⇔(4)：1 より，r_b が同形であることと l_b が同形であることは同値である． ■

命題 5.1.11 V と W を有限次元線形空間とし，$b\colon V \times W \to K$ を，非退化双線形形式とする．$f\colon V \to V$ を線形写像とし，$f^*\colon W \to W$ をその右随伴写像とする．

B, B' を，それぞれ V, W の基底とし，B, B' に関する b の行列表示を $P \in GL_n(K)$ とする．f の B に関する行列表示が $A \in M_n(K)$ ならば，B' に関する随伴写像 f^* の行列表示は，$P^{-1}\,{}^t\!AP \in M_n(K)$ である． □

証明 $r_b\colon W \to V^*$ の，B', B^* に関する行列表示は P であり，双対写像 $f^*\colon V^* \to V^*$ の，双対基底 B^* に関する行列表示は ${}^t\!A$ であり，$r_b^{-1}\colon V^* \to W$ の B^*, B' に関する行列表示は P^{-1} である．よって，合成 $r_b^{-1} \circ f^* \circ r_b$ の B' に関する行列表示は，$P^{-1}\,{}^t\!AP \in M_n(K)$ である． ■

まとめ
- 双線形形式も，基底を使えば，行列で記述できる．
- 双線形形式は，双対空間への線形写像として調べることができる．
- 非退化な双線形形式は，双対空間への単射を定める．

問題

B 5.1.1 双線形形式 $b\colon M_{nm}(K) \times M_{mn}(K) \to K$ を，$b(A, B) = \mathrm{Tr}\,AB$ で定める．

1. $r_b\colon M_{mn}(K) \to M_{nm}(K)^*$ は，標準基底 E_{ij} を，標準基底 E_{ji} の双対基底にうつすことを示せ．
2. b は非退化であることを示せ．
3. $C \in M_m(K)$ とする．左から C をかける写像 $C\times\colon M_{nm}(K) \to M_{nm}(K)$ の右随伴写像は，右から C をかける写像 $\times C\colon M_{mn}(K) \to M_{mn}(K)$ であることを示せ．

B 5.1.2 X を集合とし，双線形形式 $b_X\colon K^{(X)} \times K^X \to K$ を，$a \in K^{(X)}$,

$b \in K^X$ に対し，$b_X(a,b) = \sum_{x \in X, a(x) \neq 0} a(x)b(x)$ とおくことで定める．

1．$r_{b_X}: K^X \to (K^{(X)})^*$ は同形であることを示せ．

2．$f\colon X \to X$ を写像とする．$f_*\colon K^{(X)} \to K^{(X)}$ を，$x \in X$ に対し，$f_*(e_x) = e_{f(x)}$ とおくことで定める．このとき，f_* の右随伴写像 $f^*\colon K^X \to K^X$ は，$g\colon X \to K$ に合成 $g \circ f\colon X \to K$ を対応させることで定まる写像であることを示せ．

5.2 対称形式

$\mathbb{R}^n$ の内積は，次の性質もみたす双線形形式である．

定義 5.2.1 V を K 線形空間とする．

1．$b\colon V \times V \to K$ を双線形形式とする．b が**対称** (symmetric) **双線形形式**であるとは，任意の $x, y \in V$ に対し，$b(x,y) = b(y,x)$ がなりたつことをいう．

2．写像 $q\colon V \to K$ が **2 次形式** (quadratic form) であるとは，次の条件がなりたつことをいう．

(1) 任意の $a \in K, x \in V$ に対し，$q(ax) = a^2 q(x)$ がなりたつ．

(2) 写像 $b\colon V \times V \to K$ を $b(x,y) = q(x+y) - q(x) - q(y)$ で定めると，b は双線形形式である．

q が 2 次形式であるとき，(2) の双線形形式 b を，$\boldsymbol{q}$ **にともなう双線形形式**とよぶ． □

対称双線形形式のことを**対称形式** (symmetric form) ともいう．b が q にともなう双線形形式であるとき，$2q(x) = b(x,x)$ である．したがって K の標数が 2 でなければ，V の 2 次形式と，V の対称双線形形式とは 1 対 1 に対応する．対称形式 $b: V \times V \to K$ については，1 つめの V について非退化であることと，2 つめの V について非退化であることは同値である．このとき，b は**非退化**であるという．

【例 5.2.2】 $A \in M_n(K)$ を対称行列とする．$b_A(x,y) = {}^t\!xAy$ で定まる双線形形式 $b_A\colon K^n \times K^n \to K$ は対称形式である．これを，対称行列 A が定める対称双線形形式という．対称形式 b_A が非退化であるための条件は，A が可逆なことである．

【例 5.2.3】　V を $\mathbb{R}$ 線形空間 { 連続関数 $f\colon [0,1] \to \mathbb{R}$} とする．$(f,g) \in V \times V$ に対し，$\int_0^1 f(x)g(x)dx \in \mathbb{R}$ を対応させる写像 $V \times V \to \mathbb{R}$ は非退化対称双線形形式である．

b を対称双線形形式とする．V の基底 $B = (x_1, \ldots, x_n)$ に対し，対称行列

$$A = \begin{pmatrix} b(x_1,x_1) & b(x_1,x_2) & \cdots & b(x_1,x_n) \\ b(x_2,x_1) & b(x_2,x_2) & \cdots & b(x_2,x_n) \\ \vdots & \vdots & \cdots & \vdots \\ b(x_n,x_1) & b(x_n,x_2) & \cdots & b(x_n,x_n) \end{pmatrix} \in M_n(K)$$

を，b の基底 B に関する**行列表示**という．$g\colon K^n \to V$ を基底 B が定める同形とすると，$x, y \in K^n$ に対し，$b(g(x), g(y)) = {}^t\!xAy$ である．

V の基底 $B = (x_1, \ldots, x_n)$ から $B' = (x'_1, \ldots, x'_n)$ への底の変換行列を $P \in GL_n(K)$ とする．B に関する b の行列表示を $A \in M_n(K)$ とし，B' に関する b の行列表示を A' とすると，$A' = {}^tPAP$ である．

$B = (x_1, \ldots, x_n)$ を V の基底とすると，対称双線形形式 b に対し，b の B に関する行列表示 A を対応させることにより定まる写像

$$\{V \text{ 上の対称双線形形式 }\} \to S_n(K) = \{A \in M_n(K) \mid A \text{ は対称行列 }\}$$

は可逆である．

定義 5.2.4　b を V 上の対称双線形形式とする．

1. 部分空間 $W \subset V$ に対し，$W^\perp = \{x \in V \mid$ 任意の $y \in W$ に対し $b(x,y) = 0\}$ を，W の b に関する**直交** (orthogonal) という．$V^\perp$ を b の**核**という．

2. $W \subset V$ を部分空間とする．$b : V \times V \to K$ の制限 $W \times W \to K$ が定める W の双線形形式を b の W への**制限**とよび，b_W で表わす．

3. V の基底 $x_1, \ldots, x_n$ に関する b の行列表示が対角行列であるとき，$x_1, \ldots, x_n$ は b の**直交基底**であるという．b の行列表示が単位行列であるとき，$x_1, \ldots, x_n$ は**正規直交基底** (orthonormal basis) であるという．　□

V の直交 $V^{\perp}$ は $r_b\colon V \to V^*$ の核である．$W \subset V$ の直交 $W^{\perp}$ は，$r_b\colon V \to V^*$ による零化空間 $W^{\perp} \subset V^*$ の逆像である．したがって，$i\colon W \to V$ を包含写像とすると，直交 $W^{\perp}$ は合成写像 $V \xrightarrow{r_b} V^* \xrightarrow{i^*} W^*$ の核である．

余談 61　V^* の部分空間としての零化空間 $W^{\perp}$ と，V の部分空間としての直交 $W^{\perp}$ を，同じ記号で表わしている．これはまぎらわしいが，V が有限次元で b が非退化のときは同形 $r_b\colon V \to V^*$ によって，V と V^* を同一視すれば，この 2 つは一致するので，このような記号の使い方をする．

命題 5.2.5　V を有限次元線形空間とし，b を対称双線形形式とする．W を V の部分空間とし，$b_W : W \times W \to K$ を b の W への制限とする．

1．次の条件は同値である．

(1) b_W は非退化である．

(2) $V = W \oplus W^{\perp}$ である．

(3) $W \cap W^{\perp} = 0$ である．

特に，b が非退化であるためには，$V^{\perp} = 0$ が必要十分である．

2．b が非退化とすると，$\dim V = \dim W + \dim W^{\perp}$ である．　□

証明　1．$i\colon W \to V$ を包含写像とする．

(1)⇒(2)：$W^{\perp}$ は，合成 $i^* \circ r_b : V \to V^* \to W^*$ の核である．b_W が非退化であるとは，合成 $V \xrightarrow{r_b} V^* \xrightarrow{i^*} W^*$ の W への制限が同形ということである．このとき，命題 2.4.6 より，$V = W \oplus W^{\perp}$ である．

(2)⇒(3) は明らかである．

(3)⇒(1)：$W \cap W^{\perp} = 0$ とは，合成 $W \xrightarrow{i} V \xrightarrow{r_b} V^* \xrightarrow{i^*} W^*$ が単射ということである．$\dim W = \dim W^*$ だから，これは同形である．よって，b_W は非退化である．

2．$r_b : V \to V^*$ は同形だから，合成 $i^* \circ r_b : V \to W^*$ は全射である．W の b に関する直交 $W^{\perp}$ は，全射 $i^* \circ r_b : V \to W^*$ の核だから，$\dim V = \dim W^* + \dim W^{\perp}$ である．$\dim W = \dim W^*$ より，$\dim V = \dim W + \dim W^{\perp}$ である．　■

系 5.2.6　V を有限次元線形空間とし，b を対称双線形形式とする．

1. W を V の部分空間とし，$W^\perp$ を W の直交とする．b と W への制限 b_W がどちらも非退化ならば，$W^\perp$ への制限 $b_{W^\perp}$ も非退化である．

2. K の標数が 2 でなければ，b の直交基底が存在する．

3. $V = W \oplus W'$ かつ $W' \subset V^\perp$ とすると，次の条件は同値である．

(1) b_W は非退化である．

(2) $W' = V^\perp$. □

証明　1. 命題 5.2.5.1 より，$V = W \oplus W^\perp$ である．$r_b : V \to V^*$ は，$r_{b_W} : W \to W^*$ と $r_{b_{W^\perp}} : W^\perp \to W^{\perp *}$ の直和だから，r_b が同形なら $r_{b_{W^\perp}}$ も同形である．

2. $\dim V$ に関する帰納法で示す．$b = 0$ なら任意の基底は直交基底である．$b \neq 0$ とする．$b(x,y) = \dfrac{1}{2}(b(x+y,x+y) - b(x,x) - b(y,y))$ だから，$b(x,x) \neq 0$ をみたす $x \in V$ が存在する．命題 5.2.5.1 より，$V = Kx \oplus (Kx)^\perp$ である．帰納法の仮定より，$(Kx)^\perp$ には直交基底がある．これに x をあわせれば，V の直交基底が得られる．

3. $W' \subset V^\perp$ より，$r_b : V \to V^*$ は，$r_{b_W} : W \to W^*$ と $0 : W' \to W'^*$ の直和であり，$V^\perp = \mathrm{Ker}\ r_b = \mathrm{Ker}\ r_{b_W} \oplus W'$ である．よって，$V^\perp = W'$ は，r_{b_W} が同形であることと同値である．■

V を線形空間とし，b を V 上の非退化対称形式とする．V の自己準同形 f に対し，その右随伴写像と左随伴写像は等しいから，それを f の**随伴写像** (adjoint mapping) とよぶ．

定義 5.2.7　V を線形空間とし，b を V 上の非退化対称形式とする．V の自己準同形 f が随伴写像 f^* と等しいとき，f は b に関して**対称変換** (symmetric transformation) であるという．f^* が f の逆写像であるとき，f は b に関して**直交変換** (orthogonal transformation) であるという．□

f が対称変換であるための条件は，任意の $x, y \in V$ に対し，$b(f(x), y) = b(x, f(y))$ がなりたつことである．V が有限次元なら，f が直交変換であるための条件は，任意の $x, y \in V$ に対し，$b(f(x), f(y)) = b(x, y)$ がなりたつことである．

【例 5.2.8】　$V = K^n$ とする．$b\colon K^n \times K^n \to K$ を，単位行列が定める非退化対称形式 $b(x, y) = {}^t xy$ とする．$A \in M_n(K)$ とすると，$x, y \in K^n$ に対し，${}^t(Ax)y = {}^t x({}^t Ay)$ だから，A 倍写像の随伴写像は ${}^t A$ 倍写像である．A 倍写像が対称変換であるための条件は，A が対称行列であることである．

A 倍写像が直交変換であるための条件は，${}^t AA = 1$ である．このとき，A は直交行列であるという．A が直交行列であるための条件は，$Ae_1, \ldots, Ae_n$ が K^n の正規直交基底であることである．

$K = \mathbb{R}$ のときは，次がなりたつ．

命題 5.2.9　V を有限次元 $\mathbb{R}$ 線形空間とし，b を V 上の対称双線形形式とする．

1．b に関する直交基底 $x_1, \ldots, x_n$ で，各 $i = 1, \ldots, n$ に対し，$b(x_i, x_i)$ が $1, -1, 0$ のどれかであるものが存在する．

2．**（慣性律）**(law of inertia) $x_1, \ldots, x_n$ および $y_1, \ldots, y_n$ を b に関する直交基底で，

$$b(x_i, x_i) = \begin{cases} 1 & 1 \leq i \leq r \text{ のとき}, \\ -1 & r < i \leq r + s \text{ のとき}, \\ 0 & r + s < i \leq n \text{ のとき}, \end{cases}$$

$$b(y_i, y_i) = \begin{cases} 1 & 1 \leq i \leq r' \text{ のとき}, \\ -1 & r' < i \leq r' + s' \text{ のとき}, \\ 0 & r' + s' < i \leq n \text{ のとき}, \end{cases}$$

をみたすものとする．このとき，$r = r', s = s'$ である．　□

証明　1．$x_1, \ldots, x_n$ を V の直交基底とする．$b(x_i, x_i) \neq 0$ となる $i = 1, \ldots, n$ に対し，x_i を $\dfrac{x_i}{\sqrt{|b(x_i, x_i)|}}$ でおきかえればよい．

2．$V_+ = \langle x_1, \ldots, x_r \rangle, V_- = \langle x_{r+1}, \ldots, x_{r+s} \rangle, V_0 = \langle x_{r+s+1}, \ldots, x_n \rangle$ とおく．同様に $V'_+ = \langle y_1, \ldots, y_{r'} \rangle, V'_- = \langle y_{r'+1}, \ldots, y_{r'+s'} \rangle, V'_0 = \langle y_{r'+s'+1}, \ldots, y_n \rangle$ とおく．$V_+ \oplus V_-$ は非退化だから，系 5.2.6.3 より，V_0 は b の核 $V^\perp$ と等しい．同様に，$V'_0 = V^\perp$ である．

$V = V_+ \oplus V_- \oplus V^\perp = V'_+ \oplus V'_- \oplus V^\perp$ だから，

$$\dim V_+ + \dim V_- + \dim V^\perp = \dim V'_+ + \dim V'_- + \dim V^\perp = \dim V$$

である．$x \in V_+ \cap (V'_- \oplus V^\perp) \subset V_+$ とすると，$b(x,x) \geq 0$ かつ $b(x,x) \leq 0$ だから $x = 0$ である．よって $V_+ \cap (V'_- \oplus V^\perp) = 0$ である．同様に $V'_+ \cap (V_- \oplus V^\perp) = 0$ だから，

$$\dim V_+ + \dim V'_- + \dim V^\perp \leq \dim V, \quad \dim V'_+ + \dim V_- + \dim V^\perp \leq \dim V$$

である．2 式の両辺の和はどちらも $2\dim V$ だから等号がなりたつ．よって，

$$r = \dim V_+ = \dim V'_+ = r', \qquad s = \dim V_- = \dim V'_- = s'$$

である． ■

定義 5.2.10 V を $\mathbb{R}$ 線形空間とし，$b\colon V \times V \to \mathbb{R}$ を対称双線形形式とする．

1. 任意の $x \in V, x \neq 0$ に対し，$b(x,x) > 0$ であるとき，b は**正定値** (positive definite) であるという．$-b$ が正定値であるとき，b は**負定値** (negative definite) であるという．

2. $B = (x_1, \ldots, x_n)$ を，b に関する直交基底で，命題 5.2.9.2 の条件をみたすものとする．自然数の対 (r,s) を，b の**符号数** (signature) とよぶ． □

対称双線形形式 $b\colon V \times V \to \mathbb{R}$ の符号数が (r,s) であるとは，V の基底でそれに関する b の行列表示が，$\begin{pmatrix} 1_r & 0 & 0 \\ 0 & -1_s & 0 \\ 0 & 0 & 0 \end{pmatrix}$ となるものがあるということである．

有限次元 $\mathbb{R}$ 線形空間上の，正定値対称双線形形式は非退化である．b が正定値なら，符号数は $(\dim V, 0)$ であり，V には正規直交基底がある．

まとめ

・標数が 2 でなければ，非退化対称形式には直交基底がある．

・有限次元実線形空間上の対称双線形形式には，符号数が定まる．

問題

A 5.2.1 $V = \mathbb{R}^3$ とし，対称行列 $A = \begin{pmatrix} 0 & 0 & 1 \\ 0 & 1 & 0 \\ 1 & 0 & 0 \end{pmatrix}$ が定める対称双線形形式 b を考える．

1. b は非退化であることを示せ．
2. V の直交基底を 1 つ求めよ．b の符号数も求めよ．
3. $W = \langle e_1 + e_2 + e_3 \rangle$ の直交 $W^\perp$ の基底を 1 つ与えよ．
4. $W^\perp$ への制限 $b_{W^\perp}$ は非退化であることを示せ．
5. $W' = \langle e_1 \rangle$ の直交 $W'^\perp$ を求め，$W' \subset W'^\perp$ を示せ．
6. $B = \begin{pmatrix} 0 & 0 & 1 \\ 1 & 0 & 0 \\ 0 & 1 & 0 \end{pmatrix}$ とおく．B 倍写像の随伴写像を行列として求めよ．

A 5.2.2 $\mathbb{R}$ 双線形形式 $b\colon \mathbb{C} \times \mathbb{C} \to \mathbb{R}$ を，$b(x, y) = \mathrm{Re}\, xy$ で定める．これは非退化対称形式であることを示せ．

A 5.2.3 $b\colon V \times V \to K$ を双線形形式とする．b が対称であるためには，$l_b = r_b$ であることが必要十分であることを示せ．

B 5.2.4 V を n 次元線形空間とし，b を V の対称双線形形式とする．$x_1, \ldots, x_n \in V$ に対し，次の条件は同値であることを示せ．

(1) 対称行列 $A = \begin{pmatrix} b(x_1, x_1) & b(x_1, x_2) & \cdots & b(x_1, x_n) \\ b(x_2, x_1) & b(x_2, x_2) & \cdots & b(x_2, x_n) \\ \vdots & \vdots & \cdots & \vdots \\ b(x_n, x_1) & b(x_n, x_2) & \cdots & b(x_n, x_n) \end{pmatrix}$ は可逆である．

(2) b は非退化であり，$x_1, \ldots, x_n$ は V の基底である

余談 62 問題 5.2.4 の行列 A を，b に関する $x_1, \ldots, x_n$ の**グラム行列** (Gram matrix) ともいう．

B 5.2.5　n を自然数とする．$V = M_n(K)$ 上の双線形形式 b を $b(X,Y) = \mathrm{Tr}\, XY$ で定める．

1. b は非退化対称形式であることを示せ．
2. K の標数は 2 でないとする．V の b に関する直交基底を 1 つ求めよ．
3. $W = T_n(K) = \left\{ \begin{pmatrix} a_{11} & \cdots & \cdots & a_{1n} \\ 0 & \ddots & & \vdots \\ \vdots & \ddots & \ddots & \vdots \\ 0 & \cdots & 0 & a_{nn} \end{pmatrix} \middle| \, a_{11}, \ldots, a_{mn} \in K \right\}$ のとき，$W^{\perp}$ を求めよ．

C 5.2.6　$V = \{$ 連続関数 $\mathbb{R} \to \mathbb{R} \mid f(x+1) = f(x)\}$ とし，対称双線形形式 $b\colon V \times V \to K$ を $b(f,g) = \int_0^1 f(x)g(x)dx$ で定める．

1. b は非退化であることを示せ．
2. V の自己準同形 F を $F(f)(x) = f(2x)$ で定める．F の随伴写像を求めよ．
3. $W = \left\{ f \in V \,\middle|\, f\left(\left[0, \frac{1}{2}\right]\right) = 0 \right\}$ とする．$W^{\perp}$ を求めよ．

5.3　エルミート形式

$\mathbb{C}^n$ の内積は，次の性質をみたす．

定義 5.3.1　V を $\mathbb{C}$ 線形空間とする．

1. 写像 $h\colon V \times V \to \mathbb{C}$ が**エルミート形式** (hermitian form) であるとは，次の条件がみたされることをいう．
   (1) 任意の $x, x', y \in V$ に対し，$h(x+x', y) = h(x,y) + h(x',y)$ がなりたつ．
   (2) 任意の $x, y, y' \in V$ に対し，$h(x, y+y') = h(x,y) + h(x,y')$ がなりたつ．
   (3) 任意の $a \in \mathbb{C}, x, y \in V$ に対し，$h(ax, y) = h(x, \bar{a}y) = ah(x,y)$ がなりたつ．
   (4) 任意の $x, y \in V$ に対し，$h(y,x) = \overline{h(x,y)}$ がなりたつ．
2. $h\colon V \times V \to \mathbb{C}$ をエルミート形式とする．任意の $x \in V, x \neq 0$ に対し，$h(x,x) > 0$ であるとき，h は**正定値**であるという．$-h$ が正定値であるとき，h は**負定値**であるという．

3. $A \in M_n(\mathbb{C})$ に対し，$A^* = {}^t\overline{A}$ とおき，これを A の**随伴行列** (adjoint matrix) とよぶ．$A \in M_n(\mathbb{C})$ が $A = A^*$ をみたすとき，A は**エルミート行列** (hermitian matrix) であるという． □

【例 5.3.2】 A をエルミート行列とする．写像 $h_A\colon \mathbb{C}^n \times \mathbb{C}^n \to \mathbb{C}$ を $h_A(x, y) = {}^t x A \bar{y}$ で定めると，h_A はエルミート形式である．h_A を **A が定めるエルミート形式**という．h_A が正定値なとき，A は**正定値**であるという．

【例 5.3.3】 V を $\mathbb{R}$ 線形空間とし，b を V 上の対称双線形形式とする．$V_{\mathbb{C}}$ を V の複素化とし，写像 $h\colon V_{\mathbb{C}} \times V_{\mathbb{C}} \to \mathbb{C}$ を，

$$h(x + iy, x' + iy') = b(x, x') + b(y, y') + i(b(y, x') - b(x, y'))$$

で定義する．h はエルミート形式である．h を b の**複素化**とよぶ．b が正定値なら，h も正定値である．

h を V 上のエルミート形式とする．V の基底 $B = (x_1, \ldots, x_n)$ に対し，エルミート行列

$$A = \begin{pmatrix} h(x_1, x_1) & h(x_1, x_2) & \cdots & h(x_1, x_n) \\ h(x_2, x_1) & h(x_2, x_2) & \cdots & h(x_2, x_n) \\ \vdots & \vdots & \cdots & \vdots \\ h(x_n, x_1) & h(x_n, x_2) & \cdots & h(x_n, x_n) \end{pmatrix} \in M_n(\mathbb{C})$$

を，h の基底 B に関する**行列表示**という．$g\colon \mathbb{C}^n \to V$ を基底 B が定める同形とすると，$x, y \in \mathbb{C}^n$ に対し，$h(g(x), g(y)) = {}^t x A \bar{y}$ である．$P \in GL_n(\mathbb{C})$ を，基底 B から B' への底の変換行列とすると，基底 B' に関する h の行列表示は ${}^t P A \overline{P}$ である．A が単位行列であるとき，$x_1, \ldots, x_n$ は**正規直交基底**であるという．

$B = (x_1, \ldots, x_n)$ を V の基底とすると，エルミート形式 h に対し，h の B に関する行列表示 A を対応させることにより定まる写像

$$\{V \text{ 上のエルミート形式 }\} \to \{A \in M_n(\mathbb{C}) \mid A \text{ はエルミート行列 }\}$$

は可逆である．

V を $\mathbb{C}$ 線形空間とし，$h\colon V \times V \to \mathbb{C}$ を，エルミート形式とする．$\mathbb{R}$ 線形写像 $r_h\colon V \to V^*$ を，$r_h(y)(x) = h(x, y)$ で定める．$a \in \mathbb{C}, y \in V$ に対し，$r_h(ay) = \bar{a}r_h(y)$ である．

定義 5.3.4　V を $\mathbb{C}$ 線形空間とし，$h\colon V \times V \to \mathbb{C}$ を，エルミート形式とする．

1. $\mathbb{R}$ 線形写像 $r_h\colon V \to V^*$ が単射であるとき，h は**非退化**であるという．

2. h が非退化とする．f を V の自己準同形とする．g が V の自己準同形で，図式

$$\begin{array}{ccc} V & \xrightarrow{\ r_h\ } & V^* \\ {\scriptstyle g}\downarrow & & \downarrow{\scriptstyle \text{双対写像}\ f^*} \\ V & \xrightarrow{\ r_h\ } & V^* \end{array}$$

が可換であるとき，g は f の**随伴写像**であるという．

3. h が非退化とする．V の自己準同形 f が随伴写像 f^* と等しいとき，f は h に関して**エルミート変換** (hermitian transformation) であるという．f^* が f の逆写像であるとき，f は h に関して**ユニタリ変換** (unitary transformation) であるという．□

正定値なエルミート形式は非退化である．f の随伴写像のことを f の**共役**ともよび，エルミート変換を**自己共役** (self adjoint) **変換**ともいう．f の随伴写像を，f^* で表わす．随伴写像 $f^*\colon V \to V$ は，$\mathbb{C}$ 線形写像であり，任意の $x, y \in V$ に対し，$h(f(x), y) = h(x, f^*(y))$ がなりたつという条件で特徴づけられる．V が有限次元のときは，f の随伴写像は合成写像

$$V \xrightarrow{\ r_h\ } V^* \xrightarrow{f\ \text{の双対}\ f^*} V^* \xrightarrow{\ r_h^{-1}\ } V$$

である．A が定めるエルミート形式が非退化であるための条件は，A が可逆なことである．V の基底 $B = (x_1, \ldots, x_n)$ に関する，非退化エルミート形式 h の行列表示が $A \in GL_n(\mathbb{C})$ で自己準同形 $f\colon V \to V$ の行列表示が $C \in M_n(\mathbb{C})$ ならば，基底 B に関する随伴写像 f^* の行列表示は，$\overline{A}^{-1}C^*\overline{A} \in M_n(\mathbb{C})$ である．

f がエルミート変換であるための条件は，任意の $x, y \in V$ に対し，$h(f(x), y) = h(x, f(y))$ がなりたつことである．V が有限次元のとき，f がユニタリ変換であるための条件は，任意の $x, y \in V$ に対し，$h(f(x), f(y)) = h(x, y)$ がなりたつことである．$\mathbb{C}$ 線形空間 V の共役を考えれば，エルミート形式を双線形形式と考えることができ，さらに双対空間を考えることにより，線形写像として調べることができるが，ここではそれには立ち入らない．

【例 5.3.5】 $V = \mathbb{C}^n$ とする．$h\colon \mathbb{C}^n \times \mathbb{C}^n \to \mathbb{C}$ を，単位行列が定める正定値エルミート形式 $h(x, y) = {}^t x\bar{y}$ とする．このとき，A 倍写像の随伴写像は A^* 倍写像である．A 倍写像がエルミート変換であるための条件は，A がエルミート行列であることである．

A 倍写像がユニタリ変換であるための条件は，$A^*A = 1$ である．このとき，A は**ユニタリ行列** (unitary matrix) であるという．A がユニタリ行列であるための条件は，$Ae_1, \ldots, Ae_n$ が $\mathbb{C}^n$ の正規直交基底であることである．

命題 5.3.6 V を有限次元 $\mathbb{C}$ 線形空間とし，h を V 上の正定値エルミート形式とする．S を V の自己準同形からなる集合で，次の条件 (1), (2) をみたすものとする．

(1) $f, g \in S$ ならば，$f \circ g = g \circ f$ である．

(2) $f \in S$ ならば，$f \circ f^* = f^* \circ f$ である．

このとき，V の正規直交基底で，それに関する $f \in S$ の行列表示がすべて対角行列であるものが存在する． □

証明 まず，S が条件 (1) と次の条件 (3) をみたすならば，S は命題の結論の条件をみたすことを示す．

(3) $f \in S$ ならば，$f^* \in S$ である．

有限次元 $\mathbb{R}$ 線形空間上の正定値対称形式の場合と同様に，V の正規直交基底がある．このことから，S の元がすべてスカラー倍のときにはなりたつ．一般の場合を，V の次元に関する帰納法で示す．$\dim V \leq 1$ ならば，S の元はすべてスカラー倍である．

S がスカラー倍でない自己準同形 $f\colon V \to V$ を含むとする．$a \in \mathbb{C}$ を f の

固有値とし，W を f の固有値 a の固有空間とする．$0 \subsetneqq W \subsetneqq V$ である．$W^\perp$ を W の直交とする．任意の $g \in S$ に対し，$g(W) \subset W, g(W^\perp) \subset W^\perp$ を示す．$x \in W, g \in S$ とすると，$f(gx) = g(fx) = g(ax) = ag(x)$ だから，$g(x) \in W$ である．$x \in W^\perp, g \in S$ とする．$g^* \in S$ だから，上で示したように，任意の $y \in W$ に対し $g^*(y) \in W$ である．よって，$h(g(x), y) = h(x, g^*(y)) = 0$ であり，$g(x) \in W^\perp$ である．

$\dim W < \dim V, \dim W^\perp < \dim V$ だから，帰納法の仮定により，W の基底と $W^\perp$ の基底で，それに関する $f \in S$ の行列表示がすべて対角行列であるものが存在する．h の W への制限は非退化だから，命題 5.2.5.1 と同様に $V = W \oplus W^\perp$ である．よって，上の W の基底と $W^\perp$ の基底をならべて得られる V の基底を考えればよい．

S が条件 (1) と (2) をみたすとする．$S^* = \{f^* \mid f \in S\}, \tilde{S} = S \cup S^*$ とおく．$\tilde{S}$ は条件 (3) をみたす．$\tilde{S}$ は条件 (1) もみたすことを示す．

$f \in S$ とする．条件 (2) より，$S_f = \{f, f^*\}$ は条件 (1) と (3) をみたす．よって，V の正規直交基底 B で，f の B に関する行列表示が対角行列 D であるものが存在する．このとき，f^* の B に関する行列表示は対角行列 $D^* = \bar{D}$ である．$a_1, \ldots, a_m$ を f の固有値とする．問題 2.1.2 より，$P(a_i) = \bar{a}_i,\ i = 1, \ldots, m$ をみたす多項式 $P \in \mathbf{C}[X]$ が存在する．このとき，$P(D) = \bar{D} = D^*$ だから，$P(f) = f^*$ である．したがって，$g \in S$ ならば，$f^* \circ g = P(f) \circ g = g \circ P(f) = g \circ f^*$ であり，$f^* \circ g^* = (g \circ f)^* = (f \circ g)^* = g^* \circ f^*$ である．よって，$\tilde{S}$ は条件 (1) をみたす．

したがって，$\tilde{S}$ は命題の結論の条件をみたすから，その部分集合 S も命題の結論の条件をみたす． ■

系 5.3.7　V を有限次元 $\mathbb{C}$ 線形空間とし，h を正定値エルミート形式とする．f をエルミート変換とする．

1. f の固有値はすべて実数である．
2. V の正規直交基底で，その基底に関する f の行列表示が実対角行列であるものが存在する． □

証明　1. $a \in \mathbb{C}$ を f の固有値とする．$x \in V$ を a に属する固有ベクトルとすると，$ah(x, x) = h(ax, x) = h(f(x), x) = h(x, f^*(x)) = h(x, f(x)) =$

$h(x, ax) = \bar{a}h(x, x)$ である．$h(x, x) > 0$ だから，$a \in \mathbb{R}$ である．

2. 命題 5.3.6 より，V の正規直交基底で，それに関する f の行列表示が対角行列であるものが存在する．f の固有値はすべて実数だから，対角成分はすべて実数である． ■

【例 5.3.8】 $A^*A = AA^*$ をみたす行列 $A \in M_n(\mathbb{C})$ を**正規行列** (normal matrix) とよぶ．エルミート行列は正規行列である．

$A_1, \ldots, A_m \in M_n(\mathbb{C})$ がたがいに可換な正規行列ならば，命題 5.3.6 より，ユニタリ行列 $U \in M_n(\mathbb{C})$ で，$U^{-1}A_1U, \ldots, U^{-1}A_mU$ がすべて対角行列となるようなものがある．

A がエルミート行列，U がユニタリ行列で，$U^{-1}AU$ が対角行列ならば，$U^{-1}AU$ の成分はすべて実数である．

有限次元 $\mathbb{R}$ 線形空間上の，正定値対称形式については，次がなりたつ．

命題 5.3.9 V を有限次元 $\mathbb{R}$ 線形空間とし，b を V 上の正定値対称形式とする．S を V の自己準同形からなる集合で，次の条件 (1), (2) をみたすものとする．

(1) $f, g \in S$ ならば，$f \circ g = g \circ f$ である．

(2) $f \in S$ ならば，f は b に関して対称変換である．

このとき，V の正規直交基底で，それに関する $f \in S$ の行列表示がすべて対角行列であるものが存在する． □

証明 V, b, f の複素化を $V_{\mathbb{C}}, b_{\mathbb{C}}, f_{\mathbb{C}}$ とする．$h = b_{\mathbb{C}}$ は正定値エルミート形式で，$f_{\mathbb{C}}$ は h に関してエルミート変換だから，系 5.3.7 より，$f_{\mathbb{C}}$ の固有値はすべて実数である．したがって，$V \neq 0$ ならば，f の固有値 $a \in \mathbb{R}$ が存在する．証明の続きは，命題 5.3.6 の証明と同様なので省略する． ■

【例 5.3.10】 $A_1, \ldots, A_m \in M_n(\mathbb{R})$ がたがいに可換な対称行列ならば，命題 5.3.9 より，直交行列 $T \in M_n(\mathbb{R})$ で，$T^{-1}A_1T, \ldots, T^{-1}A_mT$ がすべて対角行列となるようなものがある．

まとめ

・たがいに可換な正規行列は，ユニタリ行列で同時に対角化できる．

・たがいに可換な実対称行列は，実直交行列で同時に対角化できる．

問題

A 5.3.1 $A = \begin{pmatrix} 0 & -1 & 0 & 0 \\ 1 & 0 & 0 & 0 \\ 0 & 0 & 0 & -1 \\ 0 & 0 & 1 & 0 \end{pmatrix}$, $B = \begin{pmatrix} 0 & 0 & 1 & 0 \\ 0 & 0 & 0 & 1 \\ -1 & 0 & 0 & 0 \\ 0 & -1 & 0 & 0 \end{pmatrix} \in M_4(\mathbb{C})$ とする．

1. A と B は正規行列で，A, A^*, B, B^* はどれもたがいに可換であることを示せ．

2. ユニタリ行列 $U \in M_4(\mathbb{C})$ で，U^*AU, U^*BU が対角行列となるものを 1 つ求めよ．

B 5.3.2 $V = M_{23}(\mathbb{C})$ （2 行 3 列行列の全体）とし，エルミート形式 $h : V \times V \to \mathbb{C}$ を $h(X, Y) = \mathrm{Tr}\ {}^tX\overline{Y}$ で定める．

1. h は正定値であることを示せ．

2. $A = \begin{pmatrix} 0 & 1 \\ 1 & 0 \end{pmatrix} \in M_2(\mathbb{C})$, $B = \begin{pmatrix} 0 & 0 & 1 \\ 1 & 0 & 0 \\ 0 & 1 & 0 \end{pmatrix} \in M_3(\mathbb{C})$ とし，V の自己準同形 $f, g : V \to V$ をそれぞれ $f(X) = AX, g(X) = XB$ で定める．f と g の h に関する随伴写像を求めよ．

3. V の h に関する正規直交基底で，f と g の両方に関する固有ベクトルからなるものを 1 つ求めよ．

B 5.3.3 V を $\mathbb{R}$ 上定義された複素数値無限回微分可能関数 $C^\infty(\mathbb{R}; \mathbb{C})$ の部分空間 $V = \{f \in C^\infty(\mathbb{R}; \mathbb{C}) \mid f(x+2\pi) = f(x)\}$ とする．写像 $h : V \times V \to \mathbb{C}$ を，$h(f, g) = \int_0^{2\pi} f(x)\overline{g(x)}dx$ で定め，V の自己準同形 $\Delta : V \to V$ を $\Delta f = f''$ で定める．

1. $h : V \times V \to \mathbb{C}$ は，正定値エルミート形式であることを示せ．

2. V の自己準同形 Δ は，h に関して V のエルミート変換であることを示せ．

3. V の部分空間 W を $W = \langle \cos kx, \sin kx \mid k = 0, \ldots, n \rangle$ で定める．h に関する W の正規直交基底で，Δ の固有ベクトルからなるものを 1 つ求めよ．

5.4 交代形式*

対称形式の行列表示は，対称行列だった．行列表示が交代行列になる双線形形式を，交代形式とよぶ．

定義 5.4.1 $b \colon V \times V \to K$ を双線形形式とする．

1. b が**交代** (alternating) **双線形形式**であるとは，任意の $x \in V$ に対し，$b(x, x) = 0$ がなりたつことをいう．

2. b を V 上の交代双線形形式とする．V の基底 $x_1, \ldots, x_{2n}$ に関する b の行列表示が $\begin{pmatrix} 0 & 1_n \\ -1_n & 0 \end{pmatrix} \in M_{2n}(K)$ であるとき，$x_1, \ldots, x_{2n}$ は**斜交** (symplectic) **基底**であるという． □

交代双線形形式のことを**交代形式**ともいう．b が交代形式なら，任意の $x, y \in V$ に対し，$0 = b(x+y, x+y) = b(x,x) + b(x,y) + b(y,x) + b(y,y)$ であり，$b(x,y) = -b(y,x)$ がなりたつ．この条件をみたす双線形形式を，**反対称** (anti-symmetric) **形式**という．K の標数が 2 でなければ，反対称形式は交代形式である．

余談 63 斜交基底の定義の条件を，行列表示が $\begin{pmatrix} 0 & 1 \\ -1 & 0 \end{pmatrix} \in M_2(K)$ の n 個の直和であるときとすることも多い．また，その転置行列とする場合もある．

【例 5.4.2】 $J = \begin{pmatrix} 0 & 1_n \\ -1_n & 0 \end{pmatrix} \in M_{2n}(K)$ とする．$b(x, y) = {}^t x J y$ とおくと，$b \colon K^{2n} \times K^{2n} \to K$ は非退化交代双線形形式である．

双線形形式が交代であるためには，その行列表示が交代行列であることが必要十分である．K^n 上の交代双線形形式は交代行列と 1 対 1 に対応する．

命題 5.4.3　V を有限次元線形空間とし，$b\colon V \times V \to K$ を非退化交代形式とする．このとき V の次元は偶数であり，V の斜交基底が存在する．　□

証明　V の次元 n に関する帰納法で証明する．$n = 0$ のときは明らかである．$V \neq 0$ とする．x を V の 0 でない元とする．$r_b(x) \neq 0$ だから，$r_b(x)(y) \neq 0$ をみたす $y \in V$ が存在する．$b(x, y) = -b(y, x) = -r_b(x)(y) \neq 0$ である．y を $y/b(x, y)$ でおきかえると，$b(x, x) = b(y, y) = 0, b(x, y) = -b(y, x) = 1$ である．したがって，b の $W = Kx \oplus Ky$ への制限は非退化である．よって，命題 5.2.5.1 と同様に，$V = W \oplus W^{\perp}$ であり，b の $W^{\perp}$ への制限も非退化である．$\dim W^{\perp} < \dim V$ だから，帰納法の仮定より，$W^{\perp}$ の次元は偶数であり，$W^{\perp}$ の斜交基底が存在する．この斜交基底と x, y をあわせて，V の斜交基底が得られる．　■

> **まとめ**
> ・非退化交代形式には斜交基底がある．

問題

A 5.4.1　$b\colon K^4 \times K^4 \to K$ を，交代行列 $A = \begin{pmatrix} 0 & 1 & 0 & -1 \\ -1 & 0 & -1 & 0 \\ 0 & 1 & 0 & 0 \\ 1 & 0 & 0 & 0 \end{pmatrix}$ が定める交代形式とする．

1. b は非退化であることを示せ．
2. b に関する斜交基底を 1 つ求めよ．

第 6 章　群と作用

体や線形空間には，加法と乗法あるいはスカラー倍という 2 種類の演算がある．それに対し，1 種類の演算に着目したものが群である．群の重要な例が，行列のなす群として得られる．群論の用語を使うと，例えば，「有限次元線形空間の自己準同形 f の，行列表示となる行列全体は，共役類である」といった，すっきりとした記述ができる．

6.1 節で，群とその準同形を定義し，6.2 節で，集合への群の作用を定義する．行列表示の標準形は，可逆な行列の共役による作用によって解釈できる．6.3 節では，群の部分群が，準同形の核や像あるいは，作用の固定部分群として現われることをみる．

6.1　群

数の加法や乗法，写像の合成などが共通にもつ性質を抽象化して，群を定義する．

定義 6.1.1　1. 集合 G が**群** (group) であるとは，G の任意の元 g, h に対し，$g \cdot h \in G$ が定義されていて，次の条件 (1)–(3) がみたされていることをいう．

(1) G の任意の元 g, h, k に対し，$(gh)k = g(hk)$ がなりたつ．

(2) G の元 1 で，G の任意の元 g に対し，$g1 = 1g = g$ をみたすものがただ 1 つある．

(3) G の任意の元 g に対し，$gh = hg = 1$ をみたす G の元 h がただ 1 つある．

群 G が，さらに次の条件 (4) をみたしているとき，G は**可換群** (commutative group) であるといい，みたさないとき，G は**非可換群** (noncommutative group) であるという．

(4) G の任意の元 g, h に対し，$gh = hg$ である．

2. 群 G が，集合としては有限集合であるとき，G は**有限群** (finite group) であるという．有限群 G の元の個数を G の**位数** (order) とよび，$|G|$ あるいは $\#G$ で表わす． □

条件 (1)–(3) を**群の公理**という．(1) を**結合則**，(4) を**交換則**という．(2) の元 1 を G の**単位元** とよぶ．単位元は e で表わすことも多い．(3) の元 h を g^{-1} で表わし，g の**逆元**とよぶ．群は単位元を含むから，空集合ではない．

$(g, h) \in G \times G$ に対し $g \cdot h \in G$ を対応させる写像 $\cdot \colon G \times G \to G$ を，G の**演算**あるいは，G の**乗法**とよぶ．群の元の積 $g \cdot h$ を，$\cdot$ を省略して，gh で表わすことが多い．群の演算を表わす記号は $\cdot$ である必要はなく，可換群に対しては，$+$ で表わすことも多い．このときは，G の演算を G の**加法**とよび，単位元を 0 で，$g \in G$ の逆元を $-g$ で表わす．

体の公理と同様に，条件 (2), (3) でただ 1 つというのは余計である．くわしくいうと，次がなりたつ．

命題 6.1.2　G を集合とし，演算 $\cdot \colon G \times G \to G$ が定義されているとする．

1. $e, e' \in G$ が，G の任意の元 g に対し $eg = ge' = g$ をみたすならば，$e = e'$ である．

2. 群の公理の (1) と (2) がなりたつとする．$g, h, k \in G$ が $hg = gk = 1$ をみたすならば，$h = k$ である． □

証明　1. $g = e'$ とおけば，$ee' = e'$ である．$g = e$ とおけば，$ee' = e$ である．

2. $h = h1 = h(gk) = (hg)k = 1k = k$ である． ■

【例 6.1.3】　体 K は，体の公理の (1)–(4) により，加法に関して可換群である．これを体の**加法群** (additive group) という．体 K から零元を除いたもの $K \setminus \{0\}$ は，体の公理の (5)–(8) により，乗法に関して可換群である．これを体の**乗法群** (multiplicative group) とよび，$K^{\times}$（K ばつ）で表わす．

同様に，線形空間 V は，線形空間の公理の (1)–(4) により，加法に関して可換群である．

【例 6.1.4】 V を線形空間とする．V の自己同形全体のなす群を $GL(V)$ で表わす．$V = K^n$ のとき，$GL(K^n) = GL_n(K) = \{A \in M_n(K) | \det A \neq 0\}$ を，K 係数の n 次**一般線形群** (general linear group) とよぶ．$n = 0$ のときは，$GL_0(K)$ は単位元だけからなる群である．$n = 1$ のとき，$GL_1(K) = K^\times$ である．$n \geq 2$ なら，$GL_n(K)$ は非可換群である．

$GL_n(K)$ の元は K^n の基底と 1 対 1 に対応する．K が有限体 $\mathbb{F}_p$ のときは，$GL_n(\mathbb{F}_p)$ は有限群である．例題 1.5.3 より，$GL_n(\mathbb{F}_p)$ の位数は，$(p^n - 1)(p^n - p)\cdots(p^n - p^{n-1})$ である．

【例 6.1.5】 集合 X に対し，{ 可逆な写像 $X \to X$} は写像の合成により群になる．これを $\mathrm{Aut}(X)$ で表わす．$X = \{1, \ldots, n\}$ のとき，{ 可逆な写像 $\{1, \ldots, n\} \to \{1, \ldots, n\}$} を n 次**対称群** (symmetric group) とよび，$\mathfrak{S}_n$ で表す．$\mathfrak{S}_n$ は有限群であり，その位数は $n!$ である．$0! = 1$ である．$n \geq 3$ なら，$\mathfrak{S}_n$ は非可換群である．

$(123\cdots k)$ で，$\tau(i) = i+1\ (1 \leq i < k), \tau(k) = 1, \tau(i) = i\ (k < i \leq n)$ で定まる置換を表わす．$\sigma \in \mathfrak{S}_n$ に対し，$(\sigma(1)\sigma(2)\sigma(3)\cdots\sigma(k))$ で，$\sigma(123\cdots k)\sigma^{-1}$ を表わす．これを**巡回置換** (cyclic permutation) という．

余談 64　記号 $\mathrm{Aut}(X)$ の Aut は，automorphism のはじめの 3 文字である．

群 G に対し，g 行 h 列に gh を書いて表にしたものを G の**乗積表** (multiplication table) という．

表 6.1　$\mathfrak{S}_3$ の乗積表

g \ h	1	(12)	(23)	(31)	(123)	(132)
1	1	(12)	(23)	(31)	(123)	(132)
(12)	(12)	1	(123)	(132)	(23)	(31)
(23)	(23)	(132)	1	(123)	(31)	(12)
(31)	(31)	(123)	(132)	1	(12)	(23)
(123)	(123)	(31)	(12)	(23)	(132)	1
(132)	(132)	(23)	(31)	(12)	1	(123)

【例 6.1.6】 整数全体の集合 $\mathbb{Z}$ は，加法に関して可換群をなす．

2 元集合 $\{\pm 1\}$ は，乗法に関して可換群をなす．

定義 6.1.7 G, H を群とする．

1. 写像 $f\colon G \to H$ が群の**準同形**であるとは，G の任意の元 g, h に対し，$f(gh) = f(g)f(h)$ がなりたつことをいう．
2. 群の準同形 $f\colon G \to H$ が可逆なとき，f は**同形**であるという．
3. 同形 $G \to H$ が存在するとき，群 G と H は**同形**であるという． □

命題 6.1.8 $f\colon G \to H$ が群の準同形なら，$f(1) = 1$ であり，$f(g^{-1}) = f(g)^{-1}$ である． □

証明 $f(1) = f(1 \cdot 1) = f(1) \cdot f(1)$ である．両辺に $f(1)$ の逆元をかけると，$1 = f(1)^{-1}f(1) = f(1)^{-1} \cdot (f(1) \cdot f(1)) = (f(1)^{-1} \cdot f(1)) \cdot f(1) = 1 \cdot f(1) = f(1)$ である．

$1 = f(1) = f(gg^{-1}) = f(g)f(g^{-1})$ である．両辺に $f(g)^{-1}$ をかけると，同様に，$f(g)^{-1} = f(g)^{-1}f(g)f(g^{-1}) = f(g^{-1})$ である． ■

【例 6.1.9】 K を体とし，$a \in K$ とする．a 倍写像 $K \to K$ は，体の公理 (9) により，K の加法群の自己準同形である．V を K 線形空間とすると，a 倍写像 $V \to V$ は，線形空間の公理 (5) により，V の加法群の自己準同形である．$a \in K^\times$ のとき，これらは，自己同形である．

V を K 線形空間とし，$x \in V$ とする．写像 $f_x : K \to V$ を $f_x(a) = ax$ で定めると，f_x は，線形空間の公理 (6) により，K の加法群から V の加法群への準同形である．

【例 6.1.10】 $\det : GL_n(K) \to K^\times$ は群の準同形である．

【例 6.1.11】 写像 $P\colon \mathfrak{S}_n \to GL_n(K)$ を，$\sigma \in \mathfrak{S}_n$ の像を，e_i を $e_{\sigma(i)}$ にうつす同形 $P(\sigma)$ として定める．P は単射準同形である．K の標数が 2 でなければ，$P\colon \mathfrak{S}_n \to GL_n(K)$ と $\det : GL_n(K) \to K^\times$ の合成は，準同形 $\mathrm{sgn}\colon \mathfrak{S}_n \to \{\pm 1\}$ を定める．$n = 2$ のときは，これは同形である．

【例 6.1.12】 G を群とし，$g \in G$ とする．$n \in \mathbb{N}$ に対し，g^n を，$g^0 = 1, g^1 = g$ と $g^n = g^{n-1}g$ により帰納的に定め，$g^{-n} = (g^{-1})^n$ とおく．このとき，$n \in \mathbb{Z}$ に対し $g^n \in G$ を対応させる写像 $\mathbb{Z} \to G$ は，群の準同形である．

【例 6.1.13】 写像 $f\colon \mathbb{R} \to GL_2(\mathbb{R})$ を，$f(t) = \begin{pmatrix} \cos t & -\sin t \\ \sin t & \cos t \end{pmatrix}$ で定める．例 2.2.4 より，f は群の準同形である．

まとめ
- 数のなす群や，行列のなす群，写像のなす群などがある．
- 行列式，回転，符号，巾などは，群の準同形を定める．

問題

A 6.1.1 1. $n \geq 2$ なら一般線形群 $GL_n(K)$ は非可換であることを示せ．
2. $n \geq 3$ なら対称群 $\mathfrak{S}_n$ は非可換であることを示せ．

A 6.1.2 写像 $f\colon \mathbb{C}^\times \to GL_2(\mathbb{R})$ を，$f(a+b\sqrt{-1}) = \begin{pmatrix} a & -b \\ b & a \end{pmatrix}$ で定める．f は，群の準同形であることを示せ．

余談 65 これは複素数の乗法が，回転と拡大の合成であることを表わしている．

A 6.1.3 $\mathfrak{S}_3$ を 3 次対称群とする．写像 $f\colon \mathfrak{S}_3 \to GL_2(\mathbb{R})$ を，

$$f(\sigma) = \begin{cases} 1 & \sigma = 1 \text{ のとき}, \\ \begin{pmatrix} -\frac{1}{2} & -\frac{\sqrt{3}}{2} \\ \frac{\sqrt{3}}{2} & -\frac{1}{2} \end{pmatrix} & \sigma = (123) \text{ のとき}, \\ \begin{pmatrix} -\frac{1}{2} & \frac{\sqrt{3}}{2} \\ -\frac{\sqrt{3}}{2} & -\frac{1}{2} \end{pmatrix} & \sigma = (132) \text{ のとき}, \end{cases}$$

$$f(\sigma)=\begin{cases}\begin{pmatrix}-\frac{1}{2} & \frac{\sqrt{3}}{2}\\ \frac{\sqrt{3}}{2} & \frac{1}{2}\end{pmatrix} & \sigma=(12)\ \text{のとき},\\ \begin{pmatrix}-\frac{1}{2} & -\frac{\sqrt{3}}{2}\\ -\frac{\sqrt{3}}{2} & \frac{1}{2}\end{pmatrix} & \sigma=(13)\ \text{のとき},\\ \begin{pmatrix}1 & 0\\ 0 & -1\end{pmatrix} & \sigma=(23)\ \text{のとき}.\end{cases}$$

とおくことで定める．

1.

$$x_1=\begin{pmatrix}1\\0\end{pmatrix},\ x_2=\begin{pmatrix}-\frac{1}{2}\\ \frac{\sqrt{3}}{2}\end{pmatrix},\ x_3=\begin{pmatrix}-\frac{1}{2}\\ -\frac{\sqrt{3}}{2}\end{pmatrix}=-x_1-x_2\in\mathbb{R}^2$$

とおく．各 $\sigma\in\mathfrak{S}_3$ に対し，$f(\sigma)(x_i)=x_{\sigma(i)}, i=1,2,3$ であることを示せ．

2. $f\colon\mathfrak{S}_3\to GL_2(\mathbb{R})$ は群の準同形であることを示せ．

6.2　群の作用

集合に対称性があることを，群の集合への作用として定式化できる．

定義 6.2.1　G を群，X を集合とする．群 G が X に左から**作用** (act, operate) するとは，G の元 g と X の元 $x\in X$ に対し，X の元 $g\cdot x$ が定義されていて，次の条件がみたされることをいう．

(1_{l}) G の任意の元 g,h と X の任意の元 x に対し，$(g\cdot h)\cdot x=g\cdot(h\cdot x)$ がなりたつ．

(2_{l}) X の任意の元 x に対し，$1\cdot x=x$ がなりたつ．

群 G が X に右から作用するとは，G の元 g と X の元 $x\in X$ に対し，X の元 $x\cdot g$ が定義されていて，次の条件がみたされることをいう．

(1_{r}) G の任意の元 g,h と X の任意の元 x に対し，$x\cdot(g\cdot h)=(x\cdot g)\cdot h$ がなりたつ．

(2_{r}) X の任意の元 x に対し，$x \cdot 1 = x$ がなりたつ． □

G が X に左から作用するとは，写像 $G \times X \to X$ で，条件 (1_{l}) と (2_{l}) をみたすものが与えられていることである．このとき，写像 $G \times X \to X$ を**左作用** (left action) とよぶ．同様に，**右作用** (right action) $X \times G \to X$ も考えられる．左作用のことを，単に作用ということが多い．条件 (1_{l}) と (2_{l}) を，**作用の公理**という．G が X に作用しているとき，$g \cdot x$ を gx で表わすことも多い．また，作用を表わす記号が $\cdot$ でなくてもよいということも，群の演算の場合と同様である．

余談 66　群 G が集合 X に左から作用していることを，記号 $G \curvearrowright X$ で表わすこともある．$G \circlearrowright X$ のように表わすこともある．右からの作用は，$X \curvearrowleft G$ のように表わすことになる．

群 G が集合 X に作用しているとし，$f : H \to G$ を群の準同形とする．$h \in H, x \in X$ に対し，$hx \in X$ を $f(h)x$ で定めると，H の X への作用が定まる．

【例 6.2.2】　V を線形空間とする．$f \in GL(V)$ と $x \in V$ に対し，$f \cdot x = f(x)$ とおくことで，$GL(V)$ は V に左から作用する．この作用を，$GL(V)$ の V への**自然な作用**とよぶ．$V = K^n$ とし，$GL(V) = GL_n(K)$ と同一視すると，$GL_n(K)$ の K^n への自然な左作用は，$(A, x) \mapsto Ax$ で定まる．

【例 6.2.3】　V を線形空間とし，$\mathrm{End}(V) = \{V$ の自己準同形 $\}$ とする．$f \in GL(V)$ と $g \in \mathrm{End}(V)$ に対し，$g \cdot f = f^{-1}gf$ とおくことで，$GL(V)$ は $\mathrm{End}(V)$ に右から作用する．これを $GL(V)$ の $\mathrm{End}(V)$ への**共役による作用**という．

$V = K^n$ とし，$\mathrm{End}(V) = M_n(K)$ と同一視すると，$GL_n(K)$ の $M_n(K)$ への共役による作用は，$(A, P) \mapsto P^{-1}AP$ である．

【例 6.2.4】　V を線形空間とし，$B(V) = \{V$ の双線形形式 $b : V \times V \to K\}$ とする．$f \in GL(V)$ と双線形形式 $b : V \times V \to K$ に対し，写像 $f^*b : V \times V \to K$

を，$f^*b(x,y)=b(f(x),f(y))$ で定義すると，$f^*b: V\times V\to K$ も V 上の双線形形式である．$f\in GL(V)$ と $b\in B(V)$ に対し，$b\cdot f=f^*b$ とおくことで，$GL(V)$ は $B(V)$ に右から作用する．これを，**ひきもどし** (pull-back) **による作用**という．

$V=K^n$ とする．$A\in M_n(K)$ に対し $b_A(x,y)={}^t xAy$ で定まる双線形形式 $b_A: K^n\times K^n\to K$ を対応させる写像 $M_n(K)\to B(K^n)$ は可逆である．この写像により，$B(K^n)$ を $M_n(K)$ と同一視すると，$GL_n(K)$ の $M_n(K)$ へのこの右作用は，$(A,P)\mapsto {}^tPAP$ である．

【例 6.2.5】　V を $\mathbb{C}$ 線形空間とし，$H(V)=\{V$ のエルミート形式 $h: V\times V\to\mathbb{C}\}$ とする．$f\in GL(V)$ とエルミート形式 $h: V\times V\to\mathbb{C}$ に対し，写像 $f^*h: V\times V\to\mathbb{C}$ を，$f^*h(x,y)=h(f(x),f(y))$ で定義すると，$f^*h: V\times V\to\mathbb{C}$ も V 上のエルミート形式である．$f\in GL(V)$ と $h\in H(V)$ に対し，$h\cdot f=f^*h$ とおくことで，$GL(V)$ は $H(V)$ に右から作用する．これも，**ひきもどしによる作用**という．

$V=\mathbb{C}^n$ とする．エルミート行列 $A\in H_n(\mathbb{C})=\{A\in M_n(\mathbb{C})|A$ はエルミート行列$\}$ に対し $h_A(x,y)={}^t xAy$ で定まるエルミート形式 $h_A: \mathbb{C}^n\times\mathbb{C}^n\to\mathbb{C}$ を対応させる写像 $H_n(\mathbb{C})\to H(\mathbb{C}^n)$ は可逆である．この写像により，$H(\mathbb{C}^n)$ を $H_n(\mathbb{C})$ と同一視すると，$GL_n(\mathbb{C})$ の $H_n(\mathbb{C})$ へのこの右作用は，$(A,P)\mapsto {}^tPA\overline{P}$ である．

【例 6.2.6】　G を群とし，$X=G$ とおく．

1. G の乗法 $G\times X\to X$ は，G の $X=G$ への作用を定める．これを，G の**左移動** (left translation) による作用という．

2. $g\in G, x\in X=G$ に対し，$g\cdot x=gxg^{-1}$ とおくことで，G の $X=G$ への作用が定まる．これを，G の**共役による作用**という．

【例 6.2.7】　$f: G\to H$ を群の準同形とする．$g\in G$ と $x\in H$ に対し，$g\cdot x=f(g)x$ とおくことで，G の H への左作用が定まる．$G=H$ で $f=1_G$ のときが，G の左移動による作用である．

命題 6.2.8 G を群とし，X を集合とする．

1. $G \times X \to X$ を G の X への作用とする．$g \in G$ に対し，$g_*\colon X \to X$ を，$x \in X$ を $gx \in X$ にうつす写像とする．このとき，$g \in G$ に対し，写像 $g_*\colon X \to X$ は可逆である．$g \in G$ を $g_* \in \mathrm{Aut}(X)$ にうつす写像 $G \to \mathrm{Aut}(X)$ は，群の準同形である．

2. $f\colon G \to \mathrm{Aut}(X)$ を群の準同形とする．写像 $\cdot\colon G \times X \to X$ を $g \cdot x = f(g)(x)$ で定めると，これは G の X への作用である． □

証明 1. $g, h \in G$ として，$(gh)_* = g_* \circ h_*$ を示す．$x \in X$ とすると，$(gh)_*(x) = (gh)x = g(hx) = g_*h_*(x)$ である．

$g \in G$ とすると．$g_* \circ (g^{-1})_* = (g^{-1})_* \circ g_* = 1_* = \mathrm{id}_X$ だから，$(g^{-1})_*$ は g_* の逆写像である．よって g_* は可逆であり，写像 $G \to \mathrm{Aut}(X) : g \mapsto g_*$ は，群の準同形である．

2. 作用の公理を確かめる．$g, h \in G$ とすると，$gh \cdot x = f(gh)(x) = (f(g) \circ f(h))(x) = f(g)(f(h)(x)) = g \cdot (h \cdot x)$ である．$f(1)$ は $\mathrm{Aut}(X)$ の単位元 id_X だから，$1 \cdot x = f(1)(x) = x$ である． ■

命題 6.2.8 より，可逆な写像

$$\{G \text{ の } X \text{ への作用}\} \to \{\text{群の準同形 } G \to \mathrm{Aut}(X)\}$$

が得られる．

【例 6.2.9】 対称群 $\mathfrak{S}_n$ の恒等写像は，命題 6.2.8 の対応により，対称群 $\mathfrak{S}_n$ の $\{1, \ldots, n\}$ への作用を定める．

定義 6.2.10 G が集合 X に左から作用するとする．

1. $x \in X$ とする．X の部分集合 $Gx = \{gx \mid g \in G\}$ を x の ***G* 軌道** (orbit) という．

2. X の元 x で，$X = Gx$ となるものが存在するとき，G の X への作用は**可移** (transitive) であるという． □

G の X への作用が可移ならば，任意の $x \in X$ に対し，$Gx = X$ である．作用が可移であることを，**推移的**であるともいう．

【例 6.2.11】 $G = \mathbb{R}$ の $\mathbb{R}^2$ への作用を $t \cdot \begin{pmatrix} x \\ y \end{pmatrix} = \begin{pmatrix} \cos t & -\sin t \\ \sin t & \cos t \end{pmatrix} \begin{pmatrix} x \\ y \end{pmatrix}$ で定める．$r = \sqrt{x^2 + y^2} \neq 0$ ならば，$\begin{pmatrix} x \\ y \end{pmatrix}$ の G 軌道は，半径 r の円である．

V を線形空間とし，W をその部分空間とする．W は加法により V に作用する．$x \in V$ の W 軌道は $\{x + w \mid w \in W\}$ である．

【例 6.2.12】 1. $GL_n(K)$ の $M_n(K)$ への共役による作用を考える．この作用に関する $GL_n(K)$ 軌道を，$M_n(K)$ の**共役類** (conjugacy class) とよぶ．

V を n 次元線形空間とし，f を V の自己準同形とする．$M_n(K)$ の部分集合

$$\left\{ A \in M_n(K) \;\middle|\; \begin{array}{l} V \text{ の基底で，それに関する } f \text{ の行列表示が，} \\ A \text{ となるものが存在する} \end{array} \right\}$$

は，$M_n(K)$ の共役類である．

2. 例 6.2.4 で定めた $GL_n(K)$ の $M_n(K)$ へのひきもどしによる右作用 $(P, A) \mapsto {}^tPAP$ を考える．V を n 次元線形空間とし，b を V の双線形形式とする．$M_n(K)$ の部分集合

$$\left\{ A \in M_n(K) \;\middle|\; \begin{array}{l} V \text{ の基底で，それに関する } b \text{ の行列表示が，} \\ A \text{ となるものが存在する} \end{array} \right\}$$

は，ひきもどしによる右作用に関する $GL_n(K)$ 軌道である．

n, r, s を $r + s \leq n$ をみたす自然数とする．$M_n(\mathbb{R})$ の部分集合

$$\{A \in M_n(\mathbb{R}) \mid A \text{ は対称行列であり，} b_A \text{ の符号数は } (r, s) \text{ である}\}$$

は，ひきもどしによる右作用に関する $GL_n(\mathbb{R})$ 軌道である．

3. 例 6.2.5 で定めた $GL_n(\mathbb{C})$ の $M_n(\mathbb{C})$ へのひきもどしによる右作用 $(P, A) \mapsto {}^tPA\overline{P}$ を考える．$M_n(\mathbb{C})$ の部分集合

$$\{A \in M_n(\mathbb{C}) \mid A \text{ は正定値エルミート行列}\}$$

は，この右作用に関する $GL_n(\mathbb{C})$ 軌道である．

行列や自己準同形の標準形を求めることは，$M_n(K)$ の共役類の中から，簡単な形をした行列をみつけることである．

まとめ
・移動や回転，共役など，いろいろな群の作用がある．
・自己準同形の行列表示全体は，1 つの共役類となる．

問題

A 6.2.1 群 G が集合 X に作用しているとする．$x, y \in X$ に対し，次の条件は同値であることを示せ．

(1) $y \in Gx$.

(2) $Gx = Gy$.

(3) $Gx \cap Gy \neq \emptyset$.

A 6.2.2 1. $n \geq 1$ とする．$GL_n(K)$ の K^n への自然な作用について，$GL_n(K)$ 軌道は，$K^n \setminus \{0\}$ と $\{0\}$ の 2 つである．

2. $n \geq 1$ とする．対称群 $\mathfrak{S}_n$ の $\{1, \ldots, n\}$ への自然な作用は可移である．

A 6.2.3 1. m, n を自然数とする．積集合 $GL_m(K) \times GL_n(K)$ に，乗法を成分ごとに $(P, Q) \cdot (P', Q') = (PP', QQ')$ で定めたものを，群 G とする．$X = M_{mn}(K)$ とする．$(P, Q) \in G$ と $A \in X$ に対し，$(P, Q) \cdot A = PAQ^{-1}$ とおくことで，G の X への左作用を定める．この作用について，X に含まれる G 軌道の個数を求めよ．

2. n を自然数とする．$G = GL_n(\mathbb{R})$ の $X = \{A \in M_n(\mathbb{R}) \mid {}^tA = A\}$ への右作用を，$(P, A) \mapsto {}^tPAP$ で定める．X に含まれる G 軌道の個数を求めよ．

B 6.2.4 n を自然数とする．$G = GL_n(K)$ の $X = \{A \in M_n(K) \mid A$ は交代行列$\}$ への右作用を，$(P, A) \mapsto {}^tPAP$ で定める．X に含まれる G 軌道の個数を求めよ．

B 6.2.5　1．$GL_2(\mathbb{F}_2)$ の $X = \mathbb{F}_2^2 \setminus \{0\}$ への自然な作用が定める群の準同形 $F\colon GL_2(\mathbb{F}_2) \to \mathrm{Aut}(X)$ は同形であることを示せ．

2．$GL_2(\mathbb{F}_2)$ は 3 次対称群 $\mathfrak{S}_3$ と同形であることを示せ．

6.3　部分群

群の部分集合で，それ自身群になるものを部分群とよぶ．

定義 6.3.1　群 G の部分集合 H が G の**部分群** (subgroup) であるとは，次の条件がみたされることをいう．

(1) H の任意の元 g, h に対し，$gh \in H$ である．

(2) H の任意の元 g に対し，$g^{-1} \in H$ である．

(3) $1 \in H$ である．

2．G の部分群 K が次の条件もみたすとき，K は**正規部分群** (normal subgroup) であるという．

(4) 任意の $g \in G$ と $k \in K$ に対し，$gkg^{-1} \in K$ である．　□

群 G の部分集合 H が条件 (1) をみたすとき，H は積で閉じているという．条件 (2) をみたすとき，H は逆元で閉じているという．以下，部分群はもとの群の演算の制限により，群と考える．空集合は条件 (1) と (2) はみたすが，(3) をみたさない．空集合は群ではないから，(3) は欠かすことのできない条件である．K が G の正規部分群であることを，記号 $K \lhd G$ で表わす．群 G が可換ならば，G の任意の部分群は正規部分群である．

命題 6.3.2　1．$f\colon G \to H$ を群の準同形とする．$f(G) = \{f(g) \mid g \in G\}$ は H の部分群である．$f^{-1}(1) = \{g \in G \mid f(g) = 1\}$ は G の正規部分群である．

2．G が集合 X に左から作用するとする．$x \in X$ に対し，$H = \{g \in G \mid gx = x\}$ は G の部分群である．　□

証明　1．$g, h \in G$ なら，$f(g)f(h) = f(gh) \in f(G)$ である．$g \in G$ なら，$f(g)^{-1} = f(g^{-1}) \in f(G)$ である．$1 = f(1) \in f(G)$ である．

$g, h \in f^{-1}(1)$ なら，$f(gh) = f(g)f(h) = 1 \cdot 1 = 1$ だから，$gh \in f^{-1}(1)$ である．$g \in f^{-1}(1)$ なら，$f(g^{-1}) = f(g)^{-1} = 1^{-1} = 1$ だから，$g^{-1} \in f^{-1}(1)$

である．$f(1) = 1$ だから，$1 \in f^{-1}(1)$ である．$g \in G, k \in f^{-1}(1)$ なら，$f(gkg^{-1}) = f(g)f(k)f(g)^{-1} = f(g)f(g)^{-1} = 1$ だから，$gkg^{-1} \in f^{-1}(1)$ である．

2. $g, h \in H$ なら，$(gh)x = g(hx) = gx = x$ だから，$gh \in H$ である．$g \in H$ なら，$g^{-1}x = g^{-1}(gx) = (g^{-1}g)x = 1x = x$ だから，$g^{-1} \in H$ である．$1x = x$ だから，$1 \in H$ である． ■

定義 6.3.3 1. $f\colon G \to H$ を群の準同形とする．G の正規部分群 $f^{-1}(1) = \{g \in G \mid f(g) = 1\}$ を，f の**核**とよび，$\mathrm{Ker}\, f$ と書く．H の部分群 $f(G) = \{f(g) \mid g \in G\}$ を f の**像**とよび，$\mathrm{Im}\, f$ と書く．

2. G が集合 X に左から作用するとする．$x \in X$ に対し，G の部分群 $G_x = \{g \in G \mid gx = x\}$ を x の**固定部分群** (stabilizer) という． □

【例 6.3.4】 $\det : GL_n(K) \to K^\times$ の核を，**特殊線形群** (special linear group) とよび，$SL_n(K)$ で表わす．

【例 6.3.5】 $\mathrm{sgn}\colon \mathfrak{S}_n \to \{\pm 1\}$ の核を，n 次**交代群** (alternating group) とよび，$\mathfrak{A}_n$（エイ）で表わす．

【例 6.3.6】 群 G の $X = G$ への共役による作用について，$g \in G$ の軌道 $\{hgh^{-1} \mid h \in G\}$ を g の**共役類**という．g の共役類の元を g の**共役**とよぶ．$g \in G$ の固定部分群 $Z_G(g) = \{h \in G \mid gh = hg\}$ を g の**中心化群** (centralizer) という．

G の部分集合で，G のある元の共役類になっているものを，G の**共役類**という．

【例 6.3.7】 V を有限次元線形空間とし，例 6.2.4 で定めた $GL(V)$ の $B(V) = \{V$ 上の双線形形式$\}$ への右作用 $f^*b(x, y) = b(f(x), f(y))$ を考える．

1. $b \in B(V)$ を非退化対称双線形形式とする．b の固定部分群

$$\{f \in GL(V) \mid \text{任意の } x, y \in V \text{ に対し，} b(f(x), f(y)) = b(x, y)\}$$

は，b に関する直交変換全体からなる．これを，b の**直交群** (orthogonal group) とよび，$O(V,b)$ で表わす．

$V = K^n$ で，b が対称形式 $b(x,y) = {}^t xy$ のとき，$O(V,b) = \{A \in GL_n(K) \mid A$ は直交行列 $\}$ である．これを n 次**直交群**とよび，$O_n(K)$ で表わす．$\det : O_n(K) \to K^\times$ の核 $O_n(K) \cap SL_n(K)$ を n 次**特殊直交群** (special orthogonal group) とよび，$SO_n(K)$ で表わす．

2. V が偶数次元とする．命題 5.4.3 より，$B(V)$ の部分集合 $\{V$ 上の非退化交代双線形形式 $\}$ は，$GL(V)$ 軌道である．

$b \in B(V)$ を非退化交代双線形形式とする．b の固定部分群

$$\{f \in GL(V) \mid \text{任意の } x, y \in V \text{ に対し，} b(f(x), f(y)) = b(x,y)\}$$

を，b の**斜交群** (symplectic group) とよび，$Sp(V,b)$ で表わす．

$V = K^{2n}$ で，b が交代行列 $J = \begin{pmatrix} 0 & 1_n \\ -1_n & 0 \end{pmatrix}$ で定まる非退化交代形式のとき，$Sp(V,b) = \{A \in GL_{2n}(K) \mid {}^t AJA = J\}$ を $2n$ 次の**斜交群**とよび，$Sp_{2n}(K)$ で表わす．

余談 67　$Sp_{2n}(K)$ を $Sp_n(K)$ と書くこともあるので，注意する必要がある．

8.4 節の問題 8.4.6 にあるように，$Sp_{2n}(K) \subset SL_{2n}(K)$ である．

【例 6.3.8】　V を有限次元 $\mathbb{C}$ 線形空間とし，例 6.2.5 で定めた $GL(V)$ の $H(V) = \{V$ 上のエルミート形式 $\}$ への右作用 $f^*h(x,y) = h(f(x), f(y))$ を考える．

h を正定値エルミート形式とする．h の固定部分群

$$\{f \in GL(V) \mid \text{任意の } x, y \in V \text{ に対し，} h(f(x), f(y)) = h(x,y)\}$$

は，h に関するユニタリ変換全体からなる．これを，h の**ユニタリ群** (unitary group) とよび，$U(V,h)$ で表わす．

$V = \mathbb{C}^n$ で，h がエルミート形式 $h(x,y) = {}^t x\bar{y}$ のとき，$U(V,h) = \{A \in GL_n(\mathbb{C}) \mid A$ はユニタリ行列 $\}$ である．これを n 次**ユニタリ群**とよび，U_n で表

わす．$\det : U_n \to \mathbb{C}^\times$ の核 $U_n \cap SL_n(\mathbb{C})$ を n 次**特殊ユニタリ群**とよび，SU_n で表わす．

命題 6.3.9 有限群 G が有限集合 X に作用しているとする．$x \in X$ に対し，

$$(\text{軌道 } Gx \text{ の元の個数}) = \frac{(G \text{ の位数})}{(\text{固定部分群 } G_x \text{ の位数})}$$

である．特に，有限群 G が有限集合 X に可移に作用しているならば，

$$(X \text{ の元の個数}) = \frac{(G \text{ の位数})}{(\text{固定部分群 } G_x \text{ の位数})}$$

である． □

証明 $g \in G$ に対し，$gx \in X$ を対応させる写像 $G \to X$ を f とすると，軌道 Gx は f の像 $\{f(g) \mid g \in G\}$ である．(G の元の個数) $= \sum_{y \in Gx}$ (逆像 $f^{-1}(y)$ の元の個数) だから，Gx の各元 y に対し，逆像 $f^{-1}(y) = \{g \in G \mid f(g) = y\}$ の元の個数が，固定部分群 $H = G_x$ の元の個数と等しいことを示せばよい．

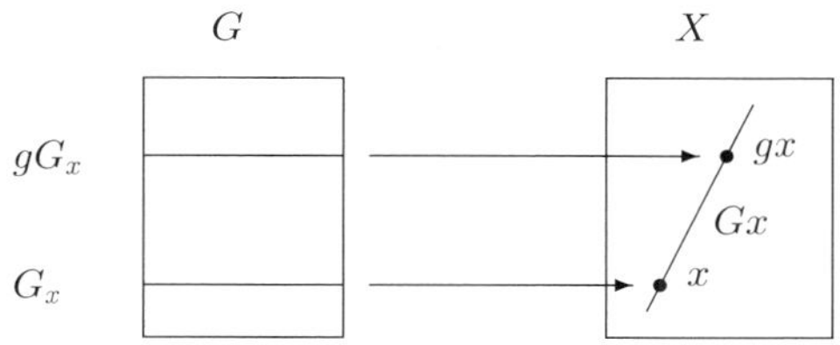

図 6.1 軌道と固定部分群

$y = gx$ とする．$g' \in f^{-1}(y) \Leftrightarrow g'x = gx \Leftrightarrow g^{-1}g'x = x \Leftrightarrow g^{-1}g' \in H$ だから，$f^{-1}(y) = gH = \{gh \mid h \in H\}$ である．左から g をかける写像 $H \to f^{-1}(y)$ は可逆だから，$f^{-1}(y)$ の元の個数は H の元の個数と等しい． ■

系 6.3.10 1. $f : G \to H$ を群の準同形とし，G は有限群であるとする．このとき，

$$(G \text{ の位数}) = (f \text{ の像の位数}) \cdot (f \text{ の核の位数})$$

がなりたつ．

2. G を有限群とする．$g \in G$ に対し，

$$(g\text{ の共役の個数}) = \frac{(G\text{ の位数})}{(\text{中心化群 } Z_G(g)\text{ の位数})}$$

がなりたつ． □

証明　1. G の H への作用を $g \cdot h = f(g)h$ で定める．このとき，単位元 $e \in H$ の固定部分群は f の核であり，G 軌道 Ge は f の像である．よって，命題 6.3.9 よりしたがう．

2. G の G への共役による作用を考える．このとき，元 $g \in G$ の固定部分群は中心化群 $Z_G(g)$ であり，G 軌道 Gg は g の共役全体からなる．よって，命題 6.3.9 よりしたがう． ■

例題 6.3.11　p を素数とする．

1. $GL_2(\mathbb{F}_p)$ の共役類の個数を求めよ．
2. $GL_2(\mathbb{F}_p)$ の各共役類の元の個数を求めよ．

解答　1. $A, B \in GL_2(\mathbb{F}_p)$ が共役ならば，A と B の固有多項式は等しい．まず，固有多項式を分類する．固有多項式は，2 次の係数が 1 で定数項が 0 でない 2 次式だから $p(p-1)$ 個ある．これは，次のようにわけられる．

(1) $(X-a)^2$：$p-1$ 個．

(2) 相異なる 1 次式の積：$\dfrac{(p-1)(p-2)}{2}$ 個．

(3) それ以外のもの：$p(p-1) - \left((p-1) + \dfrac{(p-1)(p-2)}{2}\right) = \dfrac{p(p-1)}{2}$ 個．

例題 3.6.6 より，それぞれの場合に，共役類は次のようになる．

(1) 固有多項式が $(X-a)^2$ となる共役類：スカラー行列 a だけからなるものと，$\begin{pmatrix} a & 1 \\ 0 & a \end{pmatrix}$ の共役類の 2 つ．

(2) 固有多項式が $(X-a)(X-b)$, $a \neq b$ となる共役類：$\begin{pmatrix} a & 0 \\ 0 & b \end{pmatrix}$ の共役類 1 つだけ．

(3) 固有多項式が 1 次式の積に分解しない 2 次式 $X^2 + aX + b$ となる共役類：$\begin{pmatrix} 0 & -b \\ 1 & -a \end{pmatrix}$ の共役類 1 つだけ．

以上より，$GL_2(\mathbb{F}_p)$ の共役類の個数は，

$$2(p-1)+\frac{(p-1)(p-2)}{2}+\frac{p(p-1)}{2}=p^2-1$$

である．

2. 問題 3.6.8 より，A がスカラー行列でなければ，A の中心化群は $GL_2(\mathbb{F}_p)\cap(\mathbb{F}_p\oplus\mathbb{F}_pA)$ である．

(1) スカラー行列の共役類は 1 つの元だけからなる．

$A=\begin{pmatrix} a & 1 \\ 0 & a \end{pmatrix}$ の中心化群は $\left\{\begin{pmatrix} x & y \\ 0 & x \end{pmatrix} \middle| x\in\mathbb{F}_p^\times, y\in\mathbb{F}_p\right\}$ である．命題 6.3.9 より，A の共役類の元の個数は $\dfrac{(p^2-1)(p^2-p)}{(p-1)p}=p^2-1$ である．

(2) $a,b\in\mathbb{F}_p^\times, a\neq b$ のとき，$A=\begin{pmatrix} a & 0 \\ 0 & b \end{pmatrix}$ の中心化群は $\left\{\begin{pmatrix} x & 0 \\ 0 & y \end{pmatrix} \middle| x,y\in\mathbb{F}_p^\times\right\}$ である．A の共役類の元の個数は $\dfrac{(p^2-1)(p^2-p)}{(p-1)^2}=p^2+p$ である．

(3) x^2+aX+b が 1 次式の積でないとき，$A=\begin{pmatrix} 0 & -b \\ 1 & -a \end{pmatrix}$ の中心化群は $(\mathbb{F}_p\oplus\mathbb{F}_pA)\setminus\{0\}$ である．A の共役類の元の個数は $\dfrac{(p^2-1)(p^2-p)}{(p^2-1)}=p^2-p$ である．

各共役類の元の個数の和

$$(1+(p^2-1))(p-1)+(p^2+p)\frac{(p-1)(p-2)}{2}+(p^2-p)\frac{p(p-1)}{2}$$

は，$GL_2(\mathbb{F}_p)$ の元の個数 $(p^2-1)(p^2-p)$ と等しい．

まとめ

・群の準同形の像は部分群であり，核は正規部分群である．

・群が集合に作用していると，固定部分群が定まる．

・非退化な対称形式，エルミート形式，交代形式に対して，直交群，ユニタリ群，斜交群が定義される．

問題

A 6.3.1　$H = \{1, (12)\}$ は 3 次対称群 $\mathfrak{S}_3$ の部分群だが，正規部分群ではないことを示せ．

A 6.3.2　$n \geq 1$ を自然数とする．

1. 有限体 $\mathbb{F}_p$ 上の特殊線形群 $SL_n(\mathbb{F}_p)$ の位数を求めよ．
2. 交代群 $\mathfrak{A}_n$ の位数を求めよ．

A 6.3.3　$f\colon \mathbb{R} \to GL_2(\mathbb{R})$ を，例 6.1.13 の準同形 $f(t) = \begin{pmatrix} \cos t & -\sin t \\ \sin t & \cos t \end{pmatrix}$ とする．

1. f の像は，$\left\{ \begin{pmatrix} a & -b \\ b & a \end{pmatrix} \in GL_2(\mathbb{R}) \,\middle|\, a^2 + b^2 = 1 \right\}$ であることを示せ．
2. f の核は，2π 倍写像 $\mathbb{Z} \to \mathbb{R}$ の像であることを示せ．

A 6.3.4　1. $SO_2(K) = \left\{ \begin{pmatrix} a & -b \\ b & a \end{pmatrix} \in GL_2(K) \,\middle|\, a^2 + b^2 = 1 \right\}$ を示せ．

2. $SO_2(\mathbb{R}) \to U_1\colon \begin{pmatrix} a & -b \\ b & a \end{pmatrix} \mapsto a + b\sqrt{-1}$ は同形であることを示せ．

B 6.3.5　写像 $f\colon SO_2(\mathbb{C}) \to \mathbb{C}^\times$ を，$f\begin{pmatrix} a & -b \\ b & a \end{pmatrix} = a + b\sqrt{-1}$ で定める．f は群の同形であることを示せ．

B 6.3.6　集合 $\{L \subset K^{n+1} \mid L$ は 1 次元部分空間 $\}$ を n 次元**射影空間** (projective space) とよび，$\mathbf{P}^n(K)$ で表わす．

1. 例 1.4.2 のように，K^n を K^{n+1} の部分空間と考え，$\mathbf{P}^{n-1}(K)$ を $\mathbf{P}^n(K)$ の部分集合と考える．$x \in K^n$ に対し，部分空間 $K\begin{pmatrix} x \\ 1 \end{pmatrix} \subset K^{n+1}$ を対応させることで定まる写像 $K^n \to \mathbf{P}^n(K) \setminus \mathbf{P}^{n-1}(K)$ は可逆なことを示せ．

2. $GL_{n+1}(K)$ の $\mathbf{P}^n(K)$ への作用を $A \cdot L = AL$ で定める．この作用は可移であることを示せ．$L = Ke_1 \in \mathbf{P}^n(K)$ の固定部分群は，$\{A \in GL_{n+1}(K) \mid$

$Ae_1 \in Ke_1\}$ であることも示せ．

3. K が有限体 $\mathbb{F}_p$ のときに，$\mathbf{P}^n(\mathbb{F}_p)$ の元の個数を求めよ．

C 6.3.7 1. K を標数が 2 でない体とし，b を有限次元 K 線形空間 V 上の非退化対称形式とする．$V \neq 0$ ならば，$\det : O(V, b) \to K^\times$ の像は $\{\pm 1\}$ であることを示せ．

2. V を有限次元 $\mathbb{C}$ 線形空間とし，h を V 上の正定値エルミート形式とする．$V \neq 0$ ならば，$\det : U(V, h) \to \mathbb{C}^\times$ の像は $U_1 = \{z \in \mathbb{C}^\times \mid |z| = 1\}$ であることを示せ．

C 6.3.8 V を K 線形空間とする．自然数 m に対し，$\mathrm{Gr}(V, m) = \{V$ 内の m 次元部分空間全体 $\}$ とおく．

1. $X = \mathrm{Gr}(K^n, m)$ への，$GL_n(K)$ の自然な左作用は，可移であることを示せ．

2. $K^m \subset K^n$ の，固定部分群を求めよ．

3. $K = \mathbb{F}_p$ のとき，$\mathrm{Gr}(\mathbb{F}_p^n, m)$ の元の個数を求めよ．

余談 68 $\mathrm{Gr}(V, m)$ は，**グラスマン多様体**という．

C 6.3.9 1. 直交群 $O_n(\mathbb{R})$ はコンパクトであることを示せ．

2. ユニタリ群 U_n はコンパクトであることを示せ．

第7章 商空間

線形空間 V の部分空間 W による商空間 V/W には，全射 $V \to V/W$ で核が W であるものが備わっている．部分空間が包含写像と結びついているように，商空間は全射線形写像と結びついている．7.1 節では，商空間を定義する準備として，集合の全射 $X \to Y$ に対し，X から他の集合 Z への写像と，Y から Z への写像の関係を調べる．商空間を 7.2 節で定義し，その基底などを調べる．7.3 節では，商空間と線形写像の関係を調べ，準同形定理を証明する．

7.1 well-defined

$p\colon V \to V'$ を全射線形写像とする．線形写像 $f\colon V \to W$ に対し，$f = g \circ p$ をみたす線形写像 $g\colon V' \to W$ が存在するための条件を考える．

まず，集合の単射について双対的な条件を考える．$i\colon X \to Y$ を集合の単射とする．写像 $f\colon W \to Y$ が，写像 $g\colon W \to X$ との合成 $f = i \circ g$ となるための条件は，f の像 $f(W)$ が i の像 $i(X)$ の部分集合となることである．さらにこのとき，$f = i \circ g$ をみたす写像 $g\colon W \to X$ はただ 1 つである．全射については，これと双対的な性質がなりたつ．

補題 7.1.1　$p\colon X \to Y$ を集合の全射とする．このとき，写像 $f\colon X \to Z$ について次の条件は同値である．

(1) $f = g \circ p$ をみたす，つまり図式

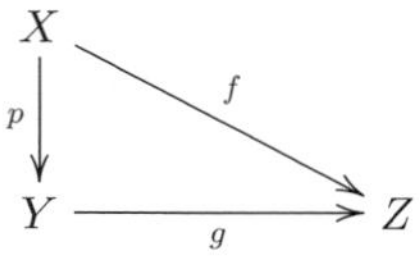

を可換にする写像 $g\colon Y \to Z$ が存在する．

(2) $x, x' \in X$ に対し，$p(x) = p(x')$ ならば $f(x) = f(x')$ がなりたつ．

この同値な条件がみたされているとき，$f = g \circ p$ をみたす写像 $g\colon Y \to Z$ はただ 1 つである． □

証明 (1)⇒(2)：$p(x) = p(x')$ ならば $f(x) = g(p(x)) = g(p(x')) = f(x')$ である．

(2)⇒(1)：$y \in Y$ とする．条件 (2) より，Z の部分集合 $\{f(x) \mid y = p(x), x \in X\}$ は 1 個の元からなる．この元を $g(y)$ とおくことにより，写像 $g\colon Y \to Z$ が定まる．これが $f = g \circ p$ をみたすことは g の定義より明らかである．

g の一意性を示す．$f = g \circ p$ とする．$y \in Y$ とする．p が全射だから，$y = p(x)$ をみたす $x \in X$ がある．$g(y) = g \circ p(x) = f(x)$ だから，$g(y)$ は集合 $\{f(x) \mid y = p(x)\}$ のただ 1 つの元である． ■

定義 7.1.2 記号を補題 7.1.1 のとおりとする．補題 7.1.1 の同値な条件がみたされているとき，$y \in Y$ に対し，$f(x) \in Z$ は $y = p(x)$ をみたす $x \in X$ の**とり方によらない** (independent of the choice) という．また，$g(y) = f(x)$ とおくことで定まる写像 $g\colon Y \to Z$ は **well-defined** であるという．このとき，写像 $g\colon Y \to Z$ を $f\colon X \to Z$ によって**ひきおこされた写像** (induced mapping) とよぶ． □

余談 69 well-defined というのは，「ちゃんと定義されている」という意味である．英語をそのまま使う習慣になっているので，この本でもそれにしたがう．

系 7.1.3 V, V', W を線形空間とし，$p\colon V \to V'$ を全射線形写像とする．線形写像 $f\colon V \to W$ に対し，次の条件は同値である．

(1) $f = g \circ p$ をみたす線形写像 $g\colon V' \to W$ が存在する．

(2) $\mathrm{Ker}\, p \subset \mathrm{Ker}\, f$ である．

このとき，g は一意的である． □

これは，命題 4.4.11 の特別な場合だが，補題 7.1.1 の使い方の練習として，補題 7.1.1 を使って証明する．

証明　(1)⇒(2)：$p(x)=0$ ならば，$f(x)=g(p(x))=0$ である．

(2)⇒(1) を示す．条件 (2) がなりたてば，補題 7.1.1 の条件 (2) がみたされることを確かめる．$p(x)=p(x')$ とすると，$x-x' \in \mathrm{Ker}\, p \subset \mathrm{Ker}\, f$ である．よって，$f(x-x')=0$ であり，$f(x)=f(x')$ である．したがって補題 7.1.1 より，$f=g\circ p$ をみたす写像 $g\colon V'\to W$ がただ 1 つ存在する．

$g\colon V'\to W$ が線形写像であることを示す．$y,y'\in V', a\in K$ とする．$x,x'\in V$ を $y=p(x), y'=p(x')$ をみたすものとする．すると，$y+y'=p(x+x'), ay=p(ax)$ だから，$g(y+y')=f(x+x')=f(x)+f(x')=g(y)+g(y')$, $g(ay)=f(ax)=af(x)=ag(y)$ である．■

まとめ
・写像が全射との合成に分解されるための条件を与えた．

問題

A 7.1.1　$S^1=\{(x,y)\in\mathbb{R}^2 \mid x^2+y^2=1\}$ とする．関数 $f:\mathbb{R}\to\mathbb{R}$ に対し，次の条件は同値であることを，補題 7.1.1 を使って示せ．

(1) 関数 $g:S^1\to\mathbb{R}$ で，任意の $t\in\mathbb{R}$ に対し $f(t)=g(\cos t,\sin t)$ をみたすものが存在する．

(2) $x\in\mathbb{R}$ に対し，$f(x+2\pi)=f(x)$ がなりたつ．

7.2　商空間の定義

全射線形写像 $p\colon V\to V'$ に対し，V の部分空間 $\mathrm{Ker}\, p$ が定まる．逆に，$W\subset V$ を部分空間とすると，それが核となるような全射線形写像 $p\colon V\to V'$ が存在する．このような V' が商空間 V/W である．

商空間を構成する前に，線形空間 V/W と線形空間の全射 $p\colon V\to V/W$ で，核が W であるものがあったとして，これらの性質を調べる．p は全射だから，V/W の任意の元は V の元 x をとって，$p(x)$ と表わすことができる．商空間の元 $p(x)$ は $\bar{x}$ と書く習慣なので，ここでもそれにしたがう．すると，$V/W=\{\bar{x}\mid x\in V\}$ と表わすことができる．$x,y\in V$ に対し，商

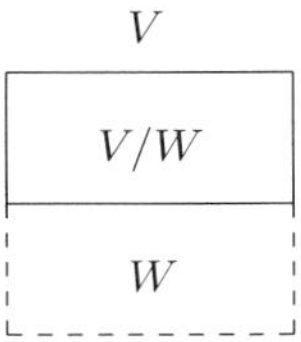

図 7.1　商空間

空間 V/W の元 $\bar{x}$ と $\bar{y}$ が等しいための条件は次のようになる．$\bar{x}=\bar{y}$ は，$p(x)-p(y)=p(x-y)=0$ と同値であり，さらに Ker $p=W$ だから，$x-y\in W$ と同値である．

商空間 V/W は，集合としては，V の各元 x に対し定義された記号 $\bar{x}$ の集まり

$$V/W=\{\bar{x}\mid x\in V\}$$

であって，$x,y\in V$ に対し，

$$\bar{x}=\bar{y}\iff x-y\in W$$

となっているものである，と考えるのがわかりやすい．商空間の性質はすべて，この性質から導かれる．しかし，そのような集合が存在すること，そしてそれが条件をみたす線形空間となることを，証明する必要がある．

命題 7.2.1　V を K 線形空間とし，W をその部分空間とする．$x\in V$ に対し，$\bar{x}$ を V の部分集合 $\{x+w\mid w\in W\}$ とする．$V/W=\{\bar{x}\mid x\in V\}$ とおき，写像 $p\colon V\to V/W$ を $p(x)=\bar{x}$ で定める．このとき，次がなりたつ．

1. $p\colon V\to V/W$ は全射であり，$x,y\in V$ に対し，$p(x)=p(y)$ と $x-y\in W$ は同値である．

2. 写像 $+\colon V/W\times V/W\to V/W$ と $\cdot\colon K\times V/W\to V/W$ で，それぞれ図式

$$\begin{array}{ccc} V\times V & \xrightarrow{+} & V \\ {\scriptstyle p\times p}\downarrow & & \downarrow{\scriptstyle p} \\ V/W\times V/W & \xrightarrow{+} & V/W, \end{array}\qquad \begin{array}{ccc} K\times V & \xrightarrow{\cdot} & V \\ {\scriptstyle \mathrm{id}_K\times p}\downarrow & & \downarrow{\scriptstyle p} \\ K\times V/W & \xrightarrow{\cdot} & V/W \end{array}$$

を可換にするものがただ 1 つ存在する．

3. V/W は 2 で定めた加法とスカラー倍により，線形空間となる．

4. 全射 $p\colon V \to V/W$ は，線形写像である．

5. 線形写像 $p\colon V \to V/W$ の核は，W である． □

2 の内容は，加法 $+\colon V/W \times V/W \to V/W$ とスカラー倍 $\cdot\colon K \times V/W \to V/W$ が well-defined ということである．

余談 70 命題 7.2.1 の V/W の定義によると，V/W の元 $\bar{x}$ は $\{x+w \mid w \in W\}$ という V の部分集合である．したがって，V/W は V のある種の部分集合を元とする集合ということになる．これが，商空間をわかりにくくしている心理的な原因である．そのような商空間の集合論的な構成はあまり意識せず，単に $\bar{x}$ という記号の集まりと考えたほうがわかりやすい．

一般に商集合の考えは，同じ性質をみたす元どうしを，等しいものとみなそうということである．商空間の場合には，差が W の元であるという性質をとりあげて考えている．

証明 1. 写像 $p\colon V \to V/W$ は明らかに全射である．$\bar{x} = \bar{y}$ と $x - y \in W$ が同値であることを示す．$\bar{x} = \bar{y}$ とすると，$x \in \bar{x} = \bar{y}$ だから，$x = y + w$ をみたす $w \in W$ がある．よって，$x - y = w \in W$ である．逆に $x - y \in W$ とすると，$w \in W$ に対し，$x + w = y + (x - y) + w \in \bar{y}$ であり，$y + w = x - (x - y) + w \in \bar{x}$ だから，$\bar{x} = \bar{y}$ である．

2. 加法について示す．$p \times p\colon V \times V \to V/W \times V/W$ は全射である．補題 7.1.1 を，合成写像 $p \circ +\colon V \times V \to V/W$ に適用する．$(x, x'), (y, y') \in V \times V$ に対し，$(p \times p)(x, x') = (p \times p)(y, y')$ ならば $p \circ +(x, x') = p \circ +(y, y')$ となることを示せばよい．$(p \times p)(x, x') = (p(x), p(x'))$ だから，$(p \times p)(x, x') = (p \times p)(y, y')$ とは，$x - y, x' - y' \in W$ ということである．そのとき，$(x + x') - (y + y') \in W$ だから，$p \circ +(x, x') = p(x + x') = p(y + y') = p \circ +(y, y')$ である．

スカラー倍についても同様だから省略する．

3. 2 の 2 つの図式が可換であるということは，$x, y \in V, a \in K$ に対し，$p(x) + p(y) = p(x + y), ap(x) = p(ax)$ となるということである．このことと，V の加法とスカラー倍が線形空間の公理をみたすことから，V/W の加法とスカラー倍が線形空間の公理をみたすことがただちにしたがう．

4. $x, y \in V, a \in K$ に対し，$p(x)+p(y)=p(x+y), ap(x)=p(ax)$ だから，$p\colon V \to V/W$ は線形写像である．

5. V/W の零元は $p(0)$ である．$p(x)=p(0)$ は $x-0=x \in W$ と同値である． ■

定義 7.2.2 V を線形空間とし，$W \subset V$ を部分空間とする．命題 7.2.1 で定義した線形空間 V/W を，V の W による**商空間** (quotient space) という．全射線形写像 $p\colon V \to V/W$ を**標準全射** (canonical surjection) という．$x \in V$ に対し，$\bar{x}=p(x)$ を x の**類** (class) という． □

$x \in V$ に対し，$p(x) \in V/W$ を $\bar{x}$ で表わす．$\bar{0}$ は V/W の零元だから 0 で表わす．$W=0$ のときは，標準全射 $p\colon V \to V/0$ は同形だから，この同形により $V/0=V$ と考える．V' を W を含む V の部分空間とすると，V'/W は V/W の部分空間である．

命題 7.2.3 V を線形空間とし，W をその部分空間とする．V/W を商空間とし，$p\colon V \to V/W$ を標準全射とする．V' が $V=W \oplus V'$ をみたす V の部分空間ならば，p の V' への制限 $p'=p|_{V'}\colon V' \to V/W$ は同形である． □

証明 標準全射 $p\colon V \to V/W$ に，命題 2.4.6 を適用すればよい． ■

余談 71 命題 7.2.1 は，直和分解 $V=W \oplus V'$ をとり命題 7.2.3 の同形を定義と考えることで，証明することもできる．ここでそうしなかったのは，このような構成に慣れておくためと，商空間 V/W から V への標準的な単射はないので，その点についての誤解を避けるためである．

系 7.2.4 $x_1, \ldots, x_n$ が V の基底で，$x_1, \ldots, x_m$ が W の基底ならば，$\overline{x_{m+1}}, \ldots, \overline{x_n}$ は V/W の基底である．したがって，$\dim V/W = \dim V - \dim W$ である． □

証明 $V'=\langle x_{m+1}, \ldots, x_n \rangle$ とおくと，$V=W \oplus V'$ である．よって，命題 7.2.3 より同形 $V' \to V/W$ が得られる．V' の基底 $x_{m+1}, \ldots, x_n$ の像 $\overline{x_{m+1}}, \ldots, \overline{x_n}$ は，V/W の基底である． ■

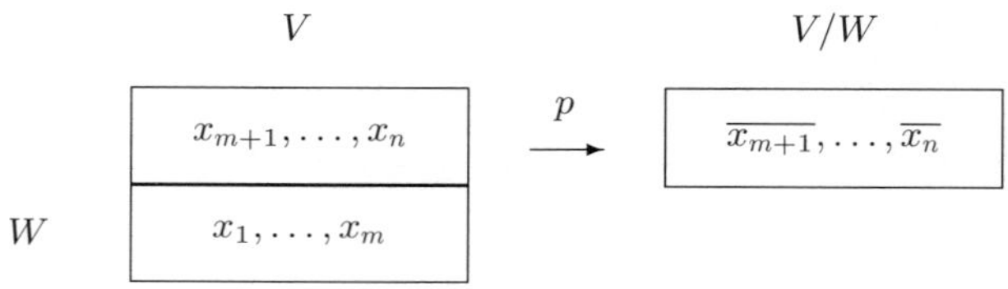

図 **7.2** 商空間の基底

【例 **7.2.5**】 $n \geq m$ を自然数とし，例 1.4.2 のように，K^m を K^n の部分空間

$$\left\{ \begin{pmatrix} x_1 \\ \vdots \\ x_m \\ 0 \\ \vdots \\ 0 \end{pmatrix} \middle| \; x_1,\ldots,x_m \in K \right\}$$

と，同一視する．$e_1,\ldots,e_n$ を K^n の標準基底とすると，$\overline{e_{m+1}},\ldots,\overline{e_n}$ は K^n/K^m の基底である．

【例 **7.2.6**】 $V = K[X]$ とし，$f \in K[X]$ を n 次多項式とする．V' を $n-1$ 次以下の多項式全体のなす部分空間とおくと，$K[X] = (f) \oplus V'$ である．したがって，標準同形 $V' \to K[X]/(f)$ が得られる．$1, X, \ldots, X^{n-1}$ は V' の基底だから，$\overline{1}, \overline{X}, \ldots, \overline{X^{n-1}}$ は $K[X]/(f)$ の基底である．$\dim K[X]/(f) = \deg f$ である．

特に f が 1 次式のときは，$f = X - a$ とすると，$K[X]/(X-a) \to K\colon g \mapsto g(a)$ は同形である．

の W による商空間とは，集合としては $\{\bar{x} \mid x \in V\}$ であり，$\bar{x} = \bar{y}$ と $x - y \in W$ は同値である．
商空間の加法は $\bar{x} + \bar{y} = \overline{x+y}$ で定まり，スカラー倍は $a\bar{x} = \overline{ax}$ で定まる．
・商空間 V/W の基底は，W の基底を V に延長したものの像として得られる．

問題

A 7.2.1 $V = \mathbb{C}^3$ とし，e_1, e_2, e_3 を標準基底とする．W を部分空間 $\mathbb{C} \cdot (e_1 + e_2 + e_3)$ とする．$\overline{e_2 - e_1}, \overline{e_3 - e_2}$ は V/W の基底であることを示せ．$\overline{e_1}, \overline{e_2}, \overline{e_3}$ をそれぞれ $\overline{e_2 - e_1}, \overline{e_3 - e_2}$ の線形結合として表わせ．

B 7.2.2 V を線形空間とし，$W \subset V$ を部分空間とする．$p \colon V \to V/W$ を商空間への標準全射とする．V' に対し，V'/W を対応させる写像

$$\{W \text{ を含む } V \text{ の部分空間 }\} \to \{V/W \text{ の部分空間 }\}$$

は可逆であることを示せ．逆写像は，V/W の部分空間 W' に対し，逆像 $p^{-1}(W')$ を対応させることで与えられることを示せ．

7.3 商空間と線形写像

7.1 節で調べたことより，商空間からの線形写像と，もとの空間からの線形写像には，次のような関係がある．

命題 7.3.1 V を K 線形空間とし，W をその部分空間とする．V/W を商空間とし，$p \colon V \to V/W$ を標準全射とする．V' を K 線形空間とし，$f \colon V \to V'$ を線形写像とする．次の条件は同値である．

(1) $g \circ p = f$ をみたす線形写像 $g \colon V/W \to V'$ が存在する．

(2) $f(W) = 0$ である．

この同値な条件がなりたつとき，$g \circ p = f$ をみたす線形写像 $g\colon V/W$ は，ただ1つである．

証明 系 7.1.3 より明らかである． ■

命題 7.3.1 の条件がみたされるとき，$\bar{f} \circ p = f$ をみたす線形写像 $\bar{f}\colon V/W \to V'$ を，f によって**ひきおこされた線形写像** (induced linear mapping) という．$x \in V$ に対し，$\bar{f}(\bar{x}) = f(x)$ である．

系 7.3.2 さらに，W' を V' の部分空間とし，$p'\colon V' \to V'/W'$ を標準全射とする．$f(W) \subset W'$ ならば，$g \circ p = p' \circ f$ をみたす線形写像 $g\colon V/W \to V'/W'$ がただ1つ存在する． □

証明 命題 7.3.1 を合成写像 $p' \circ f$ に適用すればよい． ■

$\bar{f} \circ p = p' \circ f$ をみたす線形写像 $\bar{f}\colon V/W \to V'/W'$ も，f によって**ひきおこされた線形写像**という．$x \in V$ に対し，$\bar{f}(\bar{x}) = \overline{f(x)}$ である．

余談 72 命題 7.3.1 で示した商空間の性質を，商空間の**普遍性** (universality) という．

$x_1, \ldots, x_n$ を V の基底，$y_1, \ldots, y_{n'}$ を V' の基底とし，$x_1, \ldots, x_m$ が W の基底，$y_1, \ldots, y_{m'}$ が W' の基底であるとする．$f : V \to V'$ の，基底 $x_1, \ldots, x_n$ と $y_1, \ldots, y_{n'}$ に関する行列表示を $A \in M_{n'n}(K)$ とする．A を区分けして $A = \begin{pmatrix} A_{11} & A_{12} \\ A_{21} & A_{22} \end{pmatrix}$, $A_{11} \in M_{m'm}(K)$ とすると，条件 $f(W) \subset W'$ より，$A_{21} = 0$ である．A_{11} は，$f|_W : W \to W'$ の，基底 $x_1, \ldots, x_m$ と $y_1, \ldots, y_{m'}$ に関する行列表示である．f がひきおこす線形写像 $\bar{f}\colon V/W \to V'/W'$ の，基底 $\overline{x_{m+1}}, \ldots, \overline{x_n}$ と $\overline{y_{m'+1}}, \ldots, \overline{y_{n'}}$ に関する行列表示は，A_{22} である．

【例 7.3.3】 $f = X^n + a_1X^{n-1} + \cdots + a_{n-1}X + a_n \in K[X]$ とし，$V = K[X]/(f)$ とする．X 倍写像がひきおこす V の自己準同形 F の，V の基底 $\overline{1}, \overline{X}, \ldots, \overline{X^i}, \ldots, \overline{X^{n-1}}$ に関する行列表示は，多項式 f の同伴行列である．V は $\overline{1}$ によって生成される F 安定部分空間と一致する．命題 3.1.9.2 と例 3.6.2.3

より，F の最小多項式と固有多項式は，どちらも f である．

命題 7.3.4（準同形定理）　V, V' を K 線形空間とし，$f\colon V \to V'$ を K 線形写像とする．f がひきおこす線形写像

$$\bar{f}\colon V/\mathrm{Ker}\ f \to \mathrm{Im} f$$

は同形である．□

証明　$x \in V$ に対し，$f(x) = \bar{f}(\bar{x})$ だから，$\bar{f}\colon V/\mathrm{Ker}\ f \to \mathrm{Im} f$ は全射である．核が 0 であることを示す．$x \in V$ に対し，$\bar{f}(\bar{x}) = 0$ とすると，$f(x) = 0$ である．よって，$x \in \mathrm{Ker}\ f$ であり，$\bar{x} = 0$ である．■

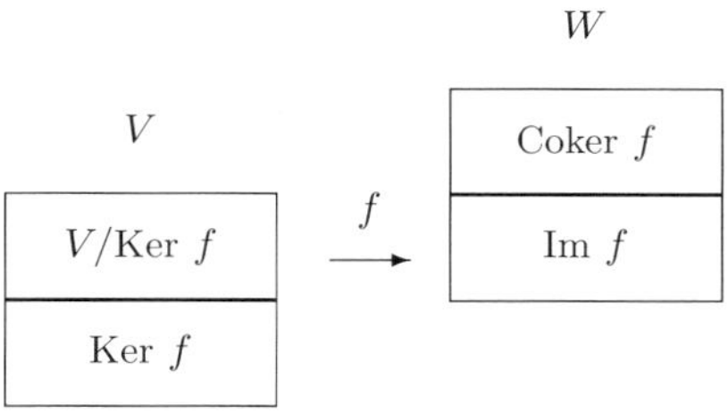

図 7.3　準同形定理と余核

$f\colon V \to W$ を線形写像とする．f は $V \xrightarrow{p} V/\mathrm{Ker}\ f \xrightarrow{\bar{f}} \mathrm{Im}\ f \xrightarrow{i} W$ のように，標準全射 p と同形 $\bar{f}$ と包含写像 i の合成に分解する．これを f の**標準分解** (canonical decomposition) という．

【例 7.3.5】　V を K 線形空間とし，f をその自己準同形とする．

1. $e_f : K[X] \to \mathrm{End}(V)$ を，$F \in K[X]$ に対し V の自己準同形 $F(f)$ を対応させる線形写像とする．$\mathrm{Ker}\ e_f \neq 0$ とし，φ を f の最小多項式とする．$\mathrm{Ker}\ e_f$ は $(\varphi) = \{\varphi \cdot F \mid F \in K[X]\}$ であり，$\mathrm{Im}\ e_f$ は $K[f] = \{F(f) \mid F \in K[X]\}$ である．e_f に準同形定理を適用して，同形 $K[X]/(\varphi) \to K[f]$ が得られる．φ の次数を d とすると，$1, f, \ldots, f^{d-1}$ は $K[f]$ の基底である．

2. $x \in V$ とする．$e_x : K[X] \to V$ を，$F \in K[X]$ に対し $F(f)(x)$ を対応させる線形写像とする．$W = \mathrm{Im}\ e_x$ が有限次元であるとし，$m = \dim W$

とおく．準同形定理より，$\dim K[X]/\mathrm{Ker}\ e_x = m$ である．命題 3.1.2 より $\mathrm{Ker}\ e_x = (\varphi_x)$ をみたす最高次係数が 1 の m 次式 φ_x が定まる．さらに準同形定理より，$x, f(x), \ldots, f^{m-1}(x)$ は W の基底である．$f^m(x) = a_1 f^{m-1}(x) + \cdots + a_{m-1}f(x) + a_m x$ とおくと，$\varphi_x = X^m - (a_1 X^{m-1} + \cdots + a_{m-1}X + a_m)$ である．W は x によって生成される f 安定部分空間である．

系 7.3.6　W, W' を V の部分空間とする．

1. 包含写像 $W' \to W+W'$ がひきおこす写像 $W'/(W\cap W') \to (W+W')/W$ は同形である．

2. $W \supset W'$ とする．標準写像 $V/W' \to V/W$ は，同形 $(V/W')/(W/W') \to V/W$ をひきおこす．□

証明　1. 合成 $W' \to W + W' \to (W + W')/W$ は全射であり，核は $W \cap W'$ である．よって，準同形定理より，同形 $W'/(W \cap W') \to (W + W')/W$ が得られる．

2. $V/W' \to V/W$ は全射で，その核は W/W' である．よって，準同形定理より，同形 $(V/W')/(W/W') \to V/W$ が得られる．■

双対空間と商空間の関係は次のようになっている．

命題 7.3.7　V を K 線形空間，W を V の部分空間とする．$W^\perp = \{f \in V^* \mid f|_W = 0\} \subset V^*$ を，W の零化空間とする．

1. 包含写像 $i\colon W \to V$ の双対写像 $i^*\colon V^* \to W^*$ は，同形 $V^*/W^\perp \to W^*$ をひきおこす．

2. 標準全射 $p\colon V \to V/W$ の双対写像 $p^*\colon (V/W)^* \to V^*$ は，同形 $(V/W)^* \to W^\perp$ を定める．□

証明　1. 系 4.3.7.1 より $i^*\colon V^* \to W^*$ は全射であり，その核は $W^\perp$ である．これに，準同形定理を適用すればよい．

2. 命題 7.3.1 より，$p^*\colon (V/W)^* \to V^*$ の像は $W^\perp$ であり，p^* は単射である．■

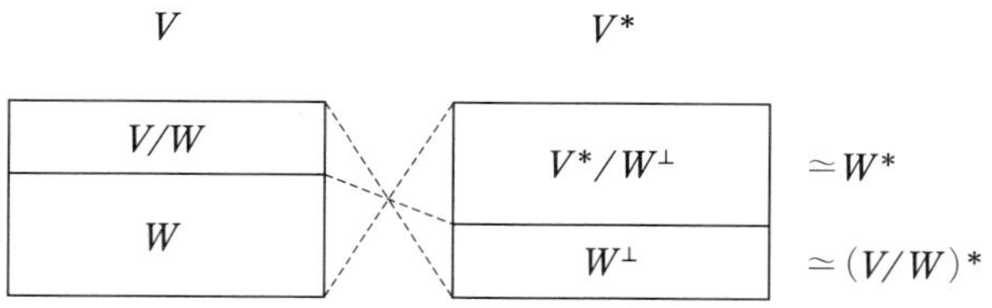

図 7.4 商空間と双対空間

定義 7.3.8 $f\colon V \to W$ を K 線形写像とする．商空間 $W/\mathrm{Im}\, f$ を f の**余核** (cokernel) とよび，$\mathrm{Coker}\, f$ で表わす． □

$x_1, \ldots, x_m$ を V の生成系とすると，全射 $F\colon K^m \to V$ が定まる．$f_1, \ldots, f_n \in K^m$ を F の核の生成系とする．$G\colon K^n \to K^m$ を $f_1, \ldots, f_n$ で定めると，F は，同形 $\mathrm{Coker}(G\colon K^n \to K^m) = K^m/\langle f_1, \ldots, f_n\rangle \to V$ をひきおこす．これを V の生成元 $x_1, \ldots, x_m$ と**関係式** (relation) $f_1, \ldots, f_n$ による**表示** (presentation) とよぶ．

無限集合のときも同様である．$(x_i)_{i \in S}$ を V の生成系とすると，全射 $F\colon K^{(S)} \to V$ が定まる．$(f_j)_{j \in R}$ を F の核の生成系とすると，同形 $\mathrm{Coker}(K^{(R)} \to K^{(S)}) \to V$ が得られる．これを V の生成元 $(x_i)_{i \in S}$ と関係式 $(f_j)_{j \in R}$ による表示とよぶ．

まとめ

- 部分空間を部分空間にうつす線形写像は，商空間に線形写像をひきおこす．
- 線形写像の像は，定義域の空間の核による商空間と同形である．
- 部分空間の双対空間は，双対空間の零化空間による商空間であり，商空間の双対空間は，零化空間である．

問題

A 7.3.1 問題 7.2.1 のとおり，$V = \mathbb{C}^3$, W を部分空間 $\mathbb{C} \cdot (e_1 + e_2 + e_3)$ とする．

1. $A = \begin{pmatrix} 0 & 0 & 1 \\ 1 & 0 & 0 \\ 0 & 1 & 0 \end{pmatrix}$ とし，$f\colon V \to V$ を A 倍写像，$\bar{f}\colon V/W \to V/W$ を f がひきおこす線形写像とする．$\bar{f}$ の，基底 $\overline{e_2 - e_1}, \overline{e_3 - e_2}$ に関する行列表示を求めよ．

2. $\bar{f}$ は対角化可能であることを示し，固有ベクトルからなる V/W の基底を 1 つ与えよ．

A 7.3.2 $V = K^5$ とし，$e_1, \ldots, e_5$ を標準基底とする．W を部分空間 $\langle e_1 - e_2, e_2 - e_3, e_4 - e_5 \rangle$ とする．線形写像 $f\colon K^5 \to K^2\colon \begin{pmatrix} x_1 \\ \vdots \\ x_5 \end{pmatrix} \mapsto \begin{pmatrix} x_1 + x_2 + x_3 \\ x_4 + x_5 \end{pmatrix}$ に準同形定理を適用して，同形 $V/W \to K^2$ が得られることを示せ．

A 7.3.3 $a_1, \ldots, a_n \in K$ を相異なる元とし，$f(X) = (X - a_1) \cdots (X - a_n)$ とする．線形写像 $F\colon K[X] \to K^n$ を $F(g) = (g(a_1), \ldots, g(a_n))$ で定める．F は同形 $K[X]/(f) \to K^n$ をひきおこすことを示せ．

A 7.3.4 全射 $\mathbb{R}[X] \to \mathbb{C}\colon f \mapsto f(\sqrt{-1})$ の核は $(X^2 + 1)$ であることを示し，この全射に準同形定理を適用して，$\mathbb{C}$ を $\mathbb{R}[X]$ の商空間として表わせ．

B 7.3.5 V, V' を線形空間とし，$W \subset V, W' \subset V'$ をそれぞれの部分空間とする．$f\colon V \to V'$ を線形写像で，$f(W) \subset W'$ をみたすものとする．$\bar{f}\colon V/W \to V'/W'$ を f がひきおこす線形写像とする．

1. $\bar{f}\colon V/W \to V'/W'$ が単射であるためには，$f^{-1}(W') = W$ が必要十分であることを示せ．

2. $\bar{f}\colon V/W \to V'/W'$ が全射であるためには，$V' = f(V) + W'$ が必要十分であることを示せ．

B 7.3.6 V を線形空間とし，$W \subset W' \subset V$ をその部分空間とする．命題

7.3.7.2 の標準同形 $(V/W)^* \to W^\perp$ の逆写像と，包含写像の双対 $(V/W)^* \to (W'/W)^*$ の合成 $W^\perp \to (W'/W)^*$ は，同形 $W^\perp/W'^\perp \to (W'/W)^*$ をひきおこすことを示せ．

B 7.3.7 V を有限次元 K 線形空間とし，f を V の自己準同形とする．W を V の部分空間で $f(W) \subset W$ をみたすものとする．f の $V, W, V/W$ での固有多項式をそれぞれ $\Phi_V, \Phi_W, \Phi_{V/W}$ とすると，$\Phi_V = \Phi_W \cdot \Phi_{V/W}$ がなりたつことを示せ．

B 7.3.8 V の部分空間 W, W' について，次の条件は同値であることを示せ．

(1) $V = W \oplus W'$.

(2) 標準全射の直和 $V \to V/W \oplus V/W'$ は同形である．

C 7.3.9 V を有限次元線形空間とし，N を $N^{m+1} = 0$ をみたす V の自己準同形とする．

1. V の部分空間の列 $V = W_m \supset W_{m-1} \supset \cdots \supset W_{-m} \supset W_{-m-1} = 0$ で，次の条件をみたすものがただ 1 つ存在することを示せ．

(1) $-m < i \leq m$ に対し，$NW_i \subset W_{i-2}$

(2) $0 \leq i \leq m$ に対し，N^i は同形 $W_i/W_{i-1} \to W_{-i}/W_{-i-1}$ をひきおこす．

2. $m = 1$ のときは，$W_0 = \mathrm{Ker}\, f, W_{-1} = \mathrm{Im}\, f$ であることを示せ．

3. $V = \bigoplus_{0 \leq p \leq m, 0 \leq q \leq m-p} V_{p,q}$ を定理 3.4.2 の条件を満たす直和分解とする．このとき，$W_i = \bigoplus_{p-q \leq i} V_{p,q}$ であることを示せ．

C 7.3.10 V を線形空間とし，W, W' をその部分空間とする．線形写像

$$V \xrightarrow{\quad f \quad} (V/W) \oplus (V/W') \xrightarrow{\quad g \quad} V/(W + W')$$

を $f(x) = (\bar{x}, \bar{x}), g(\bar{x}, \bar{y}) = \bar{x} - \bar{y}$ で定める．このとき，$0 \to W \cap W' \to V \xrightarrow{f} (V/W) \oplus (V/W') \xrightarrow{g} V/(W + W') \to 0$ は完全系列であることを示せ．

C 7.3.11 $\mathbb{Q}^{\mathbb{N}}$ を有理数列の空間とし，$V = \{x = (x_n)_{n \in \mathbb{N}} \in \mathbb{Q}^{\mathbb{N}} \mid \lim_{n \to \infty} x_n$ は収束 $\}$ を収束列のなす部分空間，$W = \{x = (x_n)_{n \in \mathbb{N}} \in \mathbb{Q}^{\mathbb{N}} \mid \lim_{n \to \infty} x_n = 0\}$

を 0 に収束する列のなす部分空間とする．$x \in V$ に対し，$\lim_{n\to\infty} x_n \in \mathbb{R}$ を対応させる写像 $f\colon V \to \mathbb{R}$ は，同形 $\bar{f}\colon V/W \to \mathbb{R}$ をひきおこすことを示せ．

余談 73　有理数体 $\mathbb{Q}$ を使って，実数体 $\mathbb{R}$ を定義するには，$\mathbb{R}$ を使わずに，問題 7.3.11 の線形空間 V を定義すればよい．そうすれば，$\mathbb{R}$ を上のように商空間として構成することができる．

C 7.3.12　$K = \mathbb{F}_p$ とする．問題 2.4.10 の線形写像 $F\colon K[X] \to \{K$ から K への写像 $\}$，$f \mapsto (x \mapsto f(x))$ は，同形 $K[X]/(X^p - X) \to \{K$ から K への写像 $\}$ をひきおこすことを示せ．

第 8 章 テンソル積と外積

線形空間 V, W に対し，テンソル積 $V \otimes W$ は，$V \otimes W$ からの線形写像は $V \times W$ からの双線形写像と 1 対 1 に対応するという性質で定まる線形空間として定義される．まず 8.1 節で，双線形写像を定義する．8.2 節で，テンソル積を定義し，その基本的性質を証明する．8.3 節では，線形写像がテンソル積にひきおこす線形写像を調べる．8.4 節では，外積の空間をテンソル積の商として定義し，それと行列式の関係を調べる．

8.1 双線形写像

双線形写像の定義は，双線形形式の定義で，値の範囲 K を一般の線形空間でおきかえたものである．

定義 8.1.1 V, W, V' を K 線形空間とする．写像 $f\colon V \times W \to V'$ が**双線形写像** (bilinear mapping) であるとは，次の条件がみたされることをいう．

(1) 任意の $x, x' \in V, y \in W$ に対し，$f(x + x', y) = f(x, y) + f(x', y)$ がなりたつ．

(2) 任意の $x \in V, y, y' \in W$ に対し，$f(x, y + y') = f(x, y) + f(x, y')$ がなりたつ．

(3) 任意の $a \in K, x \in V, y \in W$ に対し，$f(ax, y) = f(x, ay) = af(x, y)$ がなりたつ． □

K を明示したいときには，双線形写像を K 双線形写像とよぶ．条件 (1)–(3) を**双線形写像の公理**という．双線形写像を**双 1 次写像**ともいう．$V' = K$ のときは，$f : V \times W \to K$ が双線形写像であることと，双線形形式であることは同じことである．$z_1, \dots, z_l$ が V' の基底で，$f: V \times W \to V'$ が $f(x, y) = f_1(x, y)z_1 + \cdots + f_l(x, y)z_l$ と表わされるなら，$f: V \times W \to V'$ が双線形写像であることと，各 $f_1, \dots, f_l: V \times W \to K$ が双線形形式であることとは同値である．

【例 8.1.2】　1．体の乗法 $\cdot: K \times K \to K$ は K 双線形写像である．

2．V を K 線形空間とすると，スカラー倍 $\cdot: K \times V \to V$ は K 双線形写像である．

3．行列とベクトルの積 $M_n(K) \times K^n \to K^n$ は K 双線形写像である．

命題 8.1.3　V, W, V', V'' を K 線形空間とする．写像 $f: V \times W \to V'$ が双線形写像で，$g: V' \to V''$ が線形写像ならば，合成 $g \circ f: V \times W \to V''$ は双線形写像である．　□

証明　双線形写像の公理を確かめればよい．$x, x' \in V, y \in W$ ならば，$g(f(x+x', y)) = g(f(x, y) + f(x', y)) = g(f(x, y)) + g(f(x', y))$ である．$x \in V, y, y' \in W$ ならば，$g(f(x, y+y')) = g(f(x, y) + f(x, y')) = g(f(x, y)) + g(f(x, y'))$ である．$a \in K, x \in V, y \in W$ ならば，$g(f(ax, y)) = g(af(x, y)) = ag(f(x, y))$ であり，$g(f(x, ay)) = g(af(x, y)) = ag(f(x, y))$ である．　■

> **まとめ**
> ・双線形写像は，双線形形式の定義で，値の範囲 K を一般の線形空間でおきかえたものである．

問題

A 8.1.1　行列の積 $M_{lm}(K) \times M_{mn}(K) \to M_{ln}(K)$ は K 双線形写像であることを示せ．

B 8.1.2　V と W を線形空間とする．写像 $F: V \times \mathrm{Hom}(V, W) \to W$ を，$F(x, f) = f(x)$ で定める．F は双線形写像であることを示せ．

8.2 テンソル積

2つの K 線形空間 V, W があると，第3の K 線形空間として，直和 $V \oplus W$ が定義される．直和 $V \oplus W$ は，集合としては積であるが，線形空間としては，V と W の和という感じのものである．例えば，V と W が有限次元ならば，$\dim(V \oplus W) = \dim V + \dim W$ である．

テンソル積 $V \otimes W$ も，K 線形空間 V, W に対し定まるものである．これは，V と W の積という感じのものである．例えば，

$$(V_1 \oplus V_2) \otimes W \to (V_1 \otimes W) \oplus (V_2 \otimes W)$$

という，分配法則のような標準同形がある．また，V と W が有限次元ならば，$\dim(V \otimes W) = \dim V \cdot \dim W$ である．

余談 74　テンソルという言葉の由来は，物体を変形したときに生じるテンションを記述する，応力テンソルである．応力テンソル T は，弾性体 $U \subset \mathbb{R}^3$ の内部にある曲面 S にかかる力 F が $F = \int_S T$ で表わされるものとして定義される．曲面 S のパラメータ表示 $x : D \to U$ $(D \subset \mathbb{R}^2)$ をとれば，右辺は $\displaystyle\int_D T\left(x(s,t); \frac{\partial x}{\partial s} \wedge \frac{\partial x}{\partial t}\right) dsdt$ である．これが $\mathbb{R}^3$ の元 F を定めるには，T は U 上で定義された $\mathrm{Hom}(\Lambda^2\mathbb{R}^3, \mathbb{R}^3)$ に値をもつ関数である．問題 8.3.4 の同形 $\mathbb{R}^3 \otimes (\Lambda^2\mathbb{R}^3)^* \to \mathrm{Hom}(\Lambda^2\mathbb{R}^3, \mathbb{R}^3)$ と，例 8.4.11.2 の同形 $\times : \Lambda^2\mathbb{R}^3 \to \mathbb{R}^3$ により，標準同形 $\mathbb{R}^3 \otimes (\mathbb{R}^3)^* \to \mathrm{Hom}(\Lambda^2\mathbb{R}^3, \mathbb{R}^3)$ が定まるから，T はテンソル積 $\mathbb{R}^3 \otimes (\mathbb{R}^3)^*$ に値をもつ関数，すなわち1階共変1階反変のテンソル場である．

以下，線形空間 V, V' に対し，線形写像 $V \to V'$ 全体の集合 $\{f \mid f$ は線形写像 $V \to V'\}$ を $\mathrm{Hom}(V, V')$ で表わす．4.4節では，これを線形空間として調べた．本章では，8.3節の最後と問題以外では，$\mathrm{Hom}(V, V')$ は単なる集合として考えれば十分である．

系 4.4.5 と命題 4.4.9 より，直和 $V \oplus W$ は，任意の K 線形空間 V' に対し，自然な写像

$$\mathrm{Hom}(V \oplus W, V') \to \mathrm{Hom}(V, V') \times \mathrm{Hom}(W, V')$$

が可逆であるという条件で特徴づけられる．テンソル積 $V \otimes W$ は，任意の K 線形空間 V' に対し，自然な 1 対 1 対応

$$\mathrm{Hom}(V \otimes W, V') \to \{K \text{ 双線形写像 } V \times W \to V'\}$$

があるように定義する．

テンソル積は，次のように，大きな線形空間をつくってから，その商空間として構成される．V と W を K 線形空間とする．$V \otimes W$ は，$V \times W$ を生成元の集合とし，次のものを関係式とすることによって得られる．

(1) $x, x' \in V$, $y \in W$ に対し，$(x + x', y) = (x, y) + (x', y)$.

(2) $x \in V$, $y, y' \in W$ に対し，$(x, y + y') = (x, y) + (x, y')$.

(3) $a \in K$, $x \in V$, $y \in W$ に対し，$(ax, y) = (x, ay) = a(x, y)$.

正確にいうと次のとおりである．K 線形空間 $K^{(V \times W)}$ を，例 1.4.7 で定義した $K^{(X)}$ で $X = V \times W$ とおいたものとする．

$$K^{(V \times W)} = \{h : V \times W \to K \mid h(x, y) \neq 0 \text{ となる } (x, y) \in V \times W \text{ は有限個 }\}$$

である．$x \in V, y \in W$ に対し，$e_{x,y} \in K^{(V \times W)}$ を，$e_{x,y}(x, y) = 1, e_{x,y}(x', y') = 0$ $((x, y) \neq (x', y'))$ で定める．R_1, R_2, R_3 を $K^{(V \times W)}$ の部分空間

$$R_1 = \langle e_{x+x',y} - e_{x,y} - e_{x',y} \mid x, x' \in V, y \in W \rangle,$$

$$R_2 = \langle e_{x,y+y'} - e_{x,y} - e_{x,y'} \mid x \in V, y, y' \in W \rangle,$$

$$R_3 = \langle e_{ax,y} - ae_{x,y}, e_{x,ay} - ae_{x,y} \mid a \in K, x \in V, y \in W \rangle$$

とし，$R = R_1 + R_2 + R_3$ とおく．このとき，$V \otimes W$ を商空間 $K^{(V \times W)}/R$ として定義する．

命題 8.2.1　V, W を K 線形空間とする．R を $K^{(V \times W)}$ の部分空間 $R_1 + R_2 + R_3$ とする．$V \otimes W = K^{(V \times W)}/R$ とし，写像 $\otimes \colon V \times W \to V \otimes W$ を $(x, y) \mapsto x \otimes y = \overline{e_{x,y}}$ で定める．このとき，$\otimes \colon V \times W \to V \otimes W$ は，双線形写像であり，次の条件をみたす．

任意の K 線形空間 V' に対し，線形写像 $f \in \mathrm{Hom}(V \otimes W, V')$ に，(x, y) を $f(x \otimes y)$ にうつす双線形写像 $b_f : V \times W \to V'$ を対応させる写像

$$\mathrm{Hom}(V \otimes W, V') \to \{K \text{ 双線形写像 } V \times W \to V'\}$$

は，可逆である． □

証明　V' を任意の K 線形空間とする．$F\colon \mathrm{Hom}(K^{(V\times W)}, V') \to \{$ 写像 $V \times W \to V'\}$ を，命題 2.1.11 で定義した，線形写像 $h : K^{(V\times W)} \to V'$ を $g(x,y) = h(e_{x,y})$ で定まる写像 $g = F(h) : V \times W \to V'$ にうつす可逆な写像とする．$p : K^{(V\times W)} \to K^{(V\times W)}/R$ を標準全射とし，写像 $p^* : \mathrm{Hom}(K^{(V\times W)}/R, V') \to \mathrm{Hom}(K^{(V\times W)}, V')$ を，$p^*(f) = f \circ p$ で定める．次の図式を考える．

$$\begin{array}{ccc} \mathrm{Hom}(K^{(V\times W)}, V') & \xrightarrow{F} & \{\text{ 写像 } V \times W \to V'\} \\ {\scriptstyle p^*}\uparrow & & \cup \\ \mathrm{Hom}(K^{(V\times W)}/R, V') & & \{\text{ 双線形写像 } V \times W \to V'\} \end{array}$$

命題 7.3.1 より，p^* は単射であり，その像は $\{h \in \mathrm{Hom}(K^{(V\times W)}, V') \mid h(R) = 0\}$ である．$h \in \mathrm{Hom}(K^{(V\times W)}, V')$ に対し，条件 $h(R) = 0$ が，h に対応する写像 $g = F(h) : V \times W \to V'$ が双線形写像であることと，同値であることを示す．

条件 $h(R_1) = 0$ は，任意の $x, x' \in V$ と $y \in W$ に対し，$h(e_{x+x',y} - e_{x,y} - e_{x',y}) = g(x+x', y) - g(x,y) - g(x',y)$ が 0 ということである．よって，これは g が双線形写像の公理 (1) をみたすことと同値である．同様に，条件 $h(R_2) = 0, h(R_3) = 0$ は，双線形写像の公理 (2), (3) とそれぞれ同値である．よって，条件 $h(R) = 0$ は，$g\colon V \times W \to V'$ が双線形写像であることと同値である．

よって，$f : V \otimes W \to V'$ に対し，$F(p^*(f)) : V \times W \to V'$ を対応させる写像

$$\mathrm{Hom}(V \otimes W, V') \longrightarrow \{\text{ 双線形写像 } V \times W \to V'\}$$

は可逆である．$g = F(p^*(f))$ は，$g(x,y) = p^*(f)(e_{x,y}) = f(\overline{e_{x,y}}) = f(x \otimes y)$ で定まる写像である．$V' = V \otimes W$ として，f を恒等写像，$h = p$ を標準全射とすると，対応する双線形写像は $\otimes : V \times W \to V \otimes W$ である．一般の f に対しては，$g = f \circ \otimes$ である． ■

定義 8.2.2　V, W を K 線形空間とする．命題 8.2.1 の K 線形空間 $V \otimes W$

を V と W の K 上の**テンソル積** (tensor product) とよぶ. $(x,y) \in V \times W$ に対し, $e_{x,y} \in K^{(V \times W)}$ の類 $x \otimes y \in V \otimes W$ を, x と y の**テンソル積**とよぶ. $(x,y) \in V \times W$ に対し $x \otimes y \in V \otimes W$ を対応させる K 双線形写像 $\otimes \colon V \times W \to V \otimes W$ を, **普遍** (universal) **双線形写像**とよぶ. 線形写像 $f \colon V \otimes W \to V'$ が双線形写像 $g \colon V \times W \to V'$ に対応するとき, f を $f(x \otimes y) = g(x,y)$ で定まる写像とよぶ. □

双線形写像 $g \colon V \times W \to V'$ に対応する線形写像を $f \colon V \otimes W \to V'$ とすると, f は $g = f \circ \otimes$ をみたすただ 1 つの線形写像である. つまり, f は $x \in V, y \in W$ に対し, $f(x \otimes y) = g(x,y)$ をみたすただ 1 つの線形写像である. 可換図式を使えば, f は

$$\begin{array}{ccc} V \times W & & \\ {\scriptstyle \otimes}\downarrow & \searrow {\scriptstyle g} & \\ V \otimes W & \xrightarrow{f} & V' \end{array}$$

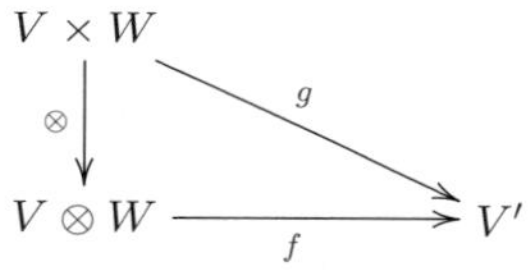

を可換にするただ 1 つの線形写像ということである.

余談 75 商空間の構成と同様, テンソル積の構成も抽象的でなじみにくいものである. しかし, 重要なのは, テンソル積の性質
 (1) 普遍双線形写像 $\otimes \colon V \times W \to V \otimes W$ がある.
 (2) それがひきおこす写像 { 線形写像 $V \otimes W \to V'$ } → { 双線形写像 $V \times W \to V'$ } が可逆である.
の 2 つであり, 構成法ではないので, あまり気にする必要はない.

テンソル積の性質 (1), (2) は, テンソル積を特徴づける性質である. これをテンソル積の普遍性による特徴づけという.

K をはっきりさせたいときは, $V \otimes W$ を $V \otimes_K W$ とも書く. L が K の拡大体で, V, W が L 線形空間であるときは, V, W を自然に K 線形空間と考えることができ, 標準双線形写像 $V \times W \to V \otimes_L W$ は全射 $V \otimes_K W \to V \otimes_L W$ をひきおこすが, これは一般には同形ではないので注意が必要である. 例えば, $\mathbb{C} \otimes_\mathbb{C} \mathbb{C}$ は 1 次元の $\mathbb{C}$ 線形空間だが, $\mathbb{C} \otimes_\mathbb{R} \mathbb{C}$ は 4 次元の $\mathbb{R}$ 線形空間で

ある．$\sqrt{-1}\otimes\sqrt{-1}$ は $\mathbb{C}\otimes_{\mathbb{C}}\mathbb{C}$ の元としては $-1\otimes 1$ と等しいが，$\mathbb{C}\otimes_{\mathbb{R}}\mathbb{C}$ の元としては等しくない．

$x\in V$ とすると，$y\in W$ に対し $x\otimes y\in V\otimes W$ を対応させる写像 $W\to V\otimes W$ は線形写像である．$y\in W$ とすると，$x\in V$ に対し $x\otimes y\in V\otimes W$ を対応させる写像 $V\to V\otimes W$ は線形写像である．

余談 76　テンソル積を表わす記号 $\otimes$ は，線形空間のテンソル積 $V\otimes W$ を表わすのにも，元のテンソル積 $x\otimes y$ を表わすのにも使われる．

次の節では，線形写像のテンソル積 $f\otimes g$ を表わすのにも使われる．

普遍双線形写像 $V\times W\to V\otimes W$ は，問題 8.2.2 にあるように，一般には全射でない．しかし，線形写像 $f\colon V\otimes W\to V'$ は $f(x\otimes y), x\in V, y\in W$ で一意的に定まる．

命題 8.2.3　V, W, V' を K 線形空間とする．線形写像 $f, g\colon V\otimes W\to V'$ に対し，次の条件は同値である．

(1) $f=g$ である．

(2) 任意の $x\in V, y\in W$ に対し，$f(x\otimes y)=g(x\otimes y)$ がなりたつ．　□

証明　(2)⇒(1) を示せばよい．f, g に対応する双線形写像 $V\times W\to V'$ をそれぞれ b_f, b_g とする．$x\in V, y\in W$ に対し，$b_f(x,y)=f(x\otimes y)=g(x\otimes y)=b_g(x,y)$ だから，$b_f=b_g$ である．よって，$f=g$ である．　■

テンソル積は，次の命題 8.2.4, 8.2.6 とその系 8.2.7 により，具体的に扱えるようになる．

命題 8.2.4　V, W を K 線形空間とする．

1．$\dim W=1$ とし，y を W の基底とする．$x\in V$ に対し $x\otimes y\in V\otimes W$ を対応させる線形写像 $f: V\to V\otimes W$ は同形である．

2．$\dim V=1$ とし，x を V の基底とする．$y\in W$ に対し $x\otimes y\in V\otimes W$ を対応させる線形写像 $W\to V\otimes W$ は同形である．　□

証明　1．双線形写像 $V\times W\to V\colon (x, ay)\mapsto ax$ が定める線形写像

$g\colon V\otimes W \to V$ が，$f\colon V \to V\otimes W$ の逆写像であることを示す．$x\in V$ に対し，$g(f(x)) = g(x\otimes y) = x$ である．$f\circ g = \mathrm{id}_{V\otimes W}$ を示す．命題 8.2.3 より，$a\in K, x\in V$ に対し，$f(g(x\otimes ay)) = x\otimes ay$ を示せばよい．$f(g(x\otimes ay)) = f(ax) = ax\otimes y = x\otimes ay$ だから，$f\circ g = \mathrm{id}_{V\otimes W}$ である．よって，g は f の逆写像であり，f は同形である．

2 の証明は 1 の証明と同様だから省略する． ■

【例 8.2.5】 体の乗法 $\cdot\colon K\times K\to K$ が定める線形写像 $K\otimes K\to K\colon a\otimes b\mapsto ab$ は同形である．

V, W を K 線形空間とすると，スカラー倍が定める線形写像 $V\otimes K\to V$, $K\otimes W\to W$ は同形である．

命題 8.2.6 V, W を線形空間とする．

1. $V = V_1\oplus V_2$ ならば，$f((x_1, x_2)\otimes y) = (x_1\otimes y, x_2\otimes y)$ で定まる線形写像

$$f\colon V\otimes W\to (V_1\otimes W)\oplus(V_2\otimes W)$$

は同形である．

2. $W = W_1\oplus W_2$ ならば，$f(x\otimes(y_1, y_2)) = (x\otimes y_1, x\otimes y_2)$ で定まる線形写像

$$f\colon V\otimes W\to (V\otimes W_1)\oplus(V\otimes W_2)$$

は同形である． □

命題 8.2.6 より，部分空間 $V'\subset V$ に対し，$V'\otimes W$ を $V\otimes W$ の部分空間と考える．さらに部分空間 $W'\subset W$ に対し，$V'\otimes W'$ を $V\otimes W$ の部分空間と考える．

証明 1. f の逆写像を定義する．$x_1\otimes y\mapsto (x_1\otimes y, 0)$ で定まる線形写像 $V_1\otimes W\to V\otimes W$ と，$x_2\otimes y\mapsto (0, x_2\otimes y)$ で定まる線形写像 $V_2\otimes W\to V\otimes W$ の和を $g\colon (V_1\otimes W)\oplus(V_2\otimes W)\to V\otimes W$ とする．

$g\circ f = 1_{(V_1\oplus V_2)\otimes W}$ を示す．$x_k\in V_k, y\in W$ として，$g(f((x_1+x_2)\otimes y)) = (x_1+x_2)\otimes y$ を示せばよい．左辺 $= g(x_1\otimes y, x_2\otimes y) = x_1\otimes y + x_2\otimes y =$

$(x_1 + x_2) \otimes y$ である．

$f \circ g = 1_{(V_1 \otimes W) \oplus (V_2 \otimes W)}$ を示す．$x_k \in V_k, y \in W$ として，$f(g(x_1 \otimes y, 0)) = (x_1 \otimes y, 0)$，$f(g(0, x_2 \otimes y)) = (0, x_2 \otimes y)$ を示せばよい．$f(g(x_1 \otimes y, 0)) = f((x_1, 0) \otimes y) = (x_1 \otimes y, 0)$ である．$f(g(0, x_2 \otimes y))$ についても同様である．

2 も 1 と同様に証明されるから，証明は省略する．■

系 8.2.7 $x_1, \ldots, x_n$ が V の基底で $y_1, \ldots, y_m$ が W の基底ならば，$x_1 \otimes y_1, \ldots, x_n \otimes y_1, \ldots, x_1 \otimes y_m, \ldots, x_n \otimes y_m$ は $V \otimes W$ の基底である．したがって，$\dim(V \otimes W) = \dim V \times \dim W$ である．□

証明 $W = Ky_1 \oplus \cdots \oplus Ky_m$ である．命題 8.2.6 をくり返し使うことにより，直和分解 $V \otimes W = (V \otimes Ky_1) \oplus \cdots \oplus (V \otimes Ky_m)$ が得られる．各 j に対し，命題 8.2.4 より，$x_1 \otimes y_j, \ldots, x_n \otimes y_j$ は $V \otimes Ky_j$ の基底である．よって，これらをならべて，$V \otimes W$ の基底が得られる．■

余談 77 $x_1, \ldots, x_n$ を V の基底，$y_1, \ldots, y_m$ を W の基底とする．系 8.2.7 より，$V \otimes W$ の元は $\sum_{i=1}^{n} \sum_{j=1}^{m} a_{ij} x_i \otimes y_j$ と表わせる．物理では，係数 a_{ij} をテンソルとよぶことが多い．

【例 8.2.8】 $x_1, \ldots, x_n$ を V の基底，$y_1, \ldots, y_m$ を W の基底とする．$b\colon V \times W \to K$ を双線形形式とし，$A = (a_{ij}) \in M_{mn}(K)$ を，b の $x_1, \ldots, x_n$，$y_1, \ldots, y_m$ に関する行列表示とする．b が定める線形写像 $V \otimes W \to K$ を f とすると，$f(x_i \otimes y_j) = a_{ij}$ である．

例題 8.2.9 $x \in V, y \in W$ とする．

1．次の条件は同値であることを示せ．

(1) $x \otimes y \neq 0$.

(2) $x \neq 0$ かつ $y \neq 0$.

2．$x \neq 0$ かつ $y \neq 0$ とする．$x' \in V, y' \in W$ に対し，次の条件は同値であることを示せ．

(1) $x \otimes y = x' \otimes y'$.

(2) $x' = ax, y' = a^{-1}y$ をみたす $a \in K^\times$ がある．

解答 1. (1)⇒(2) の対偶を示す．$x=0$ ならば，$x\otimes y=0x\otimes y=0(x\otimes y)=0$ である．同様に $y=0$ ならば，$x\otimes y=0$ である．

(2)⇒(1)：命題 8.2.6 のあとの注意のように，$Kx\otimes W$ は $V\otimes W$ の部分空間と考えられる．よって，命題 8.2.4 よりしたがう．

2. (1)⇒(2)：$V=Kx\oplus V'$, $W=Ky\oplus W'$ とし，$x'=ax+x''$, $y'=by+y''$ とおく．命題 8.2.6 より，$V\otimes W=(Kx\otimes Ky)\oplus(V'\otimes Ky)\oplus(Kx\otimes W')\oplus(V'\otimes W')$ である．ここで，$x'\otimes y'=(ax+x'')\otimes(by+y'')=abx\otimes y+bx''\otimes y+ax\otimes y''+x''\otimes y''$ である．$x'\otimes y'=x\otimes y$ ならば，$x\otimes y=abx\otimes y, bx''\otimes y=0, ax\otimes y''=0$ である．よって，$ab=1, x''=0, y''=0$ である．

(2)⇒(1)：$x'\otimes y'=ax\otimes a^{-1}y=aa^{-1}\cdot x\otimes y=x\otimes y$.

【例 8.2.10】 V を $\mathbb{R}$ 線形空間とし，$V_{\mathbb{C}}$ をその複素化とする．スカラー倍 $\mathbb{C}\times V\to V_{\mathbb{C}}$ は，テンソル積への同形 $\mathbb{C}\otimes_{\mathbb{R}}V\to V_{\mathbb{C}}$ を定める．

無限直和のテンソル積についても，命題 8.2.6 と同様に，標準写像 $(\bigoplus_{i\in I}V_i)\otimes(\bigoplus_{j\in J}W_j)\to\bigoplus_{i\in I}\bigoplus_{j\in J}(V_i\otimes W_j)$ は同形である．無限直積については，標準写像 $(\prod_{i\in I}V_i)\otimes(\prod_{j\in J}W_j)\to\prod_{i\in I}\prod_{j\in J}(V_i\otimes W_j)$ は一般には同形でない．

まとめ

- テンソル積からの線形写像は，双線形写像と 1 対 1 に対応する．
- 基底のテンソル積は，テンソル積の基底となる．
- テンソル積は，大きな直和の商空間として構成される．

問題

A 8.2.1 e_1,e_2 を $\mathbb{R}^2$ の標準基底とする．$\begin{pmatrix}1\\2\end{pmatrix}\otimes\begin{pmatrix}3\\4\end{pmatrix}\in\mathbb{R}^2\otimes\mathbb{R}^2$ を，基底 $e_1\otimes e_1, e_1\otimes e_2, e_2\otimes e_1, e_2\otimes e_2$ の線形結合として表わせ．

A 8.2.2 x_1，x_2 を V の基底，y_1，y_2 を W の基底とすると，$x_1\otimes y_1$, $x_1\otimes y_2, x_2\otimes y_1, x_2\otimes y_2$ は $V\otimes W$ の基底である．$t=ax_1\otimes y_1+bx_1\otimes y_2+$

$cx_2 \otimes y_1 + dx_2 \otimes y_2 \in V \otimes W$ について，次の条件は同値であることを示せ．

(1) $t = x \otimes y$ をみたす $x \in V, y \in W$ が存在する．

(2) $ad = bc$ である．

A 8.2.3 $x, y \in V$ について，次の条件は同値であることを示せ．

(1) x, y は 1 次独立である．

(2) $x \otimes y \neq y \otimes x$ である．

A 8.2.4 $x_1, \ldots, x_m$ と $x'_1, \ldots, x'_m$ を V の基底とし，$y_1, \ldots, y_n$ と $y'_1, \ldots, y'_n$ を W の基底とする．$P \in GL_m(K)$ を $x_1, \ldots, x_m$ から $x'_1, \ldots, x'_m$ への底の変換行列とし，$Q \in GL_n(K)$ を $y_1, \ldots, y_n$ から $y'_1, \ldots, y'_n$ への底の変換行列とする．$A = (a_{ij}), B = (b_{ij}) \in M_{mn}(K)$ に対し，次の条件は同値であることを示せ．

(1) $\sum_{i=1}^m \sum_{j=1}^n a_{ij} x_i \otimes y_j = \sum_{i=1}^m \sum_{j=1}^n b_{ij} x'_i \otimes y'_j$.

(2) $A = PB{}^tQ$.

B 8.2.5 $x_1, \ldots, x_r \in V, y_1, \ldots, y_r \in W$ とする．$t = x_1 \otimes y_1 + x_2 \otimes y_2 + \cdots + x_r \otimes y_r$ について，次のことを示せ．

1．$x_1, \ldots, x_s$ が $\langle x_1, \ldots, x_r \rangle$ の基底ならば，$y'_1, \ldots, y'_s \in W$ で，$t = x_1 \otimes y'_1 + x_2 \otimes y'_2 + \cdots + x_s \otimes y'_s$ をみたすものが，ただ 1 組存在する．

2．次の条件は同値であることを示せ．

(1) $x_1, \ldots, x_r \in V, y_1, \ldots, y_r \in W$ は 1 次独立である．

(2) $x'_1, \ldots, x'_s \in V, y'_1, \ldots, y'_s \in W$ が，$t = x'_1 \otimes y'_1 + x'_2 \otimes y'_2 + \cdots + x'_s \otimes y'_s$ をみたすならば，$s \geq r$ である．

3．$x_1, \ldots, x_r \in V, y_1, \ldots, y_r \in W$ が 1 次独立であるとする．$t = x'_1 \otimes y'_1 + x'_2 \otimes y'_2 + \cdots + x'_r \otimes y'_r$ ならば，$x'_1, \ldots, x'_r$ は $\langle x_1, \ldots, x_r \rangle$ の基底であり，$y'_1, \ldots, y'_r$ は $\langle y_1, \ldots, y_r \rangle$ の基底である．さらに，$x_1, \ldots, x_r$ から $x'_1, \ldots, x'_r$ への底の変換行列を $A \in GL_r(K)$, $y_1, \ldots, y_r$ から $y'_1, \ldots, y'_r$ への底の変換行列を $B \in GL_r(K)$ とすると，$A{}^tB = 1$ がなりたつ．

B 8.2.6 1．複素数の乗法が定める $\mathbb{R}$ 線形写像 $\mathbb{C} \otimes_{\mathbb{R}} \mathbb{C} \to \mathbb{C}$ の，基底 $1 \otimes 1, \sqrt{-1} \otimes 1, 1 \otimes \sqrt{-1}, \sqrt{-1} \otimes \sqrt{-1}$ と $1, \sqrt{-1}$ に関する行列表示を求めよ．

2. $\mathbb{C}\otimes_{\mathbb{R}}\mathbb{C}\to\mathbb{C}^2$ を $x\otimes y\mapsto\begin{pmatrix}xy\\x\bar{y}\end{pmatrix}$ で定める．これは同形であることを示せ．

B 8.2.7　1. K を体とすると，$K[X]\otimes K[Y]\to K[X,Y]\colon f\otimes g\mapsto fg$ は同形であることを示せ．

2. $\mathbb{C}\otimes_{\mathbb{R}}\mathbb{R}[X]\to\mathbb{C}[X]\colon a\otimes f\mapsto af$ は同形であることを示せ．

B 8.2.8　V, W, V' を線形空間とする．線形写像 $f\colon V\otimes W\to V'$ と $x\in V$ に対し，線形写像 $g_f(x)\colon W\to V'$ を，$g_f(x)(y)=f(x\otimes y)$ で定める．

1. $x\in V$ に対し $g_f(x)$ を対応させる写像 $g_f\colon V\to \mathrm{Hom}(W,V')$ は線形写像であることを示せ．

2. f に対し $g_f\in\mathrm{Hom}(V,\mathrm{Hom}(W,V'))$ を対応させる線形写像 $\mathrm{Hom}(V\otimes W,V')\to\mathrm{Hom}(V,\mathrm{Hom}(W,V'))$ は，同形であることを示せ．

8.3　線形写像のテンソル積

$f\colon V\to V', g\colon W\to W'$ を線形写像とする．$(x,y)\in V\times W$ に $f(x)\otimes g(y)\in V'\otimes W'$ を対応させる写像 $V\times W\to V'\otimes W'$ は，双線形写像である．これに対応する線形写像 $V\otimes W\to V'\otimes W'$ を，f と g の**テンソル積**とよび，$f\otimes g$ で表す．

命題 8.3.1　$f\colon V\to V', g\colon W\to W'$ を線形写像とする．

1. $\mathrm{Ker}\,(f\otimes g)=(\mathrm{Ker}\,f\otimes W)+(V\otimes\mathrm{Ker}\,g)$ である．

2. $\mathrm{Im}\,(f\otimes g)=(\mathrm{Im}\,f)\otimes(\mathrm{Im}\,g)$ である．$\mathrm{Im}\,f$ と $\mathrm{Im}\,g$ が有限次元ならば，$\mathrm{Im}\,(f\otimes g)$ も有限次元で，$\mathrm{rank}(f\otimes g)=\mathrm{rank}\,f\cdot\mathrm{rank}\,g$ である．

3. V, V', W, W' が有限次元とし，$f\colon V\to V'$ の，基底 $x_1,\ldots,x_n$ と $y_1,\ldots,y_m$ に関する行列表示を $A\in M_{mn}(K)$ とし，$g\colon W\to W'$ の，基底 $x'_1,\ldots,x'_{n'}$ と $y'_1,\ldots,y'_{m'}$ に関する行列表示を $B\in M_{m'n'}(K)$ とする．このとき，$f\otimes g\colon V\otimes W\to V'\otimes W'$ の，基底 $x_1\otimes x'_1,\ldots,x_n\otimes x'_1,\ldots,x_1\otimes x'_{n'},\ldots,x_n\otimes x'_{n'}$ と $y_1\otimes y'_1,\ldots,y_m\otimes y'_1,\ldots,y_1\otimes y'_{m'},\ldots,y_m\otimes y'_{m'}$ に関する行列表示は，行

列のテンソル積 $A\otimes B = \begin{pmatrix} Ab_{11} & \cdots & Ab_{1n'} \\ & \cdots & \\ Ab_{m'1} & \cdots & Ab_{m'n'} \end{pmatrix} \in M_{(mm')(nn')}(K)$ である．

証明　1，2．直和分解 $V = \mathrm{Ker}\ f \oplus V_1, W = \mathrm{Ker}\ g \oplus W_1$ をとり，$f'\colon V_1 \to \mathrm{Im}\ f$, $g'\colon W_1 \to \mathrm{Im}\ g$ を f, g の制限が定める同形とする．命題 8.2.6 より，$V\otimes W = (\mathrm{Ker}\ f\otimes \mathrm{Ker}\ g)\oplus(\mathrm{Ker}\ f\otimes W_1)\oplus(V_1\otimes \mathrm{Ker}\ g)\oplus(V_1\otimes W_1)$ と分解する．$f\otimes g$ の $(\mathrm{Ker}\ f\otimes W)+(V\otimes \mathrm{Ker}\ g) = (\mathrm{Ker}\ f\otimes \mathrm{Ker}\ g)\oplus(\mathrm{Ker}\ f\otimes W_1)\oplus(V_1\otimes \mathrm{Ker}\ g)$ への制限は 0 である．$V_1\otimes W_1$ への制限は，同形 $f'\otimes g'\colon V_1\otimes W_1 \to \mathrm{Im}\ f\otimes \mathrm{Im}\ g$ を定める．よって，$(\mathrm{Ker}\ f\otimes W)+(V\otimes \mathrm{Ker}\ g) = \mathrm{Ker}\ (f\otimes g)$ と，$\mathrm{Im}\ (f\otimes g) = (\mathrm{Im}\ f)\otimes(\mathrm{Im}\ g)$ が示された．

$\mathrm{Im}\ f$ と $\mathrm{Im}\ g$ が有限次元ならば，$\mathrm{Im}\ (f\otimes g) = (\mathrm{Im}\ f)\otimes(\mathrm{Im}\ g)$ も有限次元で，$\mathrm{rank}(f\otimes g) = \dim \mathrm{Im}\ (f\otimes g) = \dim(\mathrm{Im}\ f)\otimes(\mathrm{Im}\ g) = \mathrm{rank}\ f\cdot \mathrm{rank}\ g$ である．

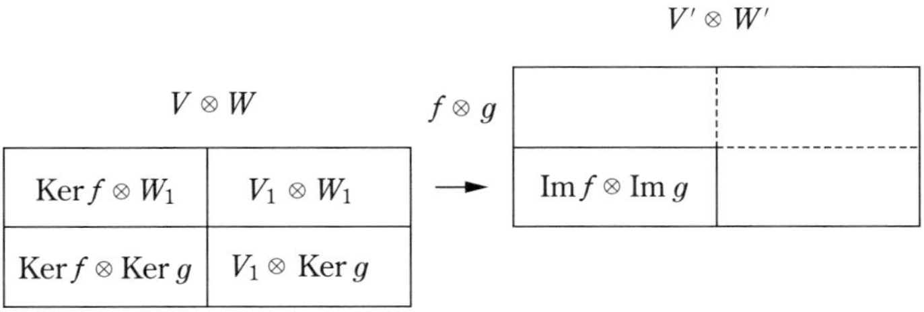

図 **8.1**　線形写像のテンソル積

3.

$$(f\otimes g)(x_j\otimes x'_{j'}) = f(x_j)\otimes g(x'_{j'}) = \left(\sum_{i=1}^{m} a_{ij}y_i\right)\otimes\left(\sum_{i'=1}^{m'} b_{i'j'}y'_{i'}\right)$$

$$= \sum_{i=1}^{m}\sum_{i'=1}^{m'} a_{ij}b_{i'j'}(y_i\otimes y'_{i'})$$

である．■

系 8.3.2　1．$f: V \to V', g: W \to W'$ が全射ならば，$f\otimes g: V\otimes W \to V'\otimes W'$ も全射である．$f: V \to V', g: W \to W'$ が単射ならば，

$f \otimes g: V \otimes W \to V' \otimes W'$ も単射である．

2. $V' \subset V, W' \subset W$ を部分空間とする．商空間への標準全射のテンソル積 $V \otimes W \to (V/V') \otimes (W/W')$ は，同形

$$(V \otimes W)/(V' \otimes W + V \otimes W') \to (V/V') \otimes (W/W')$$

をひきおこす．

3. V, W を有限次元 K 線形空間とし，f, g をそれぞれ V, W の自己準同形とする．$\mathrm{Tr}(f \otimes g) = \mathrm{Tr}\ f \cdot \mathrm{Tr}\ g$, $\det(f \otimes g) = (\det\ f)^{\dim W}(\det\ g)^{\dim V}$ である． □

証明　1. f, g が全射ならば，$\mathrm{Im}\,(f \otimes g) = (\mathrm{Im}\ f) \otimes (\mathrm{Im}\ g) = V' \otimes W'$ であり，$f \otimes g$ は全射である．

f, g が単射ならば，$\mathrm{Ker}\,(f \otimes g) = (\mathrm{Ker}\ f \otimes W) + (V \otimes \mathrm{Ker}\ g) = 0$ であり，$f \otimes g$ は単射である．

2. 標準全射のテンソル積 $V \otimes W \to (V/V') \otimes (W/W')$ は，全射である．その核は $V' \otimes W + V \otimes W'$ だから，準同形定理より，同形 $(V \otimes W)/(V' \otimes W + V \otimes W') \to (V/V') \otimes (W/W')$ をひきおこす．

3. 命題 8.3.1.3 より，$\mathrm{Tr}(f \otimes g) = \mathrm{Tr}(A \otimes B) = \sum_{i'=1}^{m'} \mathrm{Tr}\ Ab_{i'i'} = \mathrm{Tr}\ A \cdot \mathrm{Tr}\ B = \mathrm{Tr}\ f \cdot \mathrm{Tr}\ g$ である．

$\det(f \otimes g) = \det((f \otimes 1) \circ (1 \otimes g)) = \det(f \otimes 1) \cdot \det(1 \otimes g) = \det(A \otimes 1) \cdot \det(1 \otimes B) = (\det A)^{\dim W}(\det B)^{\dim V} = (\det\ f)^{\dim W}(\det\ g)^{\dim V}$ である．

■

【例 8.3.3】　V, W を K 線形空間とする．

1. 線形形式 $f: V \to K$ と $y \in W$ に対し，$f \otimes y: V \to W$ で，$x \in V$ を $f(x)y \in W$ にうつす線形写像を表わす．$x_1, \ldots, x_n$ を V の基底とし，$f_1, \ldots, f_n \in V^*$ を双対基底とする．$y_1, \ldots, y_m$ を W の基底とする．$f: V \to W$ を線形写像とし，その $x_1, \ldots, x_n$ と $y_1, \ldots, y_m$ に関する行列表示を $A = (a_{ij}) \in M_{mn}(K)$ とすると，$f = \displaystyle\sum_{i=1}^{m}\sum_{j=1}^{n} a_{ij} f_j \otimes y_i$ である．

2. 線形形式 $f: V \to K$ と $g: W \to K$ に対し，$f \otimes g: V \otimes W \to K$ で，双線形写像 $(x, y) \mapsto f(x)g(y)$ が定める線形写像を表わす．$x_1, \ldots, x_m$ を V の基底，$y_1, \ldots, y_n$ を W の基底とし，$f_1, \ldots, f_m$, $g_1, \ldots, g_n$ をそれら

の双対基底とする．$b\colon V \times W \to K$ を双線形形式とし，その $x_1, \ldots, x_m$ と $y_1, \ldots, y_n$ に関する行列表示を $A = (a_{ij}) \in M_{mn}(K)$ とする．b が定める線形写像 $V \otimes W \to K$ は，$\displaystyle\sum_{i=1}^{m}\sum_{j=1}^{n} a_{ij} f_i \otimes g_j$ である．

命題 8.3.4 線形写像の列 $V' \xrightarrow{f} V \xrightarrow{g} V''$ について，次の条件はすべて同値である．

(1) $V' \xrightarrow{f} V \xrightarrow{g} V''$ は完全系列である．

(2) 任意の K 線形空間 W に対し，$V' \otimes W \xrightarrow{f \otimes 1} V \otimes W \xrightarrow{g \otimes 1} V'' \otimes W$ は完全系列である．

(3) 任意の K 線形空間 W に対し，$W \otimes V' \xrightarrow{1 \otimes f} W \otimes V \xrightarrow{1 \otimes g} W \otimes V''$ は完全系列である． □

証明 証明は命題 4.4.11 の証明と同様である．

(1)⇒(2)：命題 2.5.2.2 より，直和分解 $V' = V_1' \oplus V_2'$, $V = V_1 \oplus V_2$, $V'' = V_1'' \oplus V_2''$ と，同形 $\bar{f}\colon V_2' \to V_1$, $\bar{g}\colon V_2 \to V_1''$ で，$i\colon V_1 \to V, i''\colon V_1'' \to V''$ を包含写像，$p\colon V \to V_2, p'\colon V' \to V_2'$ を第 2 射影とすると，$f = i \circ \bar{f} \circ p', g = i'' \circ \bar{g} \circ p$ をみたすものが存在する．命題 8.2.6 より，$V' \otimes W = (V_1' \otimes W) \oplus (V_2' \otimes W)$, $V \otimes W = (V_1 \otimes W) \oplus (V_2 \otimes W)$, $V'' \otimes W = (V_1'' \otimes W) \oplus (V_2'' \otimes W)$ である．$\bar{f}, \bar{g}$ は同形だから，$\bar{f} \otimes 1\colon V_2' \otimes W \to V_1 \otimes W$, $\bar{g} \otimes 1\colon V_2 \otimes W \to V_1'' \otimes W$ も同形である．$f \otimes 1 = (i \otimes 1) \circ (\bar{f} \otimes 1) \circ (p' \otimes 1), g \otimes 1 = (i'' \otimes 1) \circ (\bar{g} \otimes 1) \circ (p \otimes 1)$ だから，命題 2.5.2.2 より，(2) がなりたつ．

(2)⇒(1)：$W = K$ とすればよい．

(1)⇔(3)：(1)⇔(2) の証明と同様である． ■

線形写像の対 $(f, g) \in \mathrm{Hom}(V, V') \times \mathrm{Hom}(W, W')$ に対しそのテンソル積 $f \otimes g$ を対応させる写像 $\mathrm{Hom}(V, V') \times \mathrm{Hom}(W, W') \to \mathrm{Hom}(V \otimes V', W \otimes W')$ は双線形写像であり，線形写像

$$\mathrm{Hom}(V, V') \otimes \mathrm{Hom}(W, W') \to \mathrm{Hom}(V \otimes V', W \otimes W')$$

をひきおこす．

まとめ

・線形写像のテンソル積は，テンソル積の線形写像を定める．

・線形写像のテンソル積の行列表示は，行列表示のテンソル積である．

問題

A 8.3.1　V, W を線形空間とし，$x_1, \ldots, x_n$ を V の基底，$y_1, \ldots, y_m$ を W の基底とする．$f_1, \ldots, f_n$ を V^* の双対基底，$g_1, \ldots, g_m$ を W^* の双対基底とする．$f_1 \otimes g_1, \ldots, f_1 \otimes g_m, \ldots,\ f_n \otimes g_1, \ldots,\ f_n \otimes g_m \in (V \otimes W)^*$ は，$x_1 \otimes y_1, \ldots, x_1 \otimes y_m, \ldots, x_n \otimes y_1, \ldots, x_n \otimes y_m$ の双対基底であることを示せ．

A 8.3.2　$e_1, \ldots, e_n \in K^n$ を標準基底とし，$f_1, \ldots, f_n \in (K^n)^*$ をその双対基底とする．標準写像 $K^m \otimes (K^n)^* \to \mathrm{Hom}(K^n, K^m) = M_{mn}(K)$ による，$K^m \otimes (K^n)^*$ の基底 $e_i \otimes f_j$ の像は，行列単位 E_{ij} であることを示せ．

B 8.3.3　V を有限次元線形空間とする．$K \otimes V$ と $V \otimes K$ を V と同一視し，線形写像 $f: K \to V$ と $g: V \to K$ のテンソル積 $f \otimes g: K \otimes V \to V \otimes K$ を，V の自己準同形と考える．図式

$$\begin{array}{ccc}
\mathrm{Hom}(K, V) \otimes \mathrm{Hom}(V, K) & \xrightarrow{\mathrm{ev}_1 \otimes \mathrm{id}} & V \otimes V^* \\
{\scriptstyle f\otimes g \mapsto f \otimes g}\downarrow & & \downarrow{\scriptstyle x \otimes f \mapsto f(x)} \\
\mathrm{Hom}(V, V) & \xrightarrow{\mathrm{Tr}} & K
\end{array}$$

は可換であることを示せ．

B 8.3.4　V, W を線形空間とする．$\mathrm{Hom}(K, V)$ と $V \otimes K$ を V と同一視し，$K \otimes W$ を W と同一視する．線形写像 $f: K \to V$ と $g: W \to K$ のテンソル積 $f \otimes g: K \otimes W \to V \otimes K$ を，線形写像 $W \to V$ と考え，標準写像

$$T: V \otimes W^* = \mathrm{Hom}(K, V) \otimes \mathrm{Hom}(W, K) \to \mathrm{Hom}(W, V)$$

を定める．

1. T は，V, W のどちらか一方が有限次元ならば同形であることを示せ．

2. T が定める双線形写像 $V \times W^* \to \mathrm{Hom}(W,V)$ の像は，{ 階数が 1 以下の線形写像 $W \to V$} であることを示せ.

3. $T: V \otimes W^* \to \mathrm{Hom}(W,V)$ は単射であり，その像は { 階数が有限の線形写像 $W \to V$} であることを示せ.

8.4 外積と行列式*

V を K 線形空間とし，$r \geq 0$ を自然数とする．$V^{\otimes r}$ で r 個の V のテンソル積 $V \otimes V \otimes \cdots \otimes V$ を表わす．$V^{\otimes 0} = K, V^{\otimes 1} = V, V^{\otimes 2} = V \otimes V$ である.

定義 8.4.1 V を K 線形空間とし，$r \geq 0$ を自然数とする．$V^{\otimes r}$ の部分空間

$$R_r = \langle x_1 \otimes \cdots \otimes x_i \otimes \cdots \otimes x_j \otimes \cdots \otimes x_r \mid 1 \leq i < j \leq r, x_i = x_j \rangle$$

による商 $V^{\otimes r}/R_r$ を，V の r 次**外巾**(がいべき) (exterior power) とよび，$\Lambda^r V$ で表わす. $x_1 \otimes \cdots \otimes x_r \in V^{\otimes r}$ の像を，$x_1 \wedge$(ウェッジ) $\cdots \wedge x_r \in \Lambda^r V$ で表す. □

【例 8.4.2】 $r = 0$ のときは，$\Lambda^0 V = V^{\otimes 0} = K$ であり，$r = 1$ のときは，$\Lambda^1 V = V^{\otimes 1} = V$ である．$V = K$ のときは，$r \geq 2$ なら，$\Lambda^r K = 0$ である.

命題 8.4.3 V を線形空間とし，$p + q = r$ を自然数とする．自然な同形 $V^{\otimes p} \otimes V^{\otimes q} \to V^{\otimes r}$ に対応する双線形写像 $V^{\otimes p} \times V^{\otimes q} \to V^{\otimes r}$ は，双線形写像

$$\wedge\colon \Lambda^p V \times \Lambda^q V \to \Lambda^r V$$

をひきおこす. □

証明 自然な同形 $V^{\otimes p} \otimes V^{\otimes q} \to V^{\otimes r}$ が，線形写像 $\Lambda^p V \otimes \Lambda^q V \to \Lambda^r V$ をひきおこすことを示せばよい．$R_p \otimes V^{\otimes q} + V^{\otimes p} \otimes R_q \subset R_r$ だから，自然な同形 $V^{\otimes p} \otimes V^{\otimes q} \to V^{\otimes r}$ は，線形写像 $\Lambda^p V \otimes \Lambda^q V = (V^{\otimes p}/R_p) \otimes (V^{\otimes q}/R_q) = V^{\otimes (p+q)}/(R_p \otimes V^{\otimes q} + V^{\otimes p} \otimes R_q) \to \Lambda^r V = V^{\otimes r}/R_r$ をひきおこす. ■

双線形写像 $\wedge\colon \Lambda^p V \times \Lambda^q V \to \Lambda^r V$ による (s,t) の像を，s と t の**外積**(がいせき) (exterior product) とよび，$s \wedge t$ で表わす.

外巾は，次に定義する交代多重線形写像と結びついている.

定義 8.4.4　V を K 線形空間とし，$r \geq 0$ を自然数とする．

1．写像 $f\colon V^{\times r} = V \times V \times \cdots \times V \to W$ が $\boldsymbol{r}$ **重線形写像** (r-ple linear mapping) であるとは，次の条件がみたされることをいう．

(1)　任意の $i = 1, \ldots, r$ と，$x_1, \ldots, x_r, y_i \in V$ に対し，

$$\begin{aligned} & f(x_1, \ldots, x_{i-1}, x_i + y_i, x_{i+1}, \ldots, x_r) \\ &= f(x_1, \ldots, x_{i-1}, x_i, x_{i+1}, \ldots, x_r) + f(x_1, \ldots, x_{i-1}, y_i, x_{i+1}, \ldots, x_r) \end{aligned}$$

がなりたつ．

(2)　任意の $i = 1, \ldots, r$ と，$a \in K, x_1, \ldots, x_r \in V$ に対し，

$$f(x_1, \ldots, x_{i-1}, ax_i, x_{i+1}, \ldots, x_r) = af(x_1, \ldots, x_{i-1}, x_i, x_{i+1}, \ldots, x_r)$$

がなりたつ．

2．r 重線形写像 $f\colon V^{\times r} \to W$ が**交代**であるとは，任意の $x_1, \ldots, x_r \in V$ に対し，$x_i = x_j$ をみたす $1 \leq i < j \leq r$ があるならば $f(x_1, \ldots, x_r) = 0$ がなりたつことをいう．　□

$r = 0$ のときは，$V^{\times 0} = 0 = \{0\}$ であり，任意の写像 $\{0\} \to W$ は 0 重線形写像であり，交代 0 重線形写像である．$r = 1$ のときは，$V^{\times 1} = V$ であり，任意の線形写像 $V \to W$ は 1 重線形写像であり，交代 1 重線形写像である．$f : V^{\times r} \to W$ が交代 r 重線形写像で $g : V' \to V$ が線形写像ならば，合成写像 $f \circ g^{\times r} : V'^{\times r} \to V^{\times r} \to W$ は交代 r 重線形写像である．交代 2 重線形写像 $V \times V \to W$ を，**交代双線形写像**ともいう．

【例 8.4.5】　1．$(a_1, \ldots, a_n) \in (K^n)^{\times n}$ を，ベクトル $a_1, \ldots, a_n \in K^n$ をならべて得られる行列 $\begin{pmatrix} a_1 & \cdots & a_n \end{pmatrix}$ と同一視することで，$(K^n)^{\times n} = M_n(K)$ と考える．行列式が定める写像 $\det : (K^n)^{\times n} = M_n(K) \to K$ は，交代 n 重線形写像である．

2．V を K 線形空間とし，$f_1, \ldots, f_r : V \to K$ を線形形式とする．$(x_1, \ldots, x_r) \in V^{\times r}$ に対し，行列 $(f_i(x_j)) \in M_r(K)$ の行列式 $\det(f_i(x_j)) \in K$ を対応させる写像 $V^{\times r} \to K$ は，交代 r 重線形写像である．この写像を $f_1 \wedge \cdots \wedge f_r$ で表わす．

テンソル積の定義より，r 重線形写像 $V^{\times r} \to V^{\otimes r}\colon (x_1, \dots, x_r) \mapsto x_1 \otimes \cdots \otimes x_r$ がひきおこす写像

$$\{\text{線形写像 } V^{\otimes r} \to W\} \to \{r \text{ 重線形写像 } V^{\times r} \to W\}$$

は可逆である．

命題 8.4.6 V, W を K 線形空間とする．自然な可逆写像 $\mathrm{Hom}(V^{\otimes r}, W) \to \{r \text{ 重線形写像 } V^{\times r} \to W\}$ は，可逆な写像

$$\mathrm{Hom}(\Lambda^r V, W) \to \{\text{交代 } r \text{ 重線形写像 } V^{\times r} \to W\}$$

をひきおこす． □

証明 線形写像 $f\colon V^{\otimes r} \to W$ に対応する r 重線形写像 $V^{\times r} \to W$ が交代であるための条件は，$f(R_r) = 0$ である．よって，命題 7.3.1 よりしたがう． ■

$\Lambda^r V$ の恒等写像に対応する交代 r 重線形写像 $V^{\times r} \to \Lambda^r V$ は，合成写像 $V^{\times r} \to V^{\otimes r} \to \Lambda^r V$ である．これを**普遍交代 r 重線形写像**という．例 8.4.5.2 の交代 r 重線形写像 $f_1 \wedge \cdots \wedge f_r : V^{\times r} \to K$ に対応する線形形式 $\Lambda^r V \to K$ も，$f_1 \wedge \cdots \wedge f_r$ で表わす．

命題 8.4.7 V を K 線形空間とし，$r \geq 0$ を自然数，$f\colon V^{\times r} \to W$ を交代 r 重線形写像とする．置換 $\sigma \in \mathfrak{S}_n$ に対し，

$$f(x_{\sigma(1)}, \dots, x_{\sigma(r)}) = \mathrm{sgn}(\sigma) f(x_1, \dots, x_r)$$

がなりたつ． □

証明 まず，$1 \leq i < j \leq r$ に対し $\sigma = (i\ j)$ のときに示す．$x_1, \dots, x_r \in V$ とすると，定義 8.4.4 の (1) より，

$$\begin{aligned}
&f(x_1, \dots, x_{i-1}, x_i + x_j, x_{i+1}, \dots, x_{j-1}, x_i + x_j, x_{j+1}, \dots, x_r) \\
&= f(x_1, \dots, x_{i-1}, x_i, x_{i+1}, \dots, x_{j-1}, x_i, x_{j+1}, \dots, x_r) \\
&\quad + f(x_1, \dots, x_{i-1}, x_i, x_{i+1}, \dots, x_{j-1}, x_j, x_{j+1}, \dots, x_r) \\
&\quad + f(x_1, \dots, x_{i-1}, x_j, x_{i+1}, \dots, x_{j-1}, x_i, x_{j+1}, \dots, x_r) \\
&\quad + f(x_1, \dots, x_{i-1}, x_j, x_{i+1}, \dots, x_{j-1}, x_j, x_{j+1}, \dots, x_r)
\end{aligned}$$

である．定義 8.4.4 の (2) より，左辺と，右辺の第 1 項，第 4 項は 0 である．よって，

$$\begin{aligned} &f(x_1, \ldots, x_{i-1}, x_i, x_{i+1}, \ldots, x_{j-1}, x_j, x_{j+1}, \ldots, x_r) \\ &= -f(x_1, \ldots, x_{i-1}, x_j, x_{i+1}, \ldots, x_{j-1}, x_i, x_{j+1}, \ldots, x_r) \end{aligned}$$

である．一般の場合は，これより，$\{i \mid 1 \leq i \leq r, \sigma(i) \neq i\}$ の元の個数に関する帰納法で示される． ■

系 8.4.8 $s \in \Lambda^p V, t \in \Lambda^q V$ ならば，$t \wedge s = (-1)^{pq} s \wedge t$ である． □

証明 $x_1, \ldots, x_p, y_1, \ldots, y_q \in V$ に対し，$y_1 \wedge \cdots \wedge y_q \wedge x_1 \wedge \cdots \wedge x_p = (-1)^{pq} x_1 \wedge \cdots \wedge x_p \wedge y_1 \wedge \cdots \wedge y_q$ を示せばよい．$\sigma \in \mathfrak{S}_{p+q}$ を

$$\sigma(i) = \begin{cases} i + p & 1 \leq i \leq q \text{ のとき}, \\ i - q & q + 1 \leq i \leq p + q \text{ のとき} \end{cases}$$

で定める．$\mathrm{sgn}(\sigma) = (-1)^{pq}$ だから，普遍 $p + q$ 重交代双線形写像 $V^{\times(p+q)} \to \Lambda^{p+q} V$ に命題 8.4.7 を適用すれば，

$$\begin{aligned} y_1 \wedge \cdots \wedge y_q \wedge x_1 \wedge \cdots \wedge x_p &= \mathrm{sgn}(\sigma) x_1 \wedge \cdots \wedge x_p \wedge y_1 \wedge \cdots \wedge y_q \\ &= (-1)^{pq} x_1 \wedge \cdots \wedge x_p \wedge y_1 \wedge \cdots \wedge y_q \end{aligned}$$

である． ■

$f \colon V \to W$ を線形写像，r を自然数とすると，$V^{\times r} \to \Lambda^r W \colon (x_1, \ldots, x_r) \mapsto f(x_1) \wedge \cdots \wedge f(x_r)$ は，交代 r 重線形写像である．これがひきおこす線形写像を $\wedge^r f \colon \Lambda^r V \to \Lambda^r W$ で表わす．

命題 8.4.9 V, W を線形空間とし，$r \geq 0$ を自然数とする．$p + q = r$ をみたす自然数に対し，$\Lambda^p V \otimes \Lambda^q W \to \Lambda^r (V \oplus W)$ を，包含写像がひきおこす写像 $\Lambda^p V \to \Lambda^p (V \oplus W)$, $\Lambda^q W \to \Lambda^q (V \oplus W)$ のテンソル積と，外積 $\wedge \colon \Lambda^p (V \oplus W) \otimes \Lambda^q (V \oplus W) \to \Lambda^r (V \oplus W)$ の合成とする．これらの直和

$$f\colon \begin{matrix}\Lambda^r V \oplus (\Lambda^{r-1} V \otimes W) \oplus (\Lambda^{r-2} V \otimes \Lambda^2 W) \oplus \\ \cdots \oplus (V \otimes \Lambda^{r-1} W) \oplus \Lambda^r W\end{matrix} \longrightarrow \Lambda^r(V \oplus W)$$

は同形である． □

証明 逆写像を定義する．自然数 $0 \leq p \leq r$ に対し，$\mathfrak{S}_r^{(p)}$ を対称群 $\mathfrak{S}_r$ の部分集合 $\{\sigma \in \mathfrak{S}_r \mid \sigma(1) < \sigma(2) < \cdots < \sigma(p), \sigma(p+1) < \sigma(p+2) < \cdots < \sigma(r)\}$ とする．交代 r 重線形写像 $g\colon (V \oplus W)^{\times r} \to \bigoplus_{p=0}^r (\Lambda^p V \otimes \Lambda^{r-p} W)$ を

$$\begin{aligned}&g(x_1 + y_1, \ldots, x_r + y_r) \\ &= \sum_{p=0}^r \sum_{\sigma \in \mathfrak{S}_r^{(p)}} \mathrm{sgn}(\sigma) \cdot (x_{\sigma(1)} \wedge \cdots \wedge x_{\sigma(p)}) \otimes (y_{\sigma(p+1)} \wedge \cdots \wedge y_{\sigma(r)})\end{aligned}$$

で定義する．

g が定める線形写像 $h\colon \Lambda^r(V \oplus W) \to \bigoplus_{p=0}^r (\Lambda^p V \otimes \Lambda^{r-p} W)$ が，f の逆写像であることを示す．$0 \leq p \leq r$ とし，$x_1, \ldots, x_p \in V, y_1, \ldots, y_{r-p} \in W$ とすると，

$$\begin{aligned}&h(f((x_1 \wedge \cdots \wedge x_p) \otimes (y_1 \wedge \cdots \wedge y_{r-p}))) \\ &= h(x_1 \wedge \cdots \wedge x_p \wedge y_1 \wedge \cdots \wedge y_{r-p}) = g(x_1, \ldots, x_p, y_1, \ldots, y_{r-p}) \\ &= (x_1 \wedge \cdots \wedge x_p) \otimes (y_1 \wedge \cdots \wedge y_{r-p})\end{aligned}$$

である．よって，$h \circ f = \mathrm{id}$ である．$x_1, \ldots, x_r \in V, y_1, \ldots, y_r \in W$ とすると，

$$\begin{aligned}&f(h((x_1 + y_1) \wedge \cdots \wedge (x_r + y_r))) = f(g(x_1 + y_1, \ldots, x_r + y_r)) \\ &= \sum_{p=0}^r \sum_{\sigma \in \mathfrak{S}_r^{(p)}} \mathrm{sgn}(\sigma) \cdot (x_{\sigma(1)} \wedge \cdots \wedge x_{\sigma(p)}) \wedge (y_{\sigma(p+1)} \wedge \cdots \wedge y_{\sigma(r)})\end{aligned}$$

である．これは，命題 8.4.7 より，$(x_1 + y_1) \wedge \cdots \wedge (x_r + y_r)$ と等しいから，$f \circ h = \mathrm{id}$ である． ■

系 8.4.10 $x_1, \ldots, x_n$ が V の基底なら，$x_{i_1} \wedge \cdots \wedge x_{i_r}$ $(1 \leq i_1 < i_2 < \cdots < i_r \leq n)$ は $\Lambda^r V$ の基底である．したがって，$\dim \Lambda^r V = \begin{pmatrix}\dim V \\ r\end{pmatrix}$ である．

$r = \dim V$ ならば，$\Lambda^r V$ は 1 次元である．$r > \dim V$ と $\dim \Lambda^r V = 0$ は同値である． □

証明 $r \leq 1$ なら，$\Lambda^0 V = K, \Lambda^1 V = V$ である．$r \geq 2$ として，$n = \dim V$ に関する帰納法で示す．$r \geq 2, n \leq 1$ なら，$\Lambda^r V = 0$ である．$W = \langle x_1, \ldots, x_{n-1} \rangle$ とすると $V = W \oplus K x_n$ である．命題 8.4.9 より，標準同形 $\Lambda^r W \oplus (\Lambda^{r-1} W \otimes K x_n) \to \Lambda^r V$ がある．よって，n に関する帰納法によりしたがう． ■

【例 8.4.11】 1. $V = K^n$ とする．例 8.4.5 の n 重交代線形写像 $V^n \to K$ が定める線形写像 $\det : \Lambda^n V \to K$ は同形である．$p + q = n$ ならば，双線形形式 $\det \circ \wedge : \Lambda^p V \times \Lambda^q V \to K$ は非退化であり，同形 $\Lambda^q V \to (\Lambda^p V)^*$ を定める．

2. $V = \mathbb{R}^3$ とし，e_1, e_2, e_3 を標準基底とする．基底 $e_2 \wedge e_3, e_3 \wedge e_1, e_1 \wedge e_2$ を e_1, e_2, e_3 にうつす同形 $\Lambda^2 V \to V$ に対応する交代双線形写像 $\times : V \times V \to V$ を**ベクトル積** (vector product) とよぶ．

余談 78 3 次元空間の開集合 $U \subset \mathbb{R}^3$ で定義された $\mathbb{R}^3$ に値をもつ関数 $U \to \mathbb{R}^3$ を，U 上の**ベクトル場** (vector field) とよぶ．双対空間 $(\mathbb{R}^3)^*$ に値をもつ関数 $U \to (\mathbb{R}^3)^*$ を U 上の 1 次**微分形式** (differential form) とよび，関数 $U \to (\Lambda^2 \mathbb{R}^3)^*$ を 2 次微分形式とよぶ．ベクトル場は反変テンソル場であり，1 次微分形式は共変テンソル場である．例 8.4.11.1 の同形 $\mathbb{R}^3 \to (\Lambda^2 \mathbb{R}^3)^*$ により，2 次微分形式をベクトル場と考えたものを**軸性** (axial) ベクトル場とよび，通常のベクトル場を**極性** (polar) ベクトル場とよんで区別する．例えば，古典電磁気学では，電場は極性ベクトル場であり，磁束密度は軸性ベクトル場である．

命題 8.4.12 $f \colon V \to W$ を線形写像とし，$r \geq 0$ を自然数とする．

1. f が全射なら $\Lambda^r f$ も全射である．

2. f が単射なら $\Lambda^r f$ も単射である．

3. $\mathrm{Im}(\Lambda^r f) = \Lambda^r \mathrm{Im}\ f$ である．したがって，$\mathrm{rank}\ \Lambda^r f = \binom{\mathrm{rank}\ f}{r}$ であり，$r > \mathrm{rank}\ f$ と $\Lambda^r f = 0$ は同値である．

4. f の，基底 $x_1, \ldots, x_n$ と $y_1, \ldots, y_m$ に関する行列表示を $A \in M_{mn}(K)$ とする．$\Lambda^r f$ の，基底 $x_{j_1} \wedge \cdots \wedge x_{j_r}$ と $y_{i_1} \wedge \cdots \wedge y_{i_r}$ に関する行列表示 $M_{\binom{m}{r}\binom{n}{r}}(K)$ の，$(i_1 \ldots i_r)(j_1 \ldots j_r)$ 成分は A の小行列式 $\det(a_{i_k j_l})$ である．

特に，$V = W$ で，$r = \dim V$ ならば，$\Lambda^r f$ は $\det f$ 倍写像である． □

証明 1. f が全射ならば，$f^{\otimes r}: V^{\otimes r} \to W^{\otimes r}$ も全射だから，$\Lambda^r f$ も全射である．

2. $W = V \oplus V'$ かつ，f が包含写像の場合に示せばよい．この場合は，命題 8.4.9 よりしたがう．

3. $i : \mathrm{Im}\ f \to W$ を包含写像とし，$f = i \circ p$ とする．1 より，$\mathrm{Im}(\Lambda^r f) = \mathrm{Im}(\Lambda^r i \circ \Lambda^r p) = \mathrm{Im}(\Lambda^r i)$ である．2 と同様に，$\mathrm{Im}(\Lambda^r i) = \Lambda^r \mathrm{Im}\ f$ である．

4.

$$
\begin{aligned}
&\Lambda^r f(x_{j_1} \wedge \cdots \wedge x_{j_r}) = f(x_{j_1}) \wedge \cdots \wedge f(x_{j_r}) \\
&= (a_{1j_1}y_1 + \cdots + a_{mj_1}y_m) \wedge \cdots \wedge (a_{1j_r}y_1 + \cdots + a_{mj_r}y_m) \\
&= \sum_{\text{単射 } f:\{1,\dots,r\}\to\{1,\dots,m\}} a_{f(1)j_1} \cdots a_{f(r)j_r} \cdot y_{f(1)} \wedge \cdots \wedge y_{f(r)} \\
&= \sum_{1 \le i_1 < \cdots < i_r \le m, \sigma \in \mathfrak{S}_r} \mathrm{sgn}(\sigma) a_{i_{\sigma(1)}j_1} \cdots a_{i_{\sigma(r)}j_r} \cdot y_{i_1} \wedge \cdots \wedge y_{i_r} \\
&= \sum_{1 \le i_1 < \cdots < i_r \le m} \det(a_{i_k j_l}) \cdot y_{i_1} \wedge \cdots \wedge y_{i_r}
\end{aligned}
$$

よりしたがう． ■

$\sigma \in \mathfrak{S}_r$ に対し，$V^{\otimes r}$ の自己準同形 σ^* を，$\sigma^*(x_1 \otimes \cdots \otimes x_r) = x_{\sigma(1)} \otimes \cdots \otimes x_{\sigma(r)}$ で定める．

$$(V^{\otimes r})^{\mathrm{alt}} = \{x \in V^{\otimes r} \mid \text{すべての } \sigma \in \mathfrak{S}_r \text{ に対し，} \sigma^*(x) = \mathrm{sgn}(\sigma) \cdot x\}$$

とおく．

命題 8.4.13 K の標数が 0 であるか，または K の標数 p が r より大きいとする．このとき，標準全射 $V^{\otimes r} \to \Lambda^r V$ の $(V^{\otimes r})^{\mathrm{alt}}$ への制限 $f : (V^{\otimes r})^{\mathrm{alt}} \to \Lambda^r V$ は，同形である． □

証明 $r \geq 2$ の場合を示せばよい．したがって $-1 \neq 1$ としてよい．

$V^{\otimes r}$ の自己準同形 e_{alt} を $\dfrac{1}{r!} \displaystyle\sum_{\sigma \in \mathfrak{S}_r} \mathrm{sgn}(\sigma) \cdot \sigma^*$ で定義する．e_{alt} は射影子で，$(V^{\otimes r})^{\mathrm{alt}} = \mathrm{Im}\ e_{\mathrm{alt}}$ であることを示す．

$$e_{\mathrm{alt}}^2 = \frac{1}{(r!)^2}\sum_{\sigma,\tau\in\mathfrak{S}_r}\mathrm{sgn}(\sigma)\cdot\mathrm{sgn}(\tau)\cdot\sigma^*\circ\tau^* = \frac{1}{(r!)^2}\sum_{\sigma,\tau\in\mathfrak{S}_r}\mathrm{sgn}(\sigma\tau)\cdot(\tau\sigma)^*$$

は，$\displaystyle\frac{1}{r!}\sum_{\sigma\in\mathfrak{S}_r}\mathrm{sgn}(\sigma)\cdot\sigma^* = e_{\mathrm{alt}}$ に等しい．$\sigma\in\mathfrak{S}_r$ に対し，

$$\sigma^*\circ e_{\mathrm{alt}} = \frac{1}{r!}\sum_{\tau\in\mathfrak{S}_r}\mathrm{sgn}(\tau)\cdot\sigma^*\circ\tau^* = \frac{1}{r!}\sum_{\tau\in\mathfrak{S}_r}\mathrm{sgn}(\tau)\cdot(\tau\sigma)^*$$

は $\mathrm{sgn}(\sigma)e_{\mathrm{alt}}$ だから，$\mathrm{Im}\, e_{\mathrm{alt}}\subset(V^{\otimes r})^{\mathrm{alt}}$ である．e_{alt} の $(V^{\otimes r})^{\mathrm{alt}}$ への制限

$$e_{\mathrm{alt}}|_{(V^{\otimes r})^{\mathrm{alt}}} = \frac{1}{r!}\sum_{\sigma\in\mathfrak{S}_r}\mathrm{sgn}(\sigma)\cdot\sigma^*|_{(V^{\otimes r})^{\mathrm{alt}}} = \frac{1}{r!}\sum_{\sigma\in\mathfrak{S}_r}\mathrm{sgn}(\sigma)^2$$

は $(V^{\otimes r})^{\mathrm{alt}}$ の恒等写像である．よって，$(V^{\otimes r})^{\mathrm{alt}}\subset\mathrm{Im}\, e_{\mathrm{alt}}$ も示された．

f の逆写像を定義する．$(i\ j)^*\circ e_{\mathrm{alt}} = -e_{\mathrm{alt}}$ かつ $-1\neq 1$ だから，r 重線形写像

$$V^{\times r}\to(V^{\otimes r})^{\mathrm{alt}}\colon(x_1,\ldots,x_r)\mapsto e_{\mathrm{alt}}(x_1\otimes\cdots\otimes x_r)$$

は交代である．これが定める線形写像 $g\colon\Lambda^r V\to(V^{\otimes r})^{\mathrm{alt}}$ が，$f\colon(V^{\otimes r})^{\mathrm{alt}}\to\Lambda^r V$ の逆写像であることを示す．$x_1,\ldots,x_r\in V$ とする．命題 8.4.7 より，

$$f\circ e_{\mathrm{alt}}(x_1\otimes\cdots\otimes x_r) = \frac{1}{r!}\sum_{\sigma\in\mathfrak{S}_r}\mathrm{sgn}(\sigma)x_{\sigma(1)}\wedge\cdots\wedge x_{\sigma(r)} = x_1\wedge\cdots\wedge x_r$$

である．よって，$g\circ f\circ e_{\mathrm{alt}} = e_{\mathrm{alt}}$ であり，$g\circ f = \mathrm{id}$ である．同様に

$$f(g(x_1\wedge\cdots\wedge x_r)) = \frac{1}{r!}\sum_{\sigma\in\mathfrak{S}_r}\mathrm{sgn}(\sigma)\cdot x_{\sigma(1)}\wedge\cdots\wedge x_{\sigma(r)} = x_1\wedge\cdots\wedge x_r$$

だから，$f\circ g = \mathrm{id}$ である． ■

命題 8.4.13 の証明の射影子 e_{alt} を，**交代化作用素** (alternizer) という．

まとめ

- n 次元空間の r 次外巾は $\dbinom{n}{r}$ 次元である．
- r 次外巾からの線形写像は，交代 r 重線形写像と 1 対 1 に対応する．
- 線形写像の外巾の行列表示の成分は，もとの線形写像の行列表示の小行列式である．

問題

A 8.4.1　$x, y \in V$ とする.

1. 次の条件は同値であることを示せ.

(1) $x \wedge y \neq 0$.

(2) x, y は 1 次独立.

2. x, y は 1 次独立とする. $x', y' \in V$ に対し, 次の条件は同値であることを示せ.

(1) $x \wedge y = x' \wedge y'$.

(2) $x' = ax + by, y' = cx + dy$ をみたす $\begin{pmatrix} a & c \\ b & d \end{pmatrix} \in SL_2(K)$ がある.

A 8.4.2　$x, y, z \in \mathbb{R}^3$ とする.

1. x とベクトル積 $y \times z$ の内積 $(x, y \times z)$ は, x, y, z をならべて得られる行列 $X \in M_3(\mathbb{R})$ の行列式 $\det X$ と等しいことを示せ.

2. ベクトル積 $x \times y$ は, x, y と直交することを示せ.

3. ベクトル積 $x \times y$ の長さは, x, y のはる平行四辺形の面積と等しいことを示せ.

B 8.4.3　1. $x_1, \ldots, x_r \in V$ に対し, 次の条件は同値であることを示せ.

(1) $x_1, \ldots, x_r$ は 1 次独立である.

(2) $x_1 \wedge \cdots \wedge x_r \in \Lambda^r V$ は 0 でない.

2. $n = \dim V$ とする. $x_1, \ldots, x_n \in V$ に対し, 次の条件は同値であることを示せ.

(1) $x_1, \ldots, x_n$ は V の基底である.

(2) $x_1 \wedge \cdots \wedge x_n$ は $\Lambda^n V$ の基底である.

B 8.4.4　V を線形空間とし, V^* を双対空間とする. $r \geq 0$ を自然数とする.

1. $(f_1, \ldots, f_r) \in (V^*)^{\times r}$ を線形形式 $f_1 \wedge \cdots \wedge f_r : \Lambda^r V \to K$ にうつす写像 $F : (V^*)^{\times r} \to (\Lambda^r V)^*$ は, 交代 r 重線形写像であることを示せ.

2. V が有限次元ならば, $F : (V^*)^{\times r} \to (\Lambda^r V)^*$ が定める線形写像 $\Lambda^r(V^*) \to (\Lambda^r V)^*$ は同形であることを示せ.

B 8.4.5　V の交代双線形形式 $b\colon V\times V\to K$ と，自然数 r に対し，次の条件は同値であることを示せ．

(1) $\dim V/V^{\perp}\leq 2r$.

(2) 線形形式 $f_1,\ldots,f_{2r}\colon V\to K$ で，$b=f_1\wedge f_{r+1}+f_2\wedge f_{r+2}+\cdots+f_r\wedge f_{2r}$ をみたすものが存在する．

C 8.4.6　V を線形空間とし，$b\colon V\times V\to K$ を交代形式とする．

1．$n\geq 0$ を自然数とし，$\mathfrak{S}'_{2n}=\{\sigma\in\mathfrak{S}_{2n}\mid \sigma(1)<\cdots<\sigma(n),\sigma(i)<\sigma(n+i)\ (i=1,\ldots,n)\}$ とおく．$2n$ 重線形写像 $P_{2n}(b):V^{\times 2n}\to K$ を，

$$P_{2n}(b)(x_1,\ldots,x_{2n})=\sum_{\sigma\in\mathfrak{S}'_{2n}}\operatorname{sgn}(\sigma)b(x_{\sigma(1)},x_{\sigma(n+1)})\cdots b(x_{\sigma(n)},x_{\sigma(2n)})$$

で定める．$P_{2n}(b)$ は交代であることを示せ．

2．以下，V が有限次元であるとする．問題 8.4.4 の標準同形により $\Lambda^{2n}V^*$ と $(\Lambda^{2n}V)^*$ を同一視し，$P_{2n}(b)$ が定める線形形式も $P_{2n}(b)\in(\Lambda^{2n}V)^*=\Lambda^{2n}V^*$ で表わす．$b^{\wedge n}=P_2(b)\wedge\cdots\wedge P_2(b)\in\Lambda^{2n}V^*$ は，$(-1)^{\binom{n}{2}}n!\cdot P_{2n}(b)$ と等しいことを示せ．

3．V の自己準同形 f に対し，$P_{2n}(f^*b)=\Lambda^{2n}f^*(P_{2n}(b))$ を示せ．

4．以下，$\dim V=2n$ とし，$P_{2n}(b)\in\Lambda^{2n}V^*$ を $\mathrm{Pf}(b)$ で表わす．次の条件は同値であることを示せ．

(1) b は非退化である．

(2) $\mathrm{Pf}(b)\neq 0$.

5．b が非退化ならば，$Sp(V,b)\subset SL(V)$ であることを示せ．

6．$x_1,\ldots,x_{2n}$ を V の斜交基底とし，$f_1,\ldots,f_{2n}\in V^*$ をその双対基底とする．$b=f_1\wedge f_{n+1}+f_2\wedge f_{n+2}+\cdots+f_n\wedge f_{2n}$ であり，$\mathrm{Pf}(b)=f_1\wedge\cdots\wedge f_{2n}$ であることを示せ．

余談 79　$\mathrm{Pf}(b)$ を b の**パフ式** (Pfaffian) という．

問題の略解

第1章

1.1.1 整数 $n \in \mathbb{Z}$ で，$nm = 1$ をみたす整数 m が存在するものは，$n = \pm 1$ だけである．よって，$\mathbb{Z}$ は，体の公理の (7) をみたさない．

1.1.2 $a \in \mathbb{F}_p, a \neq 0$ とする．a 倍写像 $\mathbb{F}_p \to \mathbb{F}_p$ が単射であることを示す．$b, b' \in \mathbb{F}_p$ が，$ab = ab'$ をみたすなら，$a(b - b')$ は p でわりきれる．p は素数で，a は p でわりきれないから，$b - b'$ が p でわりきれる．したがって，$b = b'$ である．よって，a 倍写像 $\mathbb{F}_p \to \mathbb{F}_p$ は単射である．

$\mathbb{F}_p$ は有限集合だから，a 倍写像 $\mathbb{F}_p \to \mathbb{F}_p$ は可逆である．よって，$ab = ba = 1$ をみたす $b \in \mathbb{F}_p$ が存在する．

1.2.1 1. $x + x = x$ の両辺に x の逆元 $-x$ をたす．左辺は，$(x + x) + (-x) = x + (x + (-x)) = x + 0 = x$ であり，右辺は $x + (-x) = 0$ である．

2. $0x + 0x = (0 + 0)x = 0x$ だから，1 より $0x = 0$ である．

3. $(-1)x + x = (-1)x + 1 \cdot x = (-1 + 1)x = 0x = 0$ だから，$(-1)x = -x$ である．

1.2.2 $a = \begin{pmatrix} a_1 \\ \vdots \\ a_n \end{pmatrix} \in K^n$ とする．等式 $a = b_1 x_1 + \cdots + b_n x_n$ は，第 i 成分までの和を比較すれば，

$$a_1 + \cdots + a_i = \begin{cases} b_i + b_n(c_1 + \cdots + c_i) & 1 \leq i < n \text{ のとき}, \\ b_n(c_1 + \cdots + c_n) & i = n \text{ のとき} \end{cases}$$

と同値である．したがって，$c = c_1 + \cdots + c_n \neq 0$ ならば，これをみたす $b_1, \ldots, b_n \in K$ は，

$$b_i = \begin{cases} (a_1 + \cdots + a_n)c^{-1} & i = n \text{ のとき}, \\ (a_1 + \cdots + a_i) - b_n(c_1 + \cdots + c_i) & 1 \leq i < n \text{ のとき} \end{cases}$$

のただひとつとおりである．$c = 0$ なら，$e_1 = b_1x_1 + \cdots + b_nx_n$ をみたす $b_1, \ldots, b_n \in K$ は存在しない．

1.3.1 $f, g \in C^\infty(\mathbb{R})$ とし，$a \in \mathbb{R}$ とする．$a(f+g)$ は $h(x) = a(f(x)+g(x))$ で定まる関数であり，$af + ag$ は $h(x) = af(x) + ag(x)$ で定まる関数である．したがって，$a(f+g) = af + ag$ である．

1.3.2 任意の複素数は $a + b\sqrt{-1}$ の形に一意的に表わせるから，$1, \sqrt{-1}$ は $\mathbb{R}$ 線形空間 $\mathbb{C}$ の基底である．

1.3.3 $f \in K^X$ とすると，$f = \sum_{i=1}^n f(x_i)e_{x_i}$ である．$f = \sum_{i=1}^n a_i e_{x_i}$ ならば，$a_i = f(x_i)$ だから，このような表わし方は一意的である．

1.4.1 1. $x = \begin{pmatrix} a \\ b \\ c \end{pmatrix} \in W$ とすると，$x = a(e_1 - e_3) + b(e_2 - e_3)$ だから，$e_1 - e_3, e_2 - e_3$ は W の基底である．

2. K の標数が 3 でないとする．$a + a + a = 0$ なら $a = 0$ だから，$W \cap W' = 0$ である．$\begin{pmatrix} a \\ b \\ c \end{pmatrix} \in K^3$ とすると，$e = (a+b+c)/3$ とおけば，$\begin{pmatrix} a-e \\ b-e \\ c-e \end{pmatrix} \in W$，$\begin{pmatrix} e \\ e \\ e \end{pmatrix} \in W'$ かつ $\begin{pmatrix} a \\ b \\ c \end{pmatrix} = \begin{pmatrix} a-e \\ b-e \\ c-e \end{pmatrix} + \begin{pmatrix} e \\ e \\ e \end{pmatrix}$ である．よって，$W + W' = K^3$ である．

K の標数が 3 とすると，$W' \subset W$ である．よって，$W \cap W' = W', W + W' = W$ である．

1.4.2 1. $E_{ii}\ (i = 1, \ldots, n), E_{ij} + E_{ji}\ (1 \leq i < j \leq n)$ は $S_n(K)$ の基底である．

$E_{ij} - E_{ji}\ (1 \leq i < j \leq n)$ は $A_n(K)$ の基底である．

$E_{ii}\ (i = 1, \ldots, n)$ は $D_n(K)$ の基底である．

$E_{ij}\ (1 \leq i \leq j \leq n)$ は $T_n(K)$ の基底である．

2. $D_n(K) \subset S_n(K) \cap T_n(K)$ は明らか．$(a_{ij}) \in S_n(K) \cap T_n(K)$ とすると，$i \neq j$ なら，$a_{ij} = a_{ji} = 0$ である．よって，$D_n(K) \supset S_n(K) \cap T_n(K)$ である．

$A = (a_{ij}) \in M_n(K)$ とする．$B = (b_{ij}) \in S_n(K)$ を $i \geq j$ に対し，$b_{ij} = b_{ji} = a_{ij}$ で定義すると，$A - B \in T_n(K)$ である．よって，$A = B + (A - B) \in S_n(K) + T_n(K)$ である．

3. $A_n(K) \cap T_n(K) = 0$ は明らか．$A = (a_{ij}) \in M_n(K)$ とする．$B = (b_{ij}) \in A_n(K)$ を $i > j$ に対し，$b_{ij} = -b_{ji} = a_{ij}, b_{ii} = 0$ で定義すると，$A - B \in T_n(K)$ である．よって，$A = B + (A - B) \in A_n(K) + T_n(K)$ である．

K の標数が 2 でないとする．$A \in S_n(K) \cap A_n(K)$ とすると，$A = {}^tA = -{}^tA$ である．よって，$2A = 0$ であり，$A = 0$ である．$A \in M_n(K)$ とすると，$A + {}^tA \in S_n(K)$, $A - {}^tA \in A_n(K)$ で，$A = \frac{1}{2}(A + {}^tA) + \frac{1}{2}(A - {}^tA) \in S_n(K) + A_n(K)$ である．

1.4.3　$V = K^2$ とし，$W_1 = Ke_1, W_2 = Ke_2, W_3 = K(e_1 + e_2)$ とすればよい．

1.4.4　背理法で示す．$W \subset W'$ でも $W' \subset W$ でもなかったとすると，$x \in W, \notin W'$ と $y \in W', \notin W$ がある．$x, y \in W \cup W'$ だから，$x + y \in W \cup W'$ となるが，$x + y \in W$ なら，$y = (x + y) - x \in W$ となって矛盾．同様に $x + y \in W'$ なら，$x = (x + y) - y \in W'$ となって矛盾．

1.4.5　集合の包含関係 $(V' \cap W) + W' \subset (V' + W') \cap W$ と，逆向きの包含関係 $(V' \cap W) + W' \supset (V' + W') \cap W$ の両方を示せばよい．まず，$(V' \cap W) + W' \subset (V' + W') \cap W$ を示す．$V' \cap W \subset V'$ だから，$(V' \cap W) + W' \subset V' + W'$ である．$V' \cap W \subset W$ かつ $W' \subset W$ だから，$(V' \cap W) + W' \subset W$ でもある．よって，$(V' \cap W) + W' \subset (V' + W') \cap W$ である．

次に，$(V' \cap W) + W' \supset (V' + W') \cap W$ を示す．$x \in V', y \in W'$ かつ $x + y \in W$ とすると，$x = (x + y) - x \in W$ だから，$x + y \in (V' \cap W) + W'$ である．よって，$(V' \cap W) + W' \supset (V' + W') \cap W$ である．以上で包含関係が両方とも示されたから，$(V' \cap W) + W' = (V' + W') \cap W$ である．

1.4.6　(1)⇒(2)：命題 1.4.9 (2)⇒(1) と同様である．

(2)⇒(1)：n に関する帰納法で示す．$n = 1$ なら明らかである．帰納法の仮定より，$W_1 + \cdots + W_{n-1} = W_1 \oplus \cdots \oplus W_{n-1}$ である．命題 1.4.9 (1)⇒(2) より，$(W_1 + \cdots + W_{n-1}) + W_n = (W_1 \oplus \cdots \oplus W_{n-1}) \oplus W_n$ である．

1.5.1　$x_i = ay_j + z$ から，$y_j = \frac{1}{a}(x_i - z)$ を導いたところ．

1.5.2　1. $W = \langle e_i + e_j \mid 1 \leq i < j \leq n \rangle$ とする．$e_1 = \frac{1}{2}((e_1 + e_2) + (e_1 + e_3) - (e_2 + e_3)) \in W$ である．$i > 1$ なら，$e_i = (e_1 + e_i) - e_1 \in W$ だから，$\mathbb{R}^n = \langle e_1, \ldots, e_n \rangle = W$ である．

2. $a_2(e_1 + e_2) + \cdots + a_n(e_1 + e_n) = (a_2 + \cdots + a_n)e_1 + a_2e_2 + \cdots + a_ne_n$ が 0 ならば，$a_2 = \cdots = a_n = 0$ である．

3. $i > 1$ なら，1 と同様に $e_1 \in \langle e_1+e_i, e_1+e_j, e_i+e_j \rangle$ となり，$\langle e_1+e_2, \ldots, e_1+e_n, e_i+e_j \rangle = \mathbb{R}^n$ である．このとき，$e_1+e_2, \ldots, e_1+e_n, e_i+e_j$ は $\mathbb{R}^n$ の基底である．

$i = 1$ なら，$e_1+e_2, \ldots, e_1+e_n, e_1+e_j$ は基底ではない．

1.5.3　(1)⇒(2)：$V = W \oplus W'$ ならば，$W \cap W' = 0$ であり，$\dim V = \dim(W \oplus W') = \dim W + \dim W'$ である．

(2)⇒(1)：$W \cap W' = 0$ ならば，$W + W' = W \oplus W'$ であり $\dim(W \oplus W') = \dim W + \dim W'$ である．よって，命題 1.5.9 より，$\dim V = \dim W + \dim W'$ なら $V = W \oplus W'$ である．

1.5.4　1. 例 1.4.5 のとおりである．

2. $a_{n+2} = 2a_{n+1} - a_n$ かつ $a_{n+2} = a_n$ ならば，$a_{n+1} = a_n$ である．よって，$\subset$ がなりたつ．$\supset$ は明らかである．

3. 例 1.4.5 より，$\dim W = 2, \dim W' = 2$ である．2 より $\dim(W \cap W') = 1$ だから，$\dim(W + W') = 3$ である．よって，$W + W' = V$ である．

4. $W \cap W'' = (W \cap W') \cap W''$ だから，2 より，$W \cap W'' = 0$ である．$\dim W'' = 1$ だから，$\dim(W \oplus W'') = 3$ である．よって，$V = W \oplus W''$ である．

5. $(1), (n) \in W$ である．$(n) \notin \langle (1) \rangle$ かつ $\dim W = 2$ だから，$(1), (n)$ は W の基底である．$((-1)^n)$ は W' の基底だから，これらをならべて V の基底が得られる．

1.5.5　$f_i = X(X-1)\cdots(X-(i-1))$ とする．$f_0 = 1$ である．$i \geq 1$ なら，$f_i \notin W_{i-1}$ かつ $\langle f_0, f_1, \ldots, f_{i-1} \rangle \subset W_{i-1}$ である．よって，$f_i \notin \langle f_0, f_1, \ldots, f_{i-1} \rangle$ である．命題 1.5.2 より，$f_0, f_1, \ldots, f_n$ は 1 次独立である．$\dim W_n = n+1$ だから，$f_0, f_1, \ldots, f_n$ は W_n の基底である．

1.6.1　P の奇数次の項がすべて 0 ということは，$P = Q(X^2)$ となる多項式 $Q \in K[X]$ があるということである．$P(1) = Q(1)$ だから，$P(1) = 0$ とは，Q が $X - 1$ でわりきれるということである．よって，$(X^{2n}(X^2-1))_{n \in \mathbb{N}}$ は，$W = \{R(X^2)(X^2-1) \mid R \in K[X]\}$ の基底である．

第 2 章

2.1.1　1. (2) は f が同形 $K^n \to f(K^n) = \langle x_1, \ldots, x_n \rangle$ を定めるということである．よって，これは $x_1, \ldots, x_n$ が $\langle x_1, \ldots, x_n \rangle$ の基底であることと同値である．

2. $f(K^n) = \langle x_1, \ldots, x_n \rangle$ だから，(2) は $V = \langle x_1, \ldots, x_n \rangle$ と同値である．

2.1.2 1. $F(f) = F(g)$ ならば，$(f-g)(a_0) = \cdots = (f-g)(a_n) = 0$ である．よって，$f-g$ は $(X-a_0)(X-a_1)\cdots(X-a_n)$ でわりきれる．$f-g$ は次数 n 以下だから，$f=g$ である．したがって，F は単射である．

$\dim V = n+1$ だから，命題 2.1.10 より，F は同形である．

2. F による

$$\frac{(X-a_0)\cdots(X-a_{i-1})(X-a_{i+1})\cdots(X-a_n)}{(a_i-a_0)\cdots(a_i-a_{i-1})(a_i-a_{i+1})\cdots(a_i-a_n)}$$

の像は，$e_{i+1} \in K^{n+1}$ である．

2.1.3 1. $f|_W\colon W \to W$ は，有限次元線形空間の単射自己準同形である．よって，命題 2.1.10 より，自己同形である．

2. $g|_W \circ f|_W$ は包含写像 $W \to V$ だから，$g|_W = (f|_W)^{-1}$ である．

2.2.1 $a_1, \ldots, a_n$ が定める線形写像 $g : K^n \to K^n$ は A 倍写像であり，$b_1, \ldots, b_n$ が定める線形写像 $h : K^n \to K^n$ は B 倍写像である．よって，$f = h \circ g^{-1}$ は BA^{-1} 倍写像である．

2.2.2 $x \in V$ とすると，$+\circ(f \oplus g)\circ\Delta(x) = +\circ(f\oplus g)(x,x) = +(f(x), g(x)) = f(x)+g(x)$ である．

2.2.3 自然数 $n \geq 0$ に対し，n 次式 $P_n \in \mathbb{R}[X]$ を，$P_0 = 1$ と漸化式 $P_{n+1} = P_n + X^2P_n' - 2nXP_n$ で帰納的に定義する．$n \geq 0$ に関する帰納法により，$x > 0$ に対し $f^{(n)}(x) = e^{-1/x}\cdot\dfrac{P_n(x)}{x^{2n}}$ がなりたつ．これより，$n \geq 0$ に関する帰納法で，$f^{(n+1)}(0) = \lim\limits_{x\to 0}\dfrac{f^{(n)}(x)}{x} = 0$ がすべての $n \geq 0$ に対してなりたつ．よって，$f \in C^\infty(\mathbb{R})$ であり，$T(f) = 0$ である．

2.3.1 1. $V = \left\{ \begin{pmatrix} x & y \\ 0 & z \end{pmatrix} \in M_2(\mathbb{R}) \;\middle|\; x, y, z \in \mathbb{R} \right\}$ である．

2. $A\begin{pmatrix} x & y \\ 0 & z \end{pmatrix}B = \begin{pmatrix} 2x & 2x+2y+3z \\ 0 & z \end{pmatrix}$ だから，求める行列表示は $\begin{pmatrix} 2 & 0 & 0 \\ 2 & 2 & 3 \\ 0 & 0 & 1 \end{pmatrix}$ である．

2.3.2 1. $Ax_1 = x_1, Ax_2 = \sqrt{-1}x_2, Ax_3 = -x_3, Ax_4 = -\sqrt{-1}x_4$ だから，

$$\begin{pmatrix} 1 & 0 & 0 & 0 \\ 0 & \sqrt{-1} & 0 & 0 \\ 0 & 0 & -1 & 0 \\ 0 & 0 & 0 & -\sqrt{-1} \end{pmatrix}$$

である．

2. $Ay_1 = y_2, Ay_2 = y_3, Ay_3 = -y_1 - y_2 - y_3$ だから，$B = \begin{pmatrix} 0 & 0 & -1 \\ 1 & 0 & -1 \\ 0 & 1 & -1 \end{pmatrix}$ である．

3. $x_2 = y_1 + (1-\sqrt{-1})y_2 - \sqrt{-1}y_3, x_3 = y_1 + y_3, x_4 = y_1 + (1+\sqrt{-1})y_2 + \sqrt{-1}y_3$ だから，$P = \begin{pmatrix} 1 & 1 & 1 \\ 1-\sqrt{-1} & 0 & 1+\sqrt{-1} \\ -\sqrt{-1} & 1 & \sqrt{-1} \end{pmatrix}$ である．

4. 1 より $C = \begin{pmatrix} \sqrt{-1} & 0 & 0 \\ 0 & -1 & 0 \\ 0 & 0 & -\sqrt{-1} \end{pmatrix}$ である．

$$PC = BP = \begin{pmatrix} \sqrt{-1} & -1 & -\sqrt{-1} \\ 1+\sqrt{-1} & 0 & 1-\sqrt{-1} \\ 1 & -1 & 1 \end{pmatrix}$$

である．

2.3.3 同形 ${}^t\colon K^m \to M_{1m}(K), {}^t\colon K^n \to M_{1n}(K)$ は，標準基底を行列単位のなす基底にうつす．${}^t xA = {}^t({}^tAx)$ だから，図式

$$\begin{array}{ccc} K^m & \xrightarrow{{}^tA\times} & K^n \\ {\scriptstyle t}\downarrow & & \downarrow{\scriptstyle t} \\ M_{1m}(K) & \xrightarrow{f} & M_{1n}(K) \end{array}$$

は可換である．

2.3.4 $A = \begin{pmatrix} a & -b \\ b & a \end{pmatrix}$ である．

2.3.5 1. $D(1) = (1), D(n) = (n) + (1), D((-1)^n) = -((-1)^n)$ だから，$A = \begin{pmatrix} 1 & 1 & 0 \\ 0 & 1 & 0 \\ 0 & 0 & -1 \end{pmatrix}$ である．

2. $a \in W$ なら $a_3 = a_2 + a_1 - a_0$ だから，

$$B = \begin{pmatrix} D(b_0)(0) & D(b_1)(0) & D(b_2)(0) \\ D(b_0)(1) & D(b_1)(1) & D(b_2)(1) \\ D(b_0)(2) & D(b_1)(2) & D(b_2)(2) \end{pmatrix} = \begin{pmatrix} b_0(1) & b_1(1) & b_2(1) \\ b_0(2) & b_1(2) & b_2(2) \\ b_0(3) & b_1(3) & b_2(3) \end{pmatrix}$$
$$= \begin{pmatrix} 0 & 1 & 0 \\ 0 & 0 & 1 \\ -1 & 1 & 1 \end{pmatrix}$$

である．

3. $P = \begin{pmatrix} 1 & 0 & 1 \\ 1 & 1 & -1 \\ 1 & 2 & 1 \end{pmatrix}$ である．

4. $BP = PA = \begin{pmatrix} 1 & 1 & -1 \\ 1 & 2 & 1 \\ 1 & 3 & -1 \end{pmatrix}$ である．

2.3.6 1. 2 項定理より，$D(X^j) = (X+1)^j = X^j + jX^{j-1} + \cdots + {}_jC_i X^i + \cdots + jX + 1$ である．よって，行列表示は $\begin{pmatrix} 1 & 1 & 1 & \cdots & 1 \\ 0 & 1 & 2 & \cdots & n \\ 0 & 0 & 1 & \cdots & {}_nC_2 \\ \vdots & & \ddots & \ddots & \vdots \\ 0 & \cdots & \cdots & 0 & 1 \end{pmatrix}$ である．

2. ${}_{n+1}C_j - {}_nC_j = {}_nC_{j-1}$ と同様に，$f_j = X(X-1)\cdots(X-(j-1))$ とおくと，

$$Df_j - f_j = (X+1)X(X-1)\cdots(X-(j-2)) - X(X-1)\cdots(X-(j-1))$$
$$= jX(X-1)\cdots(X-(j-2)) = jf_{j-1}$$

である．よって，行列表示は $\begin{pmatrix} 1 & 1 & 0 & \cdots & 0 \\ 0 & 1 & 2 & \ddots & \vdots \\ \vdots & \ddots & \ddots & \ddots & 0 \\ \vdots & & \ddots & 1 & n \\ 0 & \cdots & \cdots & 0 & 1 \end{pmatrix}$ である．

2.3.7 1. $L_a(\cos)(x) = \cos(x+a) = \cos a \cos x - \sin a \sin x, L_a(\sin)(x) = \sin(x+a) = \sin a \cos x + \cos a \sin x$ だから，行列表示は $\begin{pmatrix} \cos a & \sin a \\ -\sin a & \cos a \end{pmatrix}$ で

ある．

2. $D(\cos) = -\sin, D(\sin) = \cos$ だから，行列表示は $\begin{pmatrix} 0 & 1 \\ -1 & 0 \end{pmatrix}$ である．

2.4.1 $a_1 = \begin{pmatrix} 1 \\ 4 \\ 7 \end{pmatrix} \neq 0$ である．$a_2 = \begin{pmatrix} 2 \\ 5 \\ 8 \end{pmatrix} \notin \langle a_1 \rangle$ である．$a_3 = \begin{pmatrix} 3 \\ 6 \\ 9 \end{pmatrix} = a_1 + 2(a_2 - a_1) \in \langle a_1, a_2 \rangle$ である．よって，a_1, a_2 は $\mathrm{Im}\, A$ の基底であり，$\mathrm{rank}\, A = 2$ である．

$a_3 = 2a_2 - a_1$ だから，$e_3 - (2e_2 - e_1) = e_1 - 2e_2 + e_3$ は核の基底である．

2.4.2 核 $\{A \in M_n(K) \mid A = {}^tA\}$ は，例 1.4.3 の $S_n(K)$ である．像 $\{A - {}^tA \mid A \in M_n(K)\}$ は $A_n(K)$ に含まれ，次元は $n^2 - \binom{n+1}{2} = \dim A_n(K)$ だから，$A_n(K)$ と等しい．

2.4.3 命題 2.4.8 より，$r = \mathrm{rank}\, A$ とすると，$Q \in GL_m(K), P \in GL_n(K)$ で，$Q^{-1}AP = \begin{pmatrix} 1_r & 0 \\ 0 & 0 \end{pmatrix}$ をみたすものがある．${}^t(Q^{-1}AP) = {}^tP{}^tA{}^t(Q^{-1}) = \begin{pmatrix} 1_r & 0 \\ 0 & 0 \end{pmatrix}$ で，${}^tP$ は ${}^tP^{-1} \in GL_n(K)$ の逆行列，${}^t(Q^{-1}) \in GL_m(K)$ だから，$\mathrm{rank}\, {}^tA = r$ である．

2.4.4 J は $J^2 + 1 = 0$ をみたす．$f \in \mathbb{R}[X]$ を $X^2 + 1$ でわって，$f = (X^2 + 1)q + aX + b$ とおくと，$F(f) = aJ + b$．J と 1 は 1 次独立だから，$\mathrm{Im}\, F = \mathbb{R} \oplus \mathbb{R}J$ であり，$\mathrm{Ker}\, F = (X^2 + 1)$．

2.4.5 $g \in K[X]$ が 0 でなければ，$\deg fg = \deg f + \deg g$ だから，$fg \neq 0$ である．よって，f 倍写像の核は 0 である．(f) は，定義により f 倍写像の像である．

2.4.6 $\frac{d}{dx} \int_0^x f(x)dx = f(x)$ だから，$F \circ G = \mathrm{id}$ である．したがって，$\mathrm{Ker}\, G = 0$ で，$\mathrm{Im}\, F = C^\infty(\mathbb{R})$ である．

$G \circ F(f) = g$ とすると，$g(x) = \int_0^x f'(x)dx = f(x) - f(0)$ だから，$\mathrm{Ker}\, F = \mathrm{Ker}\, G \circ F$ は定数関数全体であり，$\mathrm{Im}\, G = \mathrm{Im}\, G \circ F$ は $f(0) = 0$ をみたす関数全体である．

2.4.7 V' が V の部分空間なら，$f(V') \subset \mathrm{Im}\, f$ である．W' が W の部分空間なら，$W' \supset 0$ だから，$f^{-1}(W') \supset \mathrm{Ker}\, f$ である．あとは，f^*, f_* の制限が，たがいに逆の 1 対 1 対応 $\{V' \in \mathcal{S}_V \mid V' \supset \mathrm{Ker}\, f\} \to \{W' \in \mathcal{S}_W \mid W' \subset \mathrm{Im}\, f\}$ を与えることを示せばよい．

W' を $\mathrm{Im}\, f$ に含まれる W の部分空間とすると，$f(f^{-1}(W')) = W'$ である．V' を $\mathrm{Ker}\, f$ を含む V の部分空間として，$f^{-1}(f(V')) = V'$ を示す．$x \in V'$ ならば $f(x) \in f(V')$ だから，$f^{-1}(f(V')) \supset V'$ である．逆に $x \in f^{-1}(f(V'))$ とすると，$f(x) = f(y)$ をみたす $y \in V'$ がある．$x - y \in \mathrm{Ker}\, f \subset V'$ だから，$x = (x-y) + y \in V'$ である．よって $f^{-1}(f(V')) \subset V'$ も示された．

2.4.8　1．$D(f) = 0$ とすると，$(zf'(z))' = f'(z) + zf''(z) = 0$ だから，$zf'(z)$ は定数．したがって，$f(z) = a + b\log z$．よって，$1, \log$ は W の基底である．

2．$T\colon W \to W$ の $1, \log$ に関する行列表示は $\begin{pmatrix} 1 & 2\pi\sqrt{-1} \\ 0 & 1 \end{pmatrix}$ である．

2.4.9　部分分数展開より，$\mathbb{C}(X) = \mathbb{C}[X] \oplus \bigoplus_{a \in \mathbb{C}} \bigoplus_{n \geq 1} \mathbb{C} \dfrac{1}{(X-a)^n}$ である．よって，像は，$\mathbb{C}[X] \oplus \bigoplus_{a \in \mathbb{C}} \bigoplus_{n \geq 2} \mathbb{C} \dfrac{1}{(X-a)^n}$ である．核は定数関数全体 $\mathbb{C}$ である．

2.4.10　$\mathrm{Ker}\, F$ の元は，任意の $a \in K$ に対し $X - a$ でわりきれるから 0 である．

2.5.1　$A \neq 0$ だから f は単射である．$B \begin{pmatrix} x_1 \\ \vdots \\ x_n \end{pmatrix} = 0$ とすると，$x_1 = \cdots = x_n$ だから，$\mathrm{Ker}\, g = K \begin{pmatrix} 1 \\ \vdots \\ 1 \end{pmatrix}$ である．よって，$f\colon K \to \mathrm{Ker}\, g$ は同形である．

$CB = 0$ だから，$h \circ g = 0$ である．逆に，$C \begin{pmatrix} x_1 \\ \vdots \\ x_n \end{pmatrix} = x_1 + x_2 + \cdots + x_n = 0$ ならば，

$$\begin{pmatrix} x_1 \\ x_2 \\ \vdots \\ x_{n-1} \\ x_n \end{pmatrix} = B \begin{pmatrix} x_1 \\ x_1 + x_2 \\ \vdots \\ x_1 + x_2 + \cdots + x_{n-1} \\ 0 \end{pmatrix}$$

である．よって，$\mathrm{Ker}\, h \subset \mathrm{Im}\, g$ である．$C \neq 0$ だから h は全射である．

2.5.2　$+\colon W \oplus W' \to W + W'$ は，部分空間の和の定義より，全射である．合成 $+ \circ -$ は 0 だから，$-$ は線形写像 $W \cap W' \to \mathrm{Ker}\, +$ を定める．これの逆写像を

定める．$(x,y) \in \mathrm{Ker}\,+$ とすると，$x+y=0$ だから，$y=-x \in W \cap W'$ である．$(x,y) \in \mathrm{Ker}\,+$ の像を $x \in W \cap W'$ とおけば，これは逆写像を与える．

2.5.3 $e = \dfrac{1}{3}\begin{pmatrix}1 & 1 & 1\\ 1 & 1 & 1\\ 1 & 1 & 1\end{pmatrix}$ とおくと，$e^2 = e$ であり，$\mathrm{Im}\, e = \langle e_1+e_2+e_3 \rangle$ である．$\mathrm{Ker}\, e \supset \langle e_2 - e_1, e_3 - e_2 \rangle$ だから，これは等号である．

2.5.4 (1)⇒(2)：$fe = ef$ とする．$x \in W$ なら，$f(x) = f(e(x)) = e(f(x)) \in W$ である．$x \in W'$ なら，$e(f(x)) = f(e(x)) = 0$ だから，$f(x) \in W'$ である．

(2)⇒(1)：$f(W) \subset W$ かつ $f(W') \subset W'$ とする．$(x,y) \in V = W \oplus W'$ に対し，$fe(x,y) = f(x,0) = (f(x),0)$ かつ $ef(x,y) = e(f(x),f(y)) = (f(x),0)$ だから，$fe = ef$ である．

2.5.5 $F\colon V \to V_1 \oplus \cdots \oplus V_n$ を，$F = e_1 \oplus \cdots \oplus e_n$ で定める．$G\colon V_1 \oplus \cdots \oplus V_n \to V$ を，包含写像の直和とする．$x \in V$ とすると，$G(F(x)) = e_1(x) + \cdots + e_n(x) = x$ である．$F(G(x_1,\ldots,x_n)) = (e_1(x_1+\cdots+x_n),\ldots,e_n(x_1+\cdots+x_n))$ である．$e_i(x_1+\cdots+x_n) = e_i(e_1(x_1)+\cdots+e_n(x_n)) = e_i^2(x_i) = x_i$ だから，$F \circ G = \mathrm{id}$ である．よって，G は同形であり，$V = V_1 \oplus \cdots \oplus V_n$ である．

2.5.6 $\mathrm{Ker}\, d$ は定数関数全体だから，$i\colon \mathbb{R} \to \mathrm{Ker}\, d$ は同形である．$f \in V$ に対し，$p \circ d(f) = \int_0^1 f'(x)dx = f(1) - f(0) = 0$ である．よって，$p \circ d = 0$ である．$\mathrm{Ker}\, p \subset \mathrm{Im}\, d$ を示す．$f \in \mathrm{Ker}\, p$ とする．$g(x) = \int_0^x f(x)dx$ とおくと，$g(x+1) - g(x) = \int_x^{x+1} f(x)dx = \int_0^1 f(x)dx = p(f) = 0$ だから，$g \in V$ である．$d(g) = g' = f$ だから，$f \in \mathrm{Im}\, d$ である．実数 $a \in \mathbb{R}$ に対し，定数関数 a は $p(a) = \int_0^1 adx = a$ をみたすから p は全射である．

2.5.7 1. $U \cup V$ 上に正則関数を定めることは，$U \cap V$ 上で一致するような U 上の正則関数と V 上の正則関数を定めることと同じことである．よって，これは完全系列である．

2. U 上の正則関数で，導関数が 0 であるものは定数関数だけである．よって，核 $\mathrm{Ker}(\frac{d}{dz}\colon \mathcal{O}(U) \to \mathcal{O}(U))$ は定数関数全体 $\mathbb{C}$ である．$f \in \mathcal{O}(U)$ と $z \in U$ に対し，$F(z) = \int_0^z f(z)dz$ とおくと，$F \in \mathcal{O}(U)$ である．$\int_0^*\colon \mathcal{O}(U) \to \mathcal{O}(U)$ を f に対しこの F を対応させることで定めると，$\int_0^*$ は $\frac{d}{dz} \circ \int_0^* = \mathrm{id}_{\mathcal{O}(U)}$ をみたす．よって，$\frac{d}{dz}$ は全射である．

3. $\mathbb{C} = \mathrm{Ker}(\frac{d}{dz}\colon \mathcal{O}(U) \to \mathcal{O}(U))$ は，2 と同様である．$f \in \mathcal{O}(U)$ とすると，$\mathrm{res}\, f' = \frac{1}{2\pi\sqrt{-1}} \int_C f'(z)dz = 0$ だから，$\mathrm{res} \circ \frac{d}{dz} = 0$ である．

2 と同様に $f \in \mathrm{Ker}(\mathrm{res}\colon \mathcal{O}(U) \to \mathbb{C})$ に対し $F(z) = \int_1^z f(z)dz$ を対応させることにより，$\int_1^* \colon \mathrm{Ker\ res} \to \mathcal{O}(U)$ が定まる．$\frac{d}{dz} \circ \int_1^* = \mathrm{id}_{\mathrm{Ker\ res}}$ だから，$\mathrm{Ker\ res} \subset \mathrm{Im}\,\frac{d}{dz}$ である．

$\mathrm{res}\frac{1}{z} = 1$ だから，$\mathrm{res}\colon \mathcal{O}(U) \to \mathbb{C}$ は全射である．

第 3 章

3.1.1　1. $Ae_2 = e_1, A^2e_2 = 0$ だから，$W_{e_2} = \langle e_1, e_2\rangle$ である．$Ae_3 = e_2 + e_4, A^2e_3 = e_1 + e_3, A^3e_3 = e_2 + e_4 = Ae_3$ だから，$W_{e_3} = \langle e_1, e_3, e_2 + e_4\rangle$ である．

2. $\mathbb{R}^4 = W_{e_2} + W_{e_3}$ だから，命題 3.1.15.2 より，A の最小多項式は，X^2 と $X^3 - X$ の最小公倍式 $X^4 - X^2$ である．

3.1.2　α が実数なら $X - \alpha$ である．α が虚数なら，$(X - \alpha)(X - \bar{\alpha}) = X^2 - 2\mathrm{Re}\,\alpha \cdot X + |\alpha|^2$ である．

3.1.3　$J(a, n)$ の最小多項式は $(X - a)^n$ だから (2)⇒(1) である．

(1)⇒(2)：$g = f - a$ の最小多項式は X^n である．$g^{n-1} \neq 0$ だから $g^{n-1}(x) \neq 0$ をみたす $x \in V$ がある．W を x によって生成される g 安定部分空間とし，φ_x を $g|_W$ の最小多項式とする．$m = \dim W$ とすると，φ_x は X^n をわりきる m 次式だから X^m である．$g^m(x) = 0$ だから，$n - 1 < m \leq n$ である．よって $m = n$ であり，$W = V$ である．したがって $x, g(x), \ldots, g^{n-1}(x)$ は V の基底である．$g^{n-1}(x), \ldots, g(x), x$ に関する g の行列表示は $J(0, n)$ である．よって，同じ基底に関する f の行列表示は $J(a, n)$ である．

3.2.1　1. 例 3.1.11 より，最小多項式は $X^4 - 1$ である．

2. 1 と命題 3.2.2 より，固有値は $1, \sqrt{-1}, -1, -\sqrt{-1}$ である．

3. 固有ベクトルからなる基底としては $\begin{pmatrix} 1 \\ 1 \\ 1 \\ 1 \end{pmatrix}, \begin{pmatrix} 1 \\ -\sqrt{-1} \\ -1 \\ \sqrt{-1} \end{pmatrix}, \begin{pmatrix} 1 \\ -1 \\ 1 \\ -1 \end{pmatrix}, \begin{pmatrix} 1 \\ \sqrt{-1} \\ -1 \\ -\sqrt{-1} \end{pmatrix}$ がある．

3.2.2　例 3.1.11 より，B の最小多項式は $X^2 + 1$ である．$X^2 + 1$ は $\mathbb{C}$ では相異なる 1 次式の積に分解する．系 3.2.8 より $B \in M_2(\mathbb{C})$ は対角化可能である．$\mathbb{R}$ では 1 次式の積に分解しないから，系 3.2.8 より $B \in M_2(\mathbb{R})$ は対角化可能でない．

3.2.3 2 次式 $X^2-(a+d)X+ad-bc$ の判別式は $(a-d)^2+4bc$ だから，例題 3.2.9 を適用すればよい．

3.2.4 多項式 $(X-a)^n$ の同伴行列の最小多項式は $(X-a)^n$ だから，問題 3.1.3 より，$J(a,n)$ に共役である．

3.2.5 (1) ⇒ (2) は明らかである．(2) ⇒ (1) を示す．$x_1,\ldots,x_n$ を V の基底とする．$f(x_i)=a_ix_i$ とする．$i\neq j$ として，$a_i=a_j$ を示せばよい．$f(x_i+x_j)=a(x_i+x_j)$ とおくと，$f(x_i+x_j)=a_ix_i+a_jx_j$ だから，$a_i=a=a_j$ である．

3.3.1 1. 例 3.1.11 より，A の最小多項式は $X^3-X^2-X+1=(X-1)^2(X+1)$ である．よって，系 3.3.6 より A は三角化可能であり，系 3.2.8 より A は対角化可能でない．

2.

$$\widetilde{V}_1=\mathrm{Ker}(A-1)^2=\mathrm{Ker}\begin{pmatrix}1&-1&1\\-2&2&-2\\1&-1&1\end{pmatrix}=\mathbb{R}\begin{pmatrix}1\\1\\0\end{pmatrix}+\mathbb{R}\begin{pmatrix}1\\0\\-1\end{pmatrix},$$

$$\widetilde{V}_{-1}=\mathrm{Ker}(A+1)=\mathrm{Ker}\begin{pmatrix}1&0&-1\\1&1&1\\0&1&2\end{pmatrix}=\mathbb{R}\begin{pmatrix}1\\-2\\1\end{pmatrix}$$

である．

3.3.2 基底 $1,X,\ldots,X^n$ に関する E の行列表示は対角行列 $\begin{pmatrix}0&0&\cdots&0\\0&1&\ddots&\vdots\\\vdots&\ddots&\ddots&0\\0&\cdots&0&n\end{pmatrix}$ である．よって E の最小多項式は $X(X-1)\cdots(X-n)$ である．

$0\leq i\leq n$ に対し，$W_i=\{f\in\mathbb{R}[X]\mid\deg f\leq i\}\subset V$ とおく．F は $F(W_i)\subset W_i$ をみたすから，三角化可能である．$G=F-1_V$ とおくと，$i\geq 1$ に対し $G(W_i)=W_{i-1}$ である．よって，G の最小多項式は X^{n+1} であり，F の最小多項式は $(X-1)^{n+1}$ である．系 3.2.8 より，$n\geq 1$ なら F は対角化可能でない．

3.3.3 f の最小多項式 φ を $(X-a)^dG$ とする．補題 3.3.5.2 より，$V=W\oplus\mathrm{Ker}\ G(f)$ である．g の最小多項式を $(X-a)^e$ とし，$f|_{\mathrm{Ker}\ G(f)}$ の最小多項式を H とする．H は G をわりきるから，$H(a)\neq 0$ である．よって命題 3.1.15.2 より，

$\varphi = (X-a)^e H$ であり，$d = e$ である．

3.3.4 系 3.3.8 より，f の W への制限は三角化可能である．$W = \widetilde{W}_{a_1} \oplus \cdots \oplus \widetilde{W}_{a_r}$ を W の一般固有空間分解とする．各 i に対し，$\widetilde{W}_{a_i} \subset W \cap \widetilde{V}_{a_i}$ であり，$W = \widetilde{W}_{a_1} \oplus \cdots \oplus \widetilde{W}_{a_r} \subset (W \cap \widetilde{V}_{a_1}) \oplus \cdots \oplus (W \cap \widetilde{V}_{a_r}) \subset W$ である．よって，各 i に対し，$\widetilde{W}_{a_i} = W \cap \widetilde{V}_{a_i}$ である．

3.3.5 1. $E_i(f)|_{\widetilde{V}_{a_i}} = \mathrm{id}|_{\widetilde{V}_{a_i}}$ を示す．$G_i - G_i(a_i)$ は $X - a_i$ でわりきれるから，$E_i - 1$ は $(X-a_i)^{d_i}$ でわりきれる．よって，$E_i(f) - 1$ の $\widetilde{V}_{a_i} = \mathrm{Ker}(f-a_i)^{d_i}$ への制限は 0 である．したがって $E_i(f)$ の $\widetilde{V}_{a_i}$ への制限は恒等写像である．

$j \neq i$ とする．$G_i(f)$ の $\widetilde{V}_{a_j}$ への制限は 0 である．E_i は G_i でわりきれるから，$E_i(f)$ の $\widetilde{V}_{a_j}$ への制限も，0 である．

2. $(f-a_i)^{d_i} G_i(f) = 0$ だから，$\mathrm{Im}\, G_i(f) \subset \widetilde{V}_{a_i}$ である．補題 3.3.5.1 より，$G_i(f)$ の $\widetilde{V}_{a_i}$ への制限は同形だから，$\mathrm{Im}\, G_i(f) \supset G_i(f)(\widetilde{V}_{a_i}) = \widetilde{V}_{a_i}$ である．

3.4.1 1. 最小多項式は $X^4 - X^2 = X^2(X-1)(X+1)$ だから，固有値は $0, 1, -1$ である．

2. $V_0 = \mathrm{Ker}\ A = \mathbb{R}\begin{pmatrix}0\\1\\0\\-1\end{pmatrix} \subset \widetilde{V}_0 = \mathrm{Ker}\ A^2 = \mathbb{R}\begin{pmatrix}0\\1\\0\\-1\end{pmatrix} + \mathbb{R}\begin{pmatrix}1\\0\\-1\\0\end{pmatrix}$．

$V_1 = \widetilde{V}_1 = \mathrm{Ker}(A-1) = \mathbb{R}\begin{pmatrix}0\\0\\1\\1\end{pmatrix}$．$V_{-1} = \widetilde{V}_{-1} = \mathrm{Ker}(A+1) = \mathbb{R}\begin{pmatrix}0\\0\\1\\-1\end{pmatrix}$．

3. ジョルダン標準形は $J = \begin{pmatrix}0&1&0&0\\0&0&0&0\\0&0&1&0\\0&0&0&-1\end{pmatrix}$ である．

4. $P = \begin{pmatrix}0&1&0&0\\1&0&0&0\\0&-1&1&1\\-1&0&1&-1\end{pmatrix}$ とおけばよい．

5. $P^{-1} = \frac{1}{2}\begin{pmatrix} 0 & 2 & 0 & 0 \\ 2 & 0 & 0 & 0 \\ 1 & 1 & 1 & 1 \\ 1 & -1 & 1 & -1 \end{pmatrix}$ だから，$S = P\begin{pmatrix} 0 & 0 & 0 & 0 \\ 0 & 0 & 0 & 0 \\ 0 & 0 & 1 & 0 \\ 0 & 0 & 0 & -1 \end{pmatrix}P^{-1} =$ $\begin{pmatrix} 0 & 0 & 0 & 0 \\ 0 & 0 & 0 & 0 \\ 0 & 1 & 0 & 1 \\ 1 & 0 & 1 & 0 \end{pmatrix}$ である．

3.4.2 $\mathrm{Im}\, N^r = \bigoplus_{q \geq r} V_{p,q}$ である．

3.4.3 問題 2.3.6 の略解のように，$f_i = \frac{1}{i!}X(X-1)\cdots(X-(i-1))$ とおくと，

$$F(f_i) - f_i = \frac{1}{i!}((X+1)-(X-(i-1)))\cdot X(X-1)\cdots(X-(i-1)) = f_{i-1}$$

である．基底 $f_0 = 1, f_1 = X, f_2, \ldots, f_n$ に関する F の行列表示は $J(1, n+1)$ である．

3.4.4 1. 各固有値 a_i に対し，

$$x_i = (A-a_1)^{d_1}\cdots(A-a_{i-1})^{d_{i-1}}(A-a_{i+1})^{d_{i+1}}\cdots(A-a_r)^{d_r}e_1$$

$\in K^n$ とおく．$x_i, (A-a_i)x_i, \ldots, (A-a_i)^{d_i-1}x_i \in K^n$ は，1 次独立である．$W_i = \langle x_i, (A-a_i)x_i, \ldots, (A-a_i)^{d_i-1}x_i \rangle$ とおくと，$\dim W_i = d_i$ かつ $A-a_i$ の W_i への制限は巾零である．$W_i \subset \widetilde{V}_{a_i}$ であり $\dim W_i = \dim \widetilde{V}_{a_i} = d_i$ だから，$W_i = \widetilde{V}_{a_i}$ である．

2. f の W_i への制限の，基底 $(A-a_i)^{d_i-1}x_i, \ldots, (A-a_i)x_i, x_i$ に関する行列表示は，ジョルダン行列 $J(a_i, d_i)$ である．$P \in GL_n(K)$ を，これらのベクトルをならべて得られる行列とすると，$P^{-1}AP = J(a_1, d_1) \oplus \cdots \oplus J(a_r, d_r)$ である．

3.4.5 問題 3.3.5 の記号を使うと，$s = a_1E_1(f) + \cdots + a_rE_r(f)$ であり，$n = f - (a_1E_1(f) + \cdots + a_rE_r(f))$ である．f が同形なら $u = 1 + a_1^{-1}(f - a_1)E_1(f) + \cdots + a_r^{-1}(f - a_r)E_r(f)$ である．

3.4.6 $a_1, \ldots, a_r$ を s の固有値とし，$V = V_1 \oplus \cdots \oplus V_r$ を s に関する固有空間分解とする．$n(s-a_i) = (s-a_i)n$ だから，補題 3.2.6 より，$n(V_i) \subset V_i$ である．$n|_{V_i}$ は巾零だから，$V = V_1 \oplus \cdots \oplus V_r$ は f が定める一般固有空間分解である．よって，f は三角化可能で，s は f の半単純部分，n は f の巾零部分である．

3.5.1 1. A は $F(X^{j-1}) = \begin{pmatrix} a_1^{j-1} \\ a_2^{j-1} \\ \vdots \\ a_n^{j-1} \end{pmatrix}$ をならべたものである．

2. f_i は $i-1$ 次式で，$i-1$ 次の係数は 1 である．よって P は上三角行列で，その対角成分はすべて 1 である．したがって $\det P = 1$ である．

3. $F(f_j) = \begin{pmatrix} f_j(a_1) \\ \vdots \\ f_j(a_n) \end{pmatrix}$ の第 $j-1$ 成分までは 0 である．A' はベクトル $F(f_j)$ をならべたものだから，下三角行列である．A' の第 jj 成分は $f_j(a_j) = (a_j - a_1)(a_j - a_2) \cdots (a_j - a_{j-1})$ である．よって，$\det A' = \prod_{1 \leq i < j \leq n}(a_j - a_i)$ である．

4. 命題 2.3.7 より，$A' = AP$ である．よって，$\det A' = \det A \det P = \det A$ であり，$\det A = \prod_{1 \leq i < j \leq n}(a_j - a_i)$ である．

3.6.1 $\mathrm{Tr}\ A = 1, \det A = -1, \det(X - A) = X^3 - X^2 - X + 1$ である．

3.6.2 問題 2.3.5 より，D の行列表示が $\begin{pmatrix} 1 & 1 & 0 \\ 0 & 1 & 0 \\ 0 & 0 & -1 \end{pmatrix}$ だから，トレースは 1，行列式は -1，固有多項式は $(X-1)^2(X+1) = X^3 - X^2 - X + 1$ である．

3.6.3 $\alpha = a + ib \in \mathbb{C}$ とする．固有多項式は $\det \begin{pmatrix} X - a & b \\ -b & X - a \end{pmatrix} = (X-a)^2 + b^2 = (X - \alpha)(X - \bar{\alpha}) = X^2 - 2\mathrm{Re}\ \alpha \cdot X + |\alpha|^2$ である．

3.6.4 $\Phi_A = X^2 - \mathrm{Tr}\ A \cdot X + \det A$ だから，系 3.6.9.2 を適用すればよい．

3.6.5 F の，基底 $1, X, \ldots, X^n$ に関する行列表示は $\begin{pmatrix} 1 & 1 & 1 & \cdots & 1 \\ 0 & 1 & 2 & \cdots & n \\ 0 & 0 & 1 & \cdots & {}_nC_2 \\ \vdots & & \ddots & \ddots & \vdots \\ 0 & \cdots & \cdots & 0 & 1 \end{pmatrix}$ だから，F の固有多項式は $(X-1)^{n+1}$ である．

3.6.6 $A \in M_n(K)$ を上三角行列として，$a_1, \ldots, a_n$ を A の対角成分とする．例題 3.2.3.1 より，$\Phi_A(A) = (A - a_1) \cdots (A - a_n) = 0$ である．

3.6.7 $f|_W$ の固有多項式 $\det(X-A)$ は $(X-a)^m$ だから，A が上三角行列なら，その対角成分はすべて a である．

3.6.8 1．(3)⇔(1)⇒(2) と，(1)⇒(4) は明らかである．(2)⇔(1) は，問題 3.2.5 の特別の場合である．

2．(3)⇒(1)⇐(2) は明らかである．(1)⇒(2) を示す．1 の (2)⇒(1) の対偶より，A がスカラー行列でなければ，固有ベクトルでなく 0 でもないベクトル $x \in K^2$ がある．x, Ax は K^2 の基底である．

(2)⇒(4) を示す．x, Ax が K^2 の基底であるとする．線形写像 $F\colon Z(A) \to K^2$ を $B \in Z(A)$ に対し $Bx \in K^2$ を対応させることで定める．F が単射であることを示す．$Bx = 0$ なら，$BAx = ABx = 0$ だから，$B = 0$ である．よって F は単射である．$K \oplus KA \subset Z(A)$ であり，$2 = \dim K \oplus KA \leq \dim Z(A) \leq 2$ だから，$K \oplus KA = Z(A)$ である．

$K \oplus KA \subset K[A] \subset Z(A)$ だから，(4)⇒(3) である．

1 の (4)⇒(3) を示す．$K[A] \subset \bigcap_{C \in Z(A)} Z(C)$ である．2 の (1)⇒(4) より，$K[A] \subset \bigcap_{C \in M_2(K) \setminus K}(K \oplus KC) = K$ となる．よって，$K[A] = K$ である．

3.6.9 1．f が三角化可能なので，$1 - aX = \exp\left(-\sum_{n=1}^{\infty} \frac{a^n}{n} X^n\right)$ からしたがう．

2．(1) ⇔ f の固有多項式は X^n ⇔ $\det(1 - fX) = 1$ である．一方 1 より，(2) も $\det(1 - fX) = 1$ と同値である．

3.7.1 1．$X^3 - X^2 - X + 1 = (X-1)^2(X+1)$ だから，$V = V_1(2) \oplus V_{-1}(1)$ である．V の基底 $(e^x), (xe^x), (e^{-x})$ に関する D の行列表示は，$J(1,2) \oplus (-1)$ である．

2．1 と同じく $W = W_1(2) \oplus W_{-1}(1)$ である．W の基底 $(1), (n), ((-1)^n)$ に関する D の行列表示は，$J(1,2) \oplus (-1)$ である．

3.7.2 1．命題 3.7.5.1 の証明と同様に，$b = 0$ の場合に帰着される．

$$D^2(x^i \cos cx) = i(i-1)x^{i-2} \cos cx - 2icx^{i-1} \sin cx - c^2 x^i \cos cx$$

であり，$x^i \sin cx$ についても同様である．よって，$\cos cx, \sin cx, \ldots, x^{m-1} \cos cx, x^{m-1} \sin cx \in V_{0,c}(m)$ である．これらは 1 次独立であり，$\dim V_{0,c}(m) = 2m$ だから，基底である．

2.

$$D(x^i e^{bx}\cos cx) = ix^{i-1}e^{bx}\cos cx + bx^i e^{bx}\cos cx - cx^i e^{bx}\sin cx,$$
$$D(x^i e^{bx}\sin cx) = ix^{i-1}e^{bx}\sin cx + cx^i e^{bx}\cos cx + bx^i e^{bx}\sin cx,$$

だから，行列表示は，$A = \begin{pmatrix} b & c \\ -c & b \end{pmatrix}$ とおいて区分けして書くと，

$$\begin{pmatrix} A & 1_2 & 0 & \cdots & 0 \\ 0 & A & 2\cdot 1_2 & \ddots & \vdots \\ \vdots & \ddots & \ddots & \ddots & 0 \\ \vdots & & \ddots & A & (m-1)1_2 \\ 0 & \cdots & \cdots & 0 & A \end{pmatrix}$$

である．

第4章

4.1.1　1. $(f_1+f_2+f_3)(e_1-e_2) = f_1(e_1)-f_2(e_2) = 0$, $(f_1+f_2+f_3)(e_2-e_3) = f_2(e_2)-f_3(e_3) = 0$ である．

2. $\begin{pmatrix} f_1(e_1-e_2) & f_1(e_2-e_3) \\ f_2(e_1-e_2) & f_2(e_2-e_3) \end{pmatrix} = \begin{pmatrix} 1 & 0 \\ -1 & 1 \end{pmatrix}$ は可逆だから，命題 4.1.10 より，f_1, f_2 は W^* の基底である．

4.1.2　(1) は，${}^t b_i a_i = 1, {}^t b_i a_j = 0\ (i \neq j)$ と同値である．${}^t BA$ の ij 成分は ${}^t b_i a_j$ だから，これは (2) と同値である．

4.1.3　1. e_0, e_1, e_2 の直和 $V \to \mathbb{R}^3$ は同形だから，命題 4.1.10 より，e_0, e_1, e_2 は V^* の基底である．

2. $a \in V$ とすると，$e_3(a) = a(3) = a(2)+a(1)-a(0) = -e_0(a)+e_1(a)+e_2(a)$ だから，$e_3 = -e_0+e_1+e_2$ である．

4.1.4　1. $F\colon V \to K^{n+1}$ を $F(f) = \begin{pmatrix} f(a_0) \\ \vdots \\ f(a_n) \end{pmatrix}$ で定める．問題 2.1.2 より，F は

同形である．よって，命題 4.1.10 よりしたがう．

2. $h_0, \ldots, h_n$ は双対空間 V^* の基底であることを示す．$F\colon V \to K^{n+1}$ を $F(f) = \begin{pmatrix} f(0) \\ f'(0) \\ \vdots \\ f^{(n)}(0) \end{pmatrix}$ で定める．F が同形であることを示せばよい．$\dim V = n+1$ だから，$\operatorname{Ker} F = 0$ をいえばよい．$f \in \operatorname{Ker} F$ とすると，$f(0) = \cdots = f^{(n)}(0) = 0$ である．よって，f の n 次以下の項は 0 である．$\deg f \leq n$ だから，$f = 0$ である．

F の逆写像による $\begin{pmatrix} a_0 \\ a_1 \\ \vdots \\ a_n \end{pmatrix} \in \mathbb{R}^{n+1}$ の像は，$a_0 + a_1 X + \cdots + \dfrac{a_k}{k!} X^k + \cdots + \dfrac{a_n}{n!} X^n$ である．

4.2.1 $W = \left\{ \begin{pmatrix} x_1 \\ x_2 \\ x_3 \end{pmatrix} \middle|\, x_1 + x_2 + x_3 = 0 \right\}$ である．よって，$f = f_1 + f_2 + f_3$ とおくと，$W = \{x \in K^3 \mid f(x) = 0\} = \langle f \rangle^{\top}$ である．したがって，$W^{\perp} = \langle f_1 + f_2 + f_3 \rangle$ である．

4.2.2 1. $Ax = 0$ は ${}^t a_1 x = \cdots = {}^t a_m x = 0$ と同値である．

2. 系 4.2.4 より，$W = \langle f_{a_1}, \ldots, f_{a_m} \rangle^{\top}$ と $W^{\perp} = \langle f_{a_1}, \ldots, f_{a_m} \rangle$ は同値である．

4.2.3 $f = e_0 - 2e_1 + e_2$ とする．$f((1)) = 1 - 2 + 1 = 0, f((n)) = 0 - 2 + 2 = 0$ だから $f \in W^{\perp}$ である．$\dim W^{\perp} = \dim V - \dim W = 3 - 2 = 1$ だから，$f = e_0 - 2e_1 + e_2$ は $W^{\perp}$ の基底である．

4.3.1 1. $\dim W^{\perp} = \dim V - \dim W = 3 - 1 = 2$ である．$(f_1 - f_3)(e_1 + e_2 + e_3) = f_1(e_1) - f_3(e_3) = 0, (f_2 - f_3)(e_1 + e_2 + e_3) = f_2(e_2) - f_3(e_3) = 0$ だから，$f_1 - f_3, f_2 - f_3 \in W^{\perp}$ である．これは 1 次独立だから，基底である．

2. $A(e_1 + e_2 + e_3) = (e_1 + e_2 + e_3)$ だから，$f(W) = W$ である．$g \in W^{\perp}$ なら，$f^*(g)(e_1 + e_2 + e_3) = g(f(e_1 + e_2 + e_3)) = g(e_1 + e_2 + e_3) = 0$ だから，$f^*(g) \in W^{\perp}$ である．よって，$f^*(W^{\perp}) \subset W^{\perp}$ である．

3. f^* の，基底 f_1, f_2, f_3 に関する行列表示は ${}^t A$ である．よって，$f^*(f_1) = f_3, f^*(f_2) = f_1, f^*(f_3) = f_2$ である．したがって，$f^*(f_1 - f_3) = f_3 - f_2 = -(f_2 - f_3)$，$f^*(f_2 - f_3) = f_1 - f_2 = (f_1 - f_3) - (f_2 - f_3)$ だから，$f^*|_{W^{\perp}}$ の

$f_1 - f_3, f_2 - f_3$ に関する行列表示は，$\begin{pmatrix} 0 & 1 \\ -1 & -1 \end{pmatrix}$ である．

4.3.2　$x \in V, g \in W^*$ に対し，$e_W(f(x))(g) = f^{**}(e_V(x))(g)$ を示せばよい．左辺は $g(f(x))$ である．右辺も $f^{**}(e_V(x))(g) = (e_V(x))(f^*(g)) = f^*(g)(x) = g(f(x))$ である．

4.3.3　1. $a \in V$ に対し，$D^*(e_n)(a) = e_n(D(a)) = D(a)(n) = a(n+1) = e_{n+1}(a)$ である．

2. $D^*(e_0) = e_1, D^*(e_1) = e_2, D^*(e_2) = e_3 = -e_0 + e_1 + e_2$ だから，行列表示は $\begin{pmatrix} 0 & 0 & -1 \\ 1 & 0 & 1 \\ 0 & 1 & 1 \end{pmatrix}$ である．

4.3.4　1. $\det(X - A) = \det(X - {}^tA)$ である．

2. 多項式 $F \in K[X]$ に対し，$F({}^tA) = {}^t(F(A))$ だから，$F({}^tA) = 0$ と $F(A) = 0$ は同値である．

3. $V = \widetilde{V}_{a_1} \oplus \cdots \oplus \widetilde{V}_{a_r}$ を V の一般固有空間分解とする．$f - a_i$ は $\widetilde{V}_{a_i}$ 上巾零だから，$(f - a_i)^* = f^* - a_i$ も $\widetilde{V}_{a_i}^*$ 上巾零である．よって，$V^* = \widetilde{V}_{a_1}^* \oplus \cdots \oplus \widetilde{V}_{a_r}^*$ は，V^* の一般固有空間分解を与える．

4. $V = \bigoplus_{0 \leq p, 0 \leq q, p+q \leq m} V_{p,q}$ を，定理 3.4.2 の条件を満たす直和分解とする．$V_{p,q}^* = (V_{q,p})^*$ とおくと，直和分解 $V^* = \bigoplus_{0 \leq p, 0 \leq q, p+q \leq m} V_{p,q}^*$ は定理 3.4.2 の条件を満たす．

4.4.1　(1)⇒(2) は明らかである．$W' = W$ に対し，$f^* = g^*$ とすると，$f = f^*(\mathrm{id}_W) = g^*(\mathrm{id}_W) = g$ である．よって，(2)⇒(1) もなりたつ．

4.4.2　線形写像の公理を確かめればよい．$f, g\colon V \to W$ を線形写像として，$(f+g)_* = f_* + g_*$ を示す．$h \in \mathrm{Hom}(U, V)$ として，写像 $U \to W$ の等式 $(f+g)_*(h) = f_*(h) + g_*(h)$ を示せばよい．$x \in U$ とすると，$(f+g)_*(h)(x) = ((f+g) \circ (h))(x) = (f+g)(h(x)) = f(h(x)) + g(h(x))$ であり，$(f_*(h) + g_*(h))(x) = f_*(h)(x) + g_*(h)(x) = f(h(x)) + g(h(x))$ である．よって，$(f+g)_*(h) = f_*(h) + g_*(h)$ が示された．

$f\colon V \to W$ を線形写像，$a \in K$ として，$(af)_* = af_*$ を示す．$h \in \mathrm{Hom}(U, V)$ として，写像 $U \to W$ の等式 $(af)_*(h) = (af_*)(h)$ を示せばよい．$x \in U$ とすると，$(af)_*(h)(x) = ((af) \circ (h))(x) = (af)(h(x)) = a \cdot f(h(x))$ であり，$(af_*)(h)(x) = a(f_*(h))(x) = af(h(x))$ である．よって，$(af)_*(h) = (af_*)(h)$ も示

された．

第5章

5.1.1 1.

$$\mathrm{Tr}\ E_{kl}E_{ij} = \begin{cases} 1 & (k,l)=(j,i)\ \text{のとき}, \\ 0 & (k,l)\neq(j,i)\ \text{のとき} \end{cases}$$

だから，標準基底 E_{ij} の像は双対基底 E^*_{ji} である．

2. r_b は基底を基底にうつすから同形である．

3. $b(CA,B)=\mathrm{Tr}\ CAB=\mathrm{Tr}\ ABC=b(A,BC)$ だから，$C\times$ の右随伴写像は，$\times C$ である．

5.1.2 1. $r_{b_X}\colon K^X\to(K^{(X)})^*$ の逆写像を定める．線形形式 $f\colon K^{(X)}\to K$ に対し，写像 $g_f\colon X\to K$ を，$g_f(x)=f(e_x)$ で定める．$f\in(K^{(X)})^*$ に対し $g_f\in K^X$ を対応させる写像を $\varphi_X\colon(K^{(X)})^*\to K^X$ とする．

φ_X が r_{b_X} の逆写像であることを示す．$a=(a_x)_{x\in X}\in K^X$ に対し，$\varphi_X(r_{b_X}(a))=g_{r_{b_X}(a)}$ は，$x\in X$ を $r_{b_X}(a)(e_x)=b_X(e_x,a)=a_x\in K$ にうつす写像であり，$a\in K^X$ と等しい．$f\colon K^{(X)}\to K$ を線形形式とすると，$r_{b_X}(\varphi_X(f))=r_{b_X}(g_f)$ は，$b=(b_x)_{x\in X}\in K^{(X)}$ を $b_X(b,g_f)=\sum_{x\in X}f(e_x)b_x=f(b)$ に写す線形形式であり，$f\in(K^{(X)})^*$ と等しい．

2. $a\in K^{(X)}, g\in K^X$ に対し，$b_X(f_*(a),g)=b_X(a,g\circ f)$ を示せばよい．$a=e_x$, $x\in X$ に対して示せばよい．このとき，左辺は $b_X(e_{f(x)},g)=g(f(x))$ であり，右辺 $g\circ f(x)$ と等しい．

5.2.1 1. A は可逆だから，b は非退化である．

2. 基底 e_1+e_3, e_1-e_3, e_2 に関する b の行列表示は $\begin{pmatrix}2&0&0\\0&-2&0\\0&0&1\end{pmatrix}$ だから，e_1+e_3, e_1-e_3, e_2 は直交基底である．b の符号数は $(2,1)$ である．

3. $b(e_1+e_2+e_3, e_1-e_2)=b(e_3,e_1)-b(e_2,e_2)=0, b(e_1+e_2+e_3, e_3-e_2)=b(e_1,e_3)-b(e_2,e_2)=0$ だから，$e_1-e_2, e_3-e_2\in W^\perp$ である．$\dim W^\perp=\dim V-\dim W=3-1=2$ だから，これは $W^\perp$ の基底である．

4. $b(e_1+e_2+e_3, e_1+e_2+e_3)=3$ だから，b_W は非退化である．よって，$b_{W^\perp}$ も非退化である．

5. $e_1, e_2\in W'^\perp$ である．$\dim W'^\perp=\dim V-\dim W'=3-1=2$ だから，こ

れは $W'^{\perp}$ の基底である．$e_1 \in W'^{\perp}$ だから，$W' \subset W'^{\perp}$ である．

6. $${}^tBA = \begin{pmatrix} 0 & 1 & 0 \\ 0 & 0 & 1 \\ 1 & 0 & 0 \end{pmatrix}\begin{pmatrix} 0 & 0 & 1 \\ 0 & 1 & 0 \\ 1 & 0 & 0 \end{pmatrix} = \begin{pmatrix} 0 & 1 & 0 \\ 1 & 0 & 0 \\ 0 & 0 & 1 \end{pmatrix} = \begin{pmatrix} 0 & 0 & 1 \\ 0 & 1 & 0 \\ 1 & 0 & 0 \end{pmatrix}\begin{pmatrix} 0 & 0 & 1 \\ 1 & 0 & 0 \\ 0 & 1 & 0 \end{pmatrix}$$
$= AB$ だから，B 倍写像の随伴写像は B 倍写像である．

5.2.2 $\mathbb{C}$ の $\mathbb{R}$ 上の基底 $1, \sqrt{-1}$ に関する b の行列表示 $\begin{pmatrix} 1 & 0 \\ 0 & -1 \end{pmatrix}$ は可逆である．

5.2.3 b が対称 $\Leftrightarrow$ 任意の $x, y \in V$ に対し，$b(x, y) = b(y, x) \Leftrightarrow$ 任意の $x, y \in V$ に対し，$l_b(x)(y) = r_b(x)(y) \Leftrightarrow$ 任意の $x \in V$ に対し，$l_b(x) = r_b(x) \Leftrightarrow l_b = r_b$ である．

5.2.4 $y_1, \ldots, y_n$ を V の基底，A' を b の $y_1, \ldots, y_n$ に関する行列表示，$f : V \to V$ を $y_1, \ldots, y_n$ を $x_1, \ldots, x_n$ にうつす線形写像，P を f の $y_1, \ldots, y_n$ に関する行列表示とすると，$A = {}^tPA'P$ である．A が可逆であるためには，P と A' がともに可逆であることが必要十分である．

5.2.5 1. $\mathrm{Tr}\ XY = \mathrm{Tr}\ YX$ だから，$\mathrm{Tr}\ XY$ は対称である．行列単位 E_{ij} のなす $M_n(K)$ の基底の $r_b \colon M_n(K) \to M_n(K)^*$ による像は，双対基底 E_{ji}^* だから，$\mathrm{Tr}\ XY$ は非退化である．

2. $E_{ii}\ (i = 1, \ldots, n), E_{ij} + E_{ji}\ (1 \leq i < j \leq n), E_{ij} - E_{ji}\ (1 \leq i < j \leq n)$ は直交基底である．

3. $$W^{\perp} = \left\{ \begin{pmatrix} 0 & a_{12} & \cdots & a_{1n} \\ \vdots & \ddots & \ddots & \vdots \\ \vdots & & \ddots & a_{(n-1)n} \\ 0 & \cdots & \cdots & 0 \end{pmatrix} \middle| \, a_{12}, \ldots, a_{(n-1)n} \in K \right\}$$ である．

5.2.6 1. $f \in V^{\perp}$ とすると，$\displaystyle\int_0^1 f^2(x)dx = 0$ である．よって，$f^2 = 0$ であり，$f = 0$ である．

2. $b(F(f), g) = \displaystyle\int_0^1 f(2x)g(x)dx = \frac{1}{2}\int_0^2 f(x)g\left(\frac{x}{2}\right)dx = \frac{1}{2}\int_0^1 f(x)g\left(\frac{x}{2}\right)dx + \frac{1}{2}\int_0^1 f(x+1)g\left(\frac{x+1}{2}\right)dx$ である．$f(x) = f(x+1)$ だから，V の自己準同形 G を $G(g)(x) = \dfrac{1}{2}\left(g\left(\dfrac{x}{2}\right) + g\left(\dfrac{x}{2} + \dfrac{1}{2}\right)\right)$ で定めれば，$b(F(f), g) = b(f, G(g))$ である．

3. $W^{\perp} = \left\{ g \in V \,\middle|\, g\left(\left[\dfrac{1}{2}, 1\right]\right) = 0 \right\}$ を示す．$g\left(\left[\dfrac{1}{2}, 1\right]\right) = 0$ なら，$f \in W$

とすると，$b(f,g)=\int_0^1 f(x)g(x)dx=\int_0^1 0dx=0$ である．

$W^\perp\subset\left\{g\in V \;\middle|\; g\left(\left[\frac{1}{2},1\right]\right)=0\right\}$ を示す．$g\in W^\perp$ として，$g\left(\left[\frac{1}{2},1\right]\right)=0$ を示す．背理法で示す．$g(a)\neq 0$ をみたす $\frac{1}{2}<a<1$ があったとする．$\varepsilon>0$ を $(a-\varepsilon,a+\varepsilon)\subset\left[\frac{1}{2},1\right]$ かつ $x\in(a-\varepsilon,a+\varepsilon)$ ならば，$g(x)$ と $g(a)$ が同符号となるように選ぶ．$f\in W$ を，$x\in[0,1]$ に対し，

$$f(x)=\begin{cases}0 & |x-a|>\varepsilon \text{ のとき},\\ 1-\dfrac{|x-a|}{\varepsilon} & |x-a|\leq\varepsilon \text{ のとき}\end{cases}$$

で定める．$b(f,g)=\int_{a-\varepsilon}^{a+\varepsilon} f(x)g(x)dx$ は $g(a)$ と同符号であり，$b(f,g)\neq 0$ である．これは矛盾だから，$g\left(\left(\frac{1}{2},1\right)\right)=0$ である．g は連続だから，$g\left(\left[\frac{1}{2},1\right]\right)=0$ である．

5.3.1 1. $A^*=-A$，$B^*=-B$ だから，A,B は正規行列である．AB と BA はどちらも $\begin{pmatrix}0&0&0&-1\\0&0&1&0\\0&1&0&0\\-1&0&0&0\end{pmatrix}$ である．

2. A,B ともに固有値は $i=\sqrt{-1},-i$ で，重複度は 2 ずつである．A の固有値 i の固有空間 W は，$\begin{pmatrix}1\\-i\\0\\0\end{pmatrix},\begin{pmatrix}0\\0\\1\\-i\end{pmatrix}$ で生成される．さらに，W での，B の固有値 i の固有空間は，$\begin{pmatrix}1\\-i\\i\\1\end{pmatrix}$ で生成される．同様に，W での，B の固有値 $-i$ の固有空間は，$\begin{pmatrix}1\\-i\\-i\\-1\end{pmatrix}$ で生成される．A の固有値 $-i$ の固有空間についても同様に考

えれば，$U=\frac{1}{2}\begin{pmatrix}1&1&1&1\\-i&-i&i&i\\i&-i&i&-i\\1&-1&-1&1\end{pmatrix}$ とおけば，$AU=U\begin{pmatrix}i&0&0&0\\0&i&0&0\\0&0&-i&0\\0&0&0&-i\end{pmatrix}$

かつ $BU=U\begin{pmatrix}i&0&0&0\\0&-i&0&0\\0&0&i&0\\0&0&0&-i\end{pmatrix}$ である．U はユニタリ行列である．

5.3.2　1. $h(X,X)=\sum_{i=1}^{2}\sum_{j=1}^{3}|x_{ij}|^2$ だから，$h(X,X)\geq 0$ であり，$h(X,X)=0$ は $X=0$ と同値である．

2. $h(AX,Y)=\mathrm{Tr}\ {}^t(AX)\overline{Y}=\mathrm{Tr}\ {}^tX\ {}^tA\overline{Y}=\mathrm{Tr}\ {}^tX\overline{AY}=h(X,AY)$ だから，$f^*=f$ である．$h(XB,Y)=\mathrm{Tr}\ {}^t(XB)\overline{Y}=\mathrm{Tr}\ {}^tB\ {}^tX\overline{Y}=\mathrm{Tr}\ {}^tX\overline{Y}\ {}^tB=\mathrm{Tr}\ {}^tX\overline{\overline{Y}\ {}^tB}=h(X,YB^2)$ だから，$g^*=g^2$ である．

3. ω を 1 の原始 3 乗根とする．$i=0,1,2,\ j=0,1$ に対し，

$$X_{ij}=\begin{pmatrix}1&\omega^i&\omega^{-i}\\(-1)^j&(-1)^j\omega^i&(-1)^j\omega^{-i}\end{pmatrix}\in V=M_{23}(\mathbb{C})$$

とおく．$AX_{ij}B=\omega^i(-1)^jX_{ij}$ である．$h(X_{ij},X_{ij})=6$ であり，$(i,j)\neq(i',j')$ ならば $h(X_{ij},X_{i'j'})=0$ である．よって，$\frac{1}{\sqrt{6}}X_{ij}$ $(i=0,1,2,j=0,1)$ は V の正規直交基底である．

5.3.3　1. $h(f_1+f_2,g)=h(f_1,g)+h(f_2,g), h(af,g)=ah(f,g), h(f,g)=\overline{h(g,f)}$ は明らかである．

$h(f,f)=\int_0^{2\pi}|f(x)|^2dx\geq 0$ であり，$h(f,f)=0$ は $f=0$ と同値である．

2. $h(\Delta f,g)=\int_0^{2\pi}f''(x)\overline{g}(x)dx$ は，部分積分を 2 回くりかえすと，$[f'(x)\overline{g}(x)]_0^{2\pi}-\int_0^{2\pi}f'(x)\overline{g}'(x)dx=-[f(x)\overline{g}'(x)]_0^{2\pi}+\int_0^{2\pi}f(x)\overline{g}''(x)dx=h(f,\Delta g)$ に等しい．

3. $h(\exp ikx,\exp ilx)=\int_0^{2\pi}\exp i(k-l)xdx$ は $k=l$ なら 2π であり，そうでなければ 0 である．よって，$\frac{1}{\sqrt{2\pi}}\exp ikx$ $(k=0,\pm1,\ldots,\pm n)$ は V の正規直交基底である．

$\Delta(\exp ikx)=-k^2\exp ikx$ だから，これらは Δ の固有ベクトルである．

5.4.1　1. $\det A=1$ だから b は非退化である．

2. $b(e_1,e_2)=1$ である．$b(e_1,e_3)=0, b(e_2,e_3)=b(e_2,e_1)$ だから，$e_3-e_1\in\langle e_1,e_2\rangle^\perp$ である．$b(e_1,e_4)=-b(e_1,e_2), b(e_2,e_4)=0$ だから，$e_4+e_2\in\langle e_1,e_2\rangle^\perp$ である．よって，$\langle e_1,e_2\rangle^\perp=\langle e_3-e_1,e_4+e_2\rangle$ である．$b(e_3-e_1,e_4+e_2)=$

$b(e_3, e_4+e_2)=1$ だから，$e_1, e_3-e_1, e_2, e_4+e_2$ は，b に関する斜交基底である．

第6章

6.1.1 1. $\begin{pmatrix}1&1\\0&1\end{pmatrix}\begin{pmatrix}0&1\\1&0\end{pmatrix}=\begin{pmatrix}1&0\\1&1\end{pmatrix}\neq\begin{pmatrix}0&1\\1&1\end{pmatrix}=\begin{pmatrix}0&1\\1&0\end{pmatrix}\begin{pmatrix}1&1\\0&1\end{pmatrix}$ である．

2. $(12)(13)=(132)\neq(123)=(13)(12)$ である．

6.1.2 $f(a+b\sqrt{-1})f(c+d\sqrt{-1})=\begin{pmatrix}a&-b\\b&a\end{pmatrix}\begin{pmatrix}c&-d\\d&c\end{pmatrix}$
$=\begin{pmatrix}ac-bd&-(ad+bc)\\ad+bc&ac-bd\end{pmatrix}=f((ac-bd)+(ad+bc)\sqrt{-1})=f((a+b\sqrt{-1})(c+d\sqrt{-1}))$ である．

6.1.3 1. 省略．

2. 1 より，$f(\sigma)\colon\mathbb{R}^2\to\mathbb{R}^2$ は，x_i を $x_{\sigma(i)}$ にうつすことで定まる線形写像である．したがって，$f(\sigma)f(\tau)$ は，x_i を $x_{\sigma\tau(i)}$ にうつすことで定まる線形写像であり，$f(\sigma\tau)$ と等しい．

6.2.1 (2)⇒(1)：$y\in Gy=Gx$ である．

(1)⇒(3)：$y\in Gx$ なら $y\in Gx\cap Gy$ である．

(3)⇒(2)：$hx=ky\in Gx\cap Gy$ とする．$g\in G$ なら $gx=gh^{-1}hx=gh^{-1}ky\in Gy$ だから，$Gx\subset Gy$ である．同様に $Gy\subset Gx$ である．

6.2.2 1. $A\in GL_n(K)$ なら $A0=0$ だから，$\{0\}$ は $GL_n(K)$ 軌道である．$x\in K^n,\neq 0$ とすると，K^n の基底 $x=x_1,x_2,\ldots,x_n$ がある．$A=\begin{pmatrix}x_1&x_2&\cdots&x_n\end{pmatrix}\in GL_n(K)$ だから，$K^n\setminus\{0\}=GL_n(K)\cdot e_1$ である．よって，$K^n\setminus\{0\}$ も $GL_n(K)$ 軌道である．$K^n=(K^n\setminus\{0\})\cup\{0\}$ だから，$GL_n(K)$ 軌道はこの 2 つだけである．

2. $\mathrm{id}(1)=1$ であり，$1<i\leq n$ とすると，$(1i)(1)=i$ である．よって，$\{1,\ldots,n\}=\mathfrak{S}_n\cdot 1$ である．

6.2.3 1. A と A' が同じ G 軌道に属するとは，A の階数と A' の階数が等しいということである．したがって，X に含まれる G 軌道の個数は $\min(m,n)+1$ である．

2. 対称行列 $A\in M_n(\mathbb{R})$ が定める対称双線形形式を $b_A:\mathbb{R}^n\times\mathbb{R}^n\to\mathbb{R}$ とする．

A と A' が同じ G 軌道に属するとは，b_A の符号数と $b_{A'}$ の符号数が等しいということである．したがって，G 軌道の個数は，$\begin{pmatrix} n+2 \\ 2 \end{pmatrix}$ である．

6.2.4 交代行列 $A \in M_n(K)$ が定める交代双線形形式を $b_A : K^n \times K^n \to K$ とする．A と A' が同じ G 軌道に属するとは，b_A の階数と $b_{A'}$ の階数が等しいということである．したがって，G 軌道の個数は，$\dfrac{n}{2}+1$ 以下の最大の整数である．

6.2.5 1. $\sigma \in \mathrm{Aut}(X)$ とする．$P(\sigma)$ を，e_1, e_2 の像を $\sigma(e_1), \sigma(e_2)$ にうつす線形写像 $\mathbb{F}_2 \to \mathbb{F}_2$ とする．$P(\sigma) \in GL_2(\mathbb{F}_2)$ であり，$P(\sigma)(e_1+e_2) = \sigma(e_1+e_2)$ だから，$P(\sigma)|_X = \sigma$ である．よって，σ を $P(\sigma)$ にうつす写像 $\mathrm{Aut}(X) \to GL_2(\mathbb{F}_2)$ は F の逆写像である．

2. $\mathrm{Aut}(X)$ は $\mathfrak{S}_3$ と同形だから，$GL_2(\mathbb{F}_2)$ も $\mathfrak{S}_3$ と同形である．

6.3.1 $(12)^2 = 1 \in H$ だから H は部分群である．$(23)(12)(23)^{-1} = (13) \notin H$ だから，H は正規部分群でない．

6.3.2 1. $\det : GL_n(\mathbb{F}_p) \to \mathbb{F}_p^\times$ は全射である．よって，系 6.3.10.1 より，$|SL_n(\mathbb{F}_p)| = |GL_n(\mathbb{F}_p)|/|\mathbb{F}_p^\times| = (p^n-1)\cdots(p^n-p^{n-1})/(p-1) = (p^n-1)\cdots(p^n-p^{n-2})p^{n-1}$ である．

2. $n=1$ なら $|\mathfrak{A}_n| = 1$ である．$n \geq 2$ とする．$\mathrm{sgn} : \mathfrak{S}_n \to \{\pm 1\}$ は全射である．よって，系 6.3.10.1 より，$|\mathfrak{A}_n| = |\mathfrak{S}_n|/2 = n!/2$ である．

6.3.3 1. $a^2+b^2=1$ と $a=\cos t, b=\sin t$ をみたす $t \in \mathbb{R}$ が存在することは同値である．

2. $\cos t = 1$ かつ $\sin t = 0$ であることは t が 2π の整数倍であることと同値である．

6.3.4 1. $SO_2(K) = \{A \in GL_2(K) \mid {}^tAA = 1, \det A = 1\} = \{A \in GL_2(K) \mid \det A = 1, A = {}^tA^{-1}\}$ である．$A = \begin{pmatrix} a & c \\ b & d \end{pmatrix}$ とすると，$A \in SO_2(K) \Leftrightarrow ad-bc = 1, \begin{pmatrix} a & b \\ c & d \end{pmatrix} = \begin{pmatrix} d & -c \\ -b & a \end{pmatrix}$ である．これはさらに，$a^2+b^2=1, a=d, b=-c$ と同値である．

2. 問題 6.1.2 の準同形 $\mathbb{C}^\times \to GL_2(\mathbb{R})$ による $U_1 = \{z \in \mathbb{C}^\times \mid |z| = 1\}$ の像は，1 より，$SO_2(\mathbb{R})$ である．よって，これの U_1 への制限は同形 $U_1 \to SO_2(\mathbb{R})$ を定める．問題の写像は，この同形の逆写像である．

6.3.5 $f\begin{pmatrix} a & -b \\ b & a \end{pmatrix} \cdot f\begin{pmatrix} c & -d \\ d & c \end{pmatrix} = (a+b\sqrt{-1})(c+d\sqrt{-1}) = (ac-bd) + (ad+bc)\sqrt{-1} = f\begin{pmatrix} ac-bd & -(ad+bc) \\ ad+bc & ac-bd \end{pmatrix} = f\left(\begin{pmatrix} a & -b \\ b & a \end{pmatrix}\begin{pmatrix} c & -d \\ d & c \end{pmatrix}\right)$ だから，f は準同形である．

逆写像 $g\colon \mathbb{C}^\times \to SO_2(\mathbb{C})$ を定義する．$z \in \mathbb{C}^\times$ に対し，

$$g(z) = \frac{1}{2}\begin{pmatrix} z+\dfrac{1}{z} & \sqrt{-1}\left(z-\dfrac{1}{z}\right) \\ -\sqrt{-1}\left(z-\dfrac{1}{z}\right) & z+\dfrac{1}{z} \end{pmatrix}$$

とおく．

$$\left(\frac{1}{2}\left(z+\frac{1}{z}\right)\right)^2 + \left(-\frac{\sqrt{-1}}{2}\left(z-\frac{1}{z}\right)\right)^2 = 1$$

だから，写像 $g : \mathbb{C}^\times \to SO_2(\mathbb{C})$ が定まる．$\dfrac{1}{2}\left(z+\dfrac{1}{z}\right) - \dfrac{\sqrt{-1}^2}{2}\left(z-\dfrac{1}{z}\right) = z$ だから，$f \circ g = \mathrm{id}_{\mathbb{C}^\times}$ である．

$a^2+b^2=1$ なら，$(a+b\sqrt{-1})^{-1} = a-b\sqrt{-1}$ だから，$g \circ f = \mathrm{id}_{SO_2(\mathbb{C})}$ である．

6.3.6 1．逆写像 $\mathbf{P}^n(K) \setminus \mathbf{P}^{n-1}(K) \to K^n$ を定義する．L を K^n に含まれない，K^{n+1} の 1 次元部分空間とする．L の基底 y をとり，$y = \begin{pmatrix} y_1 \\ \vdots \\ y_{n+1} \end{pmatrix}$ とおく．

$y \notin K^n$ だから $y_{n+1} \neq 0$ であり，さらに，$x = \dfrac{1}{y_{n+1}}\begin{pmatrix} y_1 \\ \vdots \\ y_n \end{pmatrix} \in K^n$ は y によらない．L に対し $x \in K^n$ を対応させる写像は，問題の写像 $K^n \to \mathbf{P}^n(K) \setminus \mathbf{P}^{n-1}(K)$ の逆写像である．

2．$L = Ka_1$ とする．a_1 を含む基底 $a_1, \ldots, a_n$ をとり，これをならべた行列を $A = \begin{pmatrix} a_1 & \cdots & a_n \end{pmatrix}$ とすれば，$L = A \cdot (Ke_1)$ である．よって，$\mathbf{P}^n(K) = GL_n(K) \cdot (Ke_1)$ である．

$A \in GL_n(K)$ が $K \cdot Ae_1 = Ke_1$ をみたすためには，$Ae_1 \in Ke_1$ が必要十分である．

3．n に関する帰納法で，$p^n + p^{n-1} + \cdots + p + 1$ であることを示す．$n = 0$ のときは $\mathbf{P}^0(\mathbb{F}_p) = \{\mathbb{F}_p\}$ の元の個数は 1 である．($\mathbf{P}^n(\mathbb{F}_p)$ の元の個数) $=$ ($\mathbb{F}_p^n$の元の個数) $+$ ($\mathbf{P}^{n-1}(\mathbb{F}_p)$ の元の個数) $= p^n + (p^{n-1} + \cdots + p + 1) = \dfrac{p^{n+1}-1}{p-1}$

である．

6.3.7 1．行列表示によって，$O(V,b)=\{P\in GL_n(K)\mid {}^tPAP=A\}$ と考える．$\det {}^tPAP=\det A$ で $\det A\neq 0$ だから，$\det P^2=1$ である．さらに，直交基底をとって，A を対角行列とすれば，11 成分が -1 でそれ以外の対角成分が 1 という対角行列 P は $O(V,b)$ の元であり，$\det P=-1$ である．

2．1 と同様に，$U(V,h)=\{P\in GL_n(\mathbb{C})\mid {}^tPA\overline{P}=A\}$ と考える．$\det {}^tPA\overline{P}=\det A$ で $\det A\neq 0$ だから，$|\det P|^2=1$ である．さらに，直交基底をとって，A を対角行列とすれば，11 成分が $u\in U_1$ でそれ以外の対角成分が 1 という対角行列 P は $U(V,h)$ の元であり，$\det P=u$ である．

6.3.8 1．$W\subset K^n$ を K^n の m 次元部分空間とする．$x_1,\ldots,x_m$ を W の基底とし，それを K^n の基底 $x_1,\ldots,x_n$ に延長すると，$A=\begin{pmatrix}x_1 & \cdots & x_n\end{pmatrix}\in GL_n(K)$ であり，$W=A\cdot K^m$ である．よって，$X=\mathrm{Gr}(K^n,m)$ への $GL_n(K)$ の自然な左作用は可移である．

2．$K^m\subset K^n$ の固定部分群 H は，

$$\left\{\begin{pmatrix}A_{11} & A_{12}\\ 0 & A_{22}\end{pmatrix}\middle| A_{11}\in GL_m(K), A_{22}\in GL_{n-m}(K), A_{12}\in M_{m(n-m)}(K)\right\}$$

である．

3．$\mathrm{Gr}(\mathbb{F}_p^n,m)$ の元の個数は，

$$\begin{aligned}&\frac{|GL_n(\mathbb{F}_p)|}{|H|}\\ =&\frac{(p^n-1)(p^n-p)\cdots(p^n-p^{n-1})}{(p^m-1)(p^m-p)\cdots(p^m-p^{m-1})(p^n-p^m)(p^n-p^{m+1})\cdots(p^n-p^{n-1})}\\ =&\frac{(p^n-1)(p^n-p)\cdots(p^n-p^{m-1})}{(p^m-1)(p^m-p)\cdots(p^m-p^{m-1})}=\frac{(p^n-1)(p^{n-1}-1)\cdots(p^{n-m+1}-1)}{(p^m-1)(p^{m-1}-1)\cdots(p-1)}\end{aligned}$$

である．

6.3.9 1．$O_n(\mathbb{R})=\{(a_1,\ldots,a_n)\in M_n(\mathbb{R})\mid (a_i,a_i)=1\ (i=1,\ldots,n),(a_i,a_j)=0\ (i\neq j)\}$ は，$n-1$ 次元単位球面 $\{a\in\mathbb{R}^n\mid |a|=1\}$ を n 個直積したものの閉部分集合だからコンパクトである．

2．$U_n=\{(a_1,\ldots,a_n)\in M_n(\mathbb{C})\mid (a_i,a_i)=1\ (i=1,\ldots,n),(a_i,a_j)=0\ (i\neq j)\}$ は，$2n-1$ 次元単位球面 $\{a\in\mathbb{C}^n\mid |a|=1\}$ を n 個直積したものの閉部分集合だからコンパクトである．

第7章

7.1.1　全射 $p:\mathbb{R}\to S^1$ を，$p(t)=(\cos t,\sin t)$ で定義する．$t,s\in\mathbb{R}$ に対し，条件 $p(t)=p(s)$ は，$t=s+2n\pi$ をみたす整数 n の存在と同値である．よって，補題 7.1.1 より，条件 (1) は，$n\in\mathbb{Z}$ ならば $f(x+2n\pi)=f(x)$ と同値である．よって，これは条件 (2) と同値である．

7.2.1　$A=\begin{pmatrix}1&-1&0\\1&1&-1\\1&0&1\end{pmatrix}\in M_3(\mathbb{C})$ は可逆だから，$e_1+e_2+e_3, e_2-e_1, e_3-e_2$ は $\mathbb{C}^3$ の基底である．よって $\overline{e_2-e_1},\overline{e_3-e_2}$ は V/W の基底である．

$A^{-1}=\dfrac{1}{3}\begin{pmatrix}1&1&1\\-2&1&1\\-1&-1&2\end{pmatrix}$ だから，$e_1=\dfrac{1}{3}((e_1+e_2+e_3)-2(e_2-e_1)-(e_3-e_2))$ である．よって $\overline{e_1}=-\dfrac{2}{3}\overline{e_2-e_1}-\dfrac{1}{3}\overline{e_3-e_2}$ である．同様に，$\overline{e_2}=\dfrac{1}{3}\overline{e_2-e_1}-\dfrac{1}{3}\overline{e_3-e_2}$，$\overline{e_3}=\dfrac{1}{3}\overline{e_2-e_1}+\dfrac{2}{3}\overline{e_3-e_2}$ である．

7.2.2　V'/W は標準全射 $V\to V/W$ による V' の像だから，問題 2.4.7 の特別な場合である．

7.3.1　1. $\bar{f}(\overline{e_2-e_1})=\overline{e_3-e_2}$．$\bar{f}(\overline{e_3-e_2})=\overline{e_1-e_3}=-\overline{e_2-e_1}-\overline{e_3-e_2}$．よって，行列表示は $\begin{pmatrix}0&-1\\1&-1\end{pmatrix}$ である．

2. $\bar{f}$ の固有多項式 $X(X+1)+1=X^2+X+1$ は重根をもたないから，$\bar{f}$ は対角化可能．固有値は 1 の原始 3 乗根 ω,ω^2．固有ベクトルは $\overline{e_1+\omega^2e_2+\omega e_3}=-\overline{e_2-e_1}+\omega\overline{e_3-e_2}$ と $\overline{e_1+\omega e_2+\omega^2e_3}=-\overline{e_2-e_1}+\omega^2\overline{e_3-e_2}$ である．

7.3.2　f は全射であり，その核は W である．よって，f がひきおこす写像 $V/W\to K^2$ は同形である．

7.3.3　線形写像 $F:K[X]\to K^n$ の核は，(f) である．$\dim K[X]/(f)=\deg f=n$ だから，単射 $K[X]/(f)\to K^n$ は同形である．

7.3.4　$\mathbb{R}[X]\to\mathbb{C}$: $f\mapsto f(\sqrt{-1})$ の核 W が (X^2+1) であることを示す．$f\in\mathbb{R}[X]$ を X^2+1 でわって $f=g\cdot(X^2+1)+aX+b$ とおくと，$f(\sqrt{-1})=a\sqrt{-1}+b$ だから，$f\in W\Leftrightarrow a=b=0\Leftrightarrow f\in(X^2+1)$ である．よって，$W=(X^2+1)$ である．準同形定理より，同形 $\mathbb{R}[X]/(X^2+1)\to\mathbb{C}$ が得られる．

7.3.5 1．合成 $f\colon V \to V'/W'$ の核は $f^{-1}(W')$ だから $\bar{f}\colon V/W \to V'/W'$ の核は $f^{-1}(W')/W$ である．したがって，$\bar{f}$ が単射であるためには，$f^{-1}(W') = W$ が必要十分である．

2．$\bar{f}\colon V/W \to V'/W'$ の像は，合成 $V \to V/W \to V'/W'$ の像と等しく $(f(V) + W')/W'$ である．したがって $\bar{f}$ が全射であるためには，問題 7.2.2 より，$V' = f(V) + W'$ が必要十分である．

7.3.6 合成 $W^{\perp} \to (W'/W)^*$ は，全射であり，その核は $W'^{\perp}$ である．よって，準同形定理より，これは同形 $W^{\perp}/W'^{\perp} \to (W'/W)^*$ を定める．

7.3.7 W の基底を延長する V の基底に関する f の行列表示 A は，区分けして書くと $A = \begin{pmatrix} A_{11} & A_{12} \\ 0 & A_{22} \end{pmatrix}$ となる．$\Phi_V = \det(X-A), \Phi_W = \det(X-A_{11}), \Phi_{V/W} = \det(X-A_{22})$ だから，$\Phi_V = \det(X-A) = \det(X-A_{11})\cdot\det(X-A_{22}) = \Phi_W \cdot \Phi_{V/W}$ である．

7.3.8 (1)⇒(2)：$V = W \oplus W'$ とすると，$W' \to V/W$, $W \to V/W'$ は同形で，標準全射の直和 $V \to V/W \oplus V/W'$ は，同形 $V \to W' \oplus W$ と同形 $W' \oplus W \to V/W \oplus V/W'$ の合成である．よって，$V \to V/W \oplus V/W'$ は同形である．

(2)⇒(1)：$V \to V/W \oplus V/W'$ の核 $W \cap W'$ が 0 だから $W \cap W' = 0$ である．$x \in V$ とする．$(0, \bar{x}) \in V/W \oplus V/W'$ を $y \in V$ の像とすると，$y \in W$ かつ $x - y \in W'$ である．よって，$x = y + (x-y) \in W + W'$ だから，$V = W + W'$ である．

7.3.9 2 を先に示す．$N^2 = 0$ とする．$W_0 = \mathrm{Ker}\ N, W_{-1} = \mathrm{Im}\ N$ とすると，$N(W_1) = N(V) = W_{-1}, N(W_0) = 0 = W_{-2}$ である．準同形定理より $\overline{N}\colon V/W_0 \to \mathrm{Im}\ f$ は同形である．よって，これは条件をみたす．

一意性を示す．条件 (1) より，$W_0 \subset \mathrm{Ker}\ N, W_{-1} \supset \mathrm{Im}\ N$ である．条件 (2) より，$\overline{N}\colon V/W_0 \to W_{-1}$ は同形である．$\overline{N}$ の核は $\mathrm{Ker}\ N/W_0$, 像は $\mathrm{Im}\ N$ だから，$W_0 = \mathrm{Ker}\ N, W_{-1} = \mathrm{Im}\ N$ である．

1．m に関する帰納法で示す．$m = 1$ のときは 2 で示した．2 の証明と同様に $W_{m-1} = \mathrm{Ker}\ f^m, W_{-m} = \mathrm{Im}\ f^m$ でなくてはいけないので，そのようにおく．$\overline{V} = W_{m-1}/W_{-m}$ の自己準同形 $\overline{N}$ は，$\overline{N}^m = 0$ をみたす．帰納法の仮定より，$\overline{V}$ の部分空間の列 $\overline{V} = \overline{W}_{m-1} \subset \cdots \subset \overline{W}_{-m} = 0$ で，次の条件をみたすものがただ 1 つ存在する．

(1) $-m+1 < i \leq m-1$ に対し，$N\overline{W}_i \subset \overline{W}_{i-2}$.

(2) $0 \le i \le m-1$ に対し，$\overline{N}^i$ は同形 $\overline{W}_i/W_{i-1} \to W_{-i}/W_{-i-1}$ をひきおこす．

よって，$-m+1 \le i \le m-1$ に対し，W_i を $\overline{W}_i$ の逆像とおけば，これは条件をみたすただ 1 つのものである．

3. $W_i = \bigoplus_{p-q \le i} V_{p,q}$ とおく．これは条件 (1) をみたす．$W_i/W_{i-1} \simeq \bigoplus_{p-q=i} V_{p,q}$ だから，条件 (2) もみたされる．

7.3.10 $f\colon V \to (V/W) \oplus (V/W')$ の核は $W \cap W'$ だから，$0 \to W \cap W' \to V \xrightarrow{f} (V/W) \oplus (V/W')$ は完全系列である．標準写像 $V/W \to V/(W+W')$ は全射だから，線形写像 $g\colon (V/W) \oplus (V/W') \to V/(W+W')$ は全射である．$g \circ f = 0$ は明らか．

$\mathrm{Ker}\ g \subset \mathrm{Im}\ f$ を示す．$x, y \in V$ とし，$g(\bar{x}, \bar{y}) = 0$ と仮定する．このとき，$V/(W+W')$ の元として $\bar{x} = \bar{y}$, つまり $x-y \in W+W'$ である．$x-y = w+w', w \in W, w' \in W'$ とすると，$x-w = y+w'$ である．$f(x-w) = (\overline{x-w}, \overline{y+w'}) = (\bar{x}, \bar{y})$ だから，$(\bar{x}, \bar{y}) \in \mathrm{Im}\ f$ である．

7.3.11 $\mathbb{R}$ の中で $\mathbb{Q}$ は稠密だから，写像 $f\colon V \to \mathbb{R}$ は全射である．これの核が W だから，準同形定理より，これは同形 $\bar{f}\colon V/W \to \mathbb{R}$ をひきおこす．

7.3.12 まず $\mathbb{F}_p[X]$ での等式 $X^p - X = X(X-1)\cdots(X-(p-1))$ を示す．任意の $a \in \mathbb{F}_p$ に対し，$a^p = a$ を a に関する帰納法で示す．$a = 0, 1$ については明らかである．2 項定理より $(a+1)^p = a^p + pa^{p-1} + \cdots + pa + 1 = a^p + 1$ だから，帰納法の仮定より，$(a+1)^p = a+1$ である．よって，$\mathbb{F}_p$ の元は p 個すべて p 次式 $X^p - X$ の解となり，$X^p - X = X(X-1)\cdots(X-(p-1))$ が示された．

これより，F の核は $(X^p - X)$ であり，F は単射 $\mathbb{F}_p[X]/(X^p - X) \to \{\mathbb{F}_p$ から $\mathbb{F}_p$ への写像$\}$ をひきおこす．どちらの線形空間も次元は p だから，これは同形である．

第 8 章

8.1.1 双線形写像の公理を確かめればよい．

(1)：$A, A' \in M_{lm}(K), B \in M_{mn}(K)$ とすると，$(A+A')B = AB + A'B$ である．

(2)：$A \in M_{lm}(K), B, B' \in M_{mn}(K)$ とすると，$A(B+B') = AB + AB'$ である．

(3)：$A \in M_{lm}(K), B \in M_{mn}(K), a \in K$ とすると，$(aA)B = a(AB)$ であり，$A(aB) = a(AB)$ である．

8.1.2 双線形写像の公理を確かめればよい．

(1)：$x, y \in V$ とし $f\colon V \to W$ を線形写像とすると，$F(x+y, f) = f(x+y) = f(x) + f(y) = F(x, f) + F(y, f)$ である．

(2)：$x \in V$ とし $f, g\colon V \to W$ を線形写像とすると，$F(x, f+g) = (f+g)(x) = f(x) + g(y) = F(x, f) + F(y, g)$ である．

(3)：$x \in V, a \in K$ とし $f\colon V \to W$ を線形写像とすると，$F(ax, f) = f(ax) = af(x)$ であり，$F(x, af) = (af)(x) = af(x)$ である．

8.2.1 $\begin{pmatrix} 1 \\ 2 \end{pmatrix} \otimes \begin{pmatrix} 3 \\ 4 \end{pmatrix} = (e_1 + 2e_2) \otimes (3e_1 + 4e_2) = 3e_1 \otimes e_1 + 4e_1 \otimes e_2 + 6e_2 \otimes e_1 + 8e_2 \otimes e_2$ である．

8.2.2 (1)⇒(2)：$x = px_1 + qx_2, y = ry_1 + sy_2$ とすると，$x \otimes y = prx_1 \otimes y_1 + psx_1 \otimes y_2 + qrx_2 \otimes y_1 + qsx_2 \otimes y_2$ である．$t = x \otimes y$ とすると，$a = pr, b = ps, c = qr, d = qs$ である．よって，$ad = bc = pqrs$ である．

(2)⇒(1)：$a = b = c = d = 0$ なら $t = 0 \otimes 0$ である．$a \neq 0$ ならば，$t = \dfrac{1}{a}(ax_1 + cx_2) \otimes (ay_1 + by_2)$ である．他の場合も同様である．

8.2.3 (1)⇒(2)：x, y が 1 次独立なら，$x \otimes x, x \otimes y, y \otimes x, y \otimes y$ は $V \otimes V$ の 4 次元部分空間 $(Kx + Ky) \otimes (Kx + Ky)$ の基底である．よって，$x \otimes y \neq y \otimes x$ である．

(2)⇒(1) の対偶．$y = ax$ なら $x \otimes y = y \otimes x = ax \otimes x$ である．$x = ay$ のときも同様である．

8.2.4 $x'_i = p_{1i}x_1 + \cdots + p_{mi}x_m, y'_j = q_{1j}y_1 + \cdots + q_{nj}y_n$ を $\sum_{i=1}^m \sum_{j=1}^n b_{ij}x'_i \otimes y'_j$ に代入すると，$x_k \otimes y_l$ の係数は $\sum_{i=1}^m \sum_{j=1}^n p_{ki}b_{ij}q_{lj}$ である．$x_k \otimes y_l$ $(1 \leq k \leq m, 1 \leq l \leq n)$ は $V \otimes W$ の基底だから，(1) は $a_{kl} = \sum_{i=1}^m \sum_{j=1}^n p_{ki}b_{ij}q_{lj}$ と同値である．これは (2) と同値である．

8.2.5 1. $V' = \langle x_1, \ldots, x_r \rangle$ とおくと，$t \in V' \otimes W = \bigoplus_{i=1}^s Kx_i \otimes W$ である．

2. (1)⇒(2)：$V' = \langle x_1, \ldots, x_r \rangle$ の基底 $x_1, \ldots, x_r$ の双対基底を，$f_1, \ldots, f_r : V' \to K$ とする．直和分解 $V' \otimes W = Kx_1 \otimes W \oplus \cdots \oplus Kx_r \otimes W \simeq W^{\oplus r}$ による $t = x'_1 \otimes y'_1 + x'_2 \otimes y'_2 + \cdots + x'_s \otimes y'_s \in V' \otimes W$ の第 i 成分は，$y_i = f_i(x'_1)y'_1 + f_i(x'_2)y'_2 + \cdots + f_i(x'_s)y'_s$ である．したがって，$y_1, \ldots, y_r \in \langle y'_1, \ldots, y'_s \rangle$ であり，$r \leq s$ である．

(2)⇒(1) の対偶．$x_1, \ldots, x_r$ が 1 次独立でないとする．必要なら番号をつけかえて，$x_1, \ldots, x_s$ $(s < r)$ を $\langle x_1, \ldots, x_r \rangle$ の基底とすると，1 より，$t = x_1 \otimes y'_1 + x_2 \otimes y'_2 + \cdots + x_s \otimes y'_s$ をみたす $y_1, \ldots, y_s \in W$ が存在する．$y_1, \ldots, y_r$

が 1 次独立でないときも同様である．

3. 2(1)⇒(2) の証明より，$y_1,\ldots,y_r\in\langle y'_1,\ldots,y'_r\rangle$ である．よって，$y'_1,\ldots,y'_r$ は $\langle y_1,\ldots,y_r\rangle$ の基底である．同様に，$x'_1,\ldots,x'_r$ は $\langle x_1,\ldots,x_r\rangle$ の基底である．$A{}^tB=1$ は問題 8.2.4 よりしたがう．

8.2.6 1. $1\cdot 1=1,\sqrt{-1}\cdot 1=\sqrt{-1},1\cdot\sqrt{-1}=\sqrt{-1},\sqrt{-1}\cdot\sqrt{-1}=-1$ だから，求める行列表示は $\begin{pmatrix}1&0&0&-1\\0&1&1&0\end{pmatrix}\in M_{24}(\mathbb{R})$ である．

2. $1\otimes 1,\sqrt{-1}\otimes 1,1\otimes\sqrt{-1},\sqrt{-1}\otimes\sqrt{-1}$ は $\mathbb{C}\otimes_{\mathbb{R}}\mathbb{C}$ の $\mathbb{R}$ 線形空間としての基底であり，$\begin{pmatrix}1\\0\end{pmatrix},\begin{pmatrix}\sqrt{-1}\\0\end{pmatrix},\begin{pmatrix}0\\1\end{pmatrix},\begin{pmatrix}0\\\sqrt{-1}\end{pmatrix}$ は $\mathbb{C}^2$ の $\mathbb{R}$ 線形空間としての基底である．問題の写像 $\mathbb{C}\otimes_{\mathbb{R}}\mathbb{C}\to\mathbb{C}^2$ の，この基底に関する行列表示は，$\begin{pmatrix}1&0&0&-1\\0&1&1&0\\1&0&0&1\\0&1&-1&0\end{pmatrix}\in GL_4(\mathbb{R})$ だから同形である．

8.2.7 1. $K[X]=\bigoplus_{n=0}^{\infty}KX^n,K[Y]=\bigoplus_{m=0}^{\infty}KY^m$ だから，$K[X]\otimes K[Y]=\bigoplus_{n,m=0}^{\infty}KX^n\otimes Y^m$ である．$X^n\otimes Y^m\mapsto X^nY^m$ だから，$K[X]\otimes K[Y]\to K[X,Y]$ は同形である．

2. 同様に $\mathbb{C}\otimes_{\mathbb{R}}\mathbb{R}[X]=\mathbb{C}\otimes_{\mathbb{R}}\bigoplus_{n=0}^{\infty}\mathbb{R}X^n=\bigoplus_{n=0}^{\infty}\mathbb{C}X^n$ だから，$\mathbb{C}\otimes_{\mathbb{R}}\mathbb{R}[X]\to\mathbb{C}[X]\colon a\otimes f\mapsto af$ は同形である．

8.2.8 1. 線形写像の公理を確かめればよい．$x,y\in V$ に対し $g_f(x+y)=g_f(x)+g_f(y)$ を示す．$w\in W$ とすると，$g_f(x+y)(w)=(x+y)\otimes w=x\otimes w+y\otimes w=g_f(x)(w)+g_f(y)(w)$ である．

$x\in V,a\in K$ に対し $g_f(ax)=ag_f(x)$ を示す．$w\in W$ とすると，$g_f(ax)(w)=(ax)\otimes w=a(x\otimes w)=ag_f(x)(w)$ である．

2. 逆写像を定義する．$g\in\mathrm{Hom}(V,\mathrm{Hom}(W,V'))$ とする．写像 $b_g\colon V\times W\to V'$ を $b_g(x,y)=g(x)(y)$ で定めると，これは双線形写像である．双線形写像 b_g が定める線形写像 $V\otimes W\to V'$ を f_g とする．g に f_g を対応させる写像

$$F\colon \mathrm{Hom}(V,\mathrm{Hom}(W,V'))\to\mathrm{Hom}(V\otimes W,V')$$

が，f に g_f を対応させる写像

$$G\colon \mathrm{Hom}(V\otimes W,V')\to\mathrm{Hom}(V,\mathrm{Hom}(W,V'))$$

の逆写像であることを示す．

$f\colon V\otimes W\to V'$ を線形写像として，$F(G(f))=f$ を示す．$x\in V, y\in W$ に対し，$F(G(f))(x\otimes y)=f_{G(f)}(x\otimes y)=b_{G(f)}(x,y)=G(f)(x)(y)=g_f(x)(y)=f(x\otimes y)$ である．

$g\colon V\to \mathrm{Hom}(W,V')$ を線形写像として，$G(F(g))=g$ を示す．$x\in V, y\in W$ に対し，$G(F(g))(x)(y)=g_{F(g)}(x)(y)=F(g)(x\otimes y)=f_g(x\otimes y)=b_g(x,y)=g(x)(y)$ である．

8.3.1

$$f_i\otimes g_j(x_k\otimes y_l)=f_i(x_k)g_j(y_l)=\begin{cases}1 & i=k, j=l \text{ のとき，}\\ 0 & \text{そうでないとき}\end{cases}$$

である．よって，$f_1\otimes g_1,\ldots,f_1\otimes g_m,\ldots f_n\otimes g_1,\ldots,f_n\otimes g_m$ は $x_1\otimes y_1,\ldots,x_1\otimes y_m,\ldots x_n\otimes y_1,\ldots,x_n\otimes y_m$ の双対基底である．

8.3.2 $e_i\otimes f_j$ が定める線形写像による $e_k\in K^n$ の像は $f_j(e_k)e_i$ だから，$j=k$ なら e_i, $j\neq k$ なら 0 である．これは，E_{ij} 倍写像と同じである．

8.3.3 V の基底をとって，$V=K^n$ の場合に帰着する．標準基底 $e_1,\ldots,e_n\in K^n$ の双対基底を $f_1,\ldots,f_n\in(K^n)^*$ とする．V の自己準同形 $e_i\otimes f_j$ は，行列単位 E_{ij} が定める自己準同形である．そのトレースは，$i=j$ なら 1 であり，そうでなければ 0 である．一方 $f_j(e_i)$ も，$i=j$ なら 1 であり，そうでなければ 0 である．$V\otimes V^*$ の基底 $e_i\otimes f_j$ に対して値が等しいから，図式は可換である．

8.3.4 1. $V=K$ のときは明らかである．V が有限次元のときは，V を 1 次元部分空間の直和に分解することにより，$V=K$ の場合に帰着される．W についても同様である．

2. 線形写像 $T(x\otimes f):W\to V$ は，$y\in W$ を $f(y)x$ にうつす写像である．この線形写像の像は $\langle x\rangle$ だから，階数は 1 以下である．逆に，$g\colon W\to V$ を階数が 1 以下の線形写像とする．$g=0$ なら，$g=T(0\otimes 0)$ である．$g\neq 0$ とし，$x\in V$ を $\mathrm{Im}\, g$ の基底とする．線形形式 $f\colon W\to K$ を $g(y)=f(y)x$ で定めると，$g=T(x\otimes f)$ である．

3. V が有限次元ならば，1 より単射だから，この場合に帰着させる．$x_1\otimes f_1+\cdots+x_r\otimes f_r\in\mathrm{Ker}\, T$ とする．$V'=\langle x_1,\ldots,x_r\rangle$ とすると，$V'\otimes W^*$ は $V\otimes W^*$ の部分空間であり，$x_1\otimes f_1+\cdots+x_r\otimes f_r\in V'\otimes W^*$ である．また，$\mathrm{Hom}(W,V')$ は $\mathrm{Hom}(W,V)$ の部分空間である．V' は有限次元だから，T の制限 $T':V'\otimes W^*\to\mathrm{Hom}(W,V')$ は単射である．よって，$x_1\otimes f_1+\cdots+x_r\otimes f_r\in\mathrm{Ker}\, T'=0$ である．

線形写像 $T(x_1 \otimes f_1 + \cdots + x_r \otimes f_r) : W \to V$ の像は，$\langle x_1, \ldots, x_r \rangle$ に含まれるから，階数有限である．逆に $g\colon W \to V$ を階数が有限の線形写像とする．$x_1, \ldots, x_r$ を $\operatorname{Im} g$ の基底とし，線形形式 $f_1, \ldots, f_r\colon W \to K$ を $g(y) = f_1(y)x_1 + \cdots + f_r(y)x_r$ で定めると，$g = T(x_1 \otimes f_1 + \cdots + x_r \otimes f_r)$ である．

8.4.1 1. (1)⇒(2)：$ax + by = 0$ とする．$ax \wedge y = (ax + by) \wedge y = 0$ であり，$bx \wedge y = x \wedge (ax + by) = 0$ である．よって，$a = b = 0$ である

(2)⇒(1)：$V = (Kx \oplus Ky) \oplus V'$ とすると，命題 8.4.9 より，$\Lambda^2 V = \Lambda^2(Kx \oplus Ky) \oplus (Kx \oplus Ky) \otimes V' \oplus \Lambda^2 V'$ である．系 8.4.10 より，$x \wedge y$ は $\Lambda^2(Kx \oplus Ky)$ の基底だから，$\Lambda^2 V$ の元としても 0 でない．

2. (1)⇒(2)：$V = Kx \oplus Ky \oplus V'$ として，$x' = ax + by + x'', y' = cx + dy + y''$ とする．命題 8.4.9 より，$\Lambda^2 V = \Lambda^2(Kx \oplus Ky) \oplus (Kx \oplus Ky) \otimes V' \oplus \Lambda^2 V'$ である．この直和分解に関して，

$$\begin{aligned} x' \wedge y' &= (ax + by + x'') \wedge (cx + dy + y'') \\ &= ((ax + by) \wedge (cx + dy), (ax + by) \otimes y'' - (cx + dy) \otimes x'', x'' \wedge y'') \end{aligned}$$

である．よって，$(ax+by) \wedge (cx+dy) = x \wedge y$ かつ $(ax+by) \otimes y'' - (cx+dy) \otimes x'' = 0$ である．$(ax+by) \wedge (cx+dy) = acx \wedge x + bcy \wedge x + adx \wedge y + bdy \wedge y = (ad-bc)x \wedge y$ が $x \wedge y$ と等しいから，$ad - bc = 1$ である．これより，$ax+by, cx+dy$ は $Kx+Ky$ の基底であり，$(Kx \oplus Ky) \otimes V' = (K(ax+by) \otimes V') \oplus (K(cx+dy) \otimes V')$ である．よって，$x'' = y'' = 0$ である．

(2)⇒(1)：$x' = ax + by, y' = cx + dy$ とすると，$x' \wedge y' = (ad - bc)x \wedge y = x \wedge y$ である．

8.4.2 1. $x = \begin{pmatrix} x_1 \\ x_2 \\ x_3 \end{pmatrix}, y = \begin{pmatrix} y_1 \\ y_2 \\ y_3 \end{pmatrix}, z = \begin{pmatrix} z_1 \\ z_2 \\ z_3 \end{pmatrix}$ とすると，$y \times z = \begin{pmatrix} y_2 z_3 - y_3 z_2 \\ y_3 z_1 - y_1 z_3 \\ y_1 z_2 - y_2 z_1 \end{pmatrix}$ だから，$(x, y \times z) = x_1(y_2 z_3 - y_3 z_2) + x_2(y_3 z_1 - y_1 z_3) + x_3(y_1 z_2 - y_2 z_1) = \det X$ である．

2. $(x, x \times y) = \det \begin{pmatrix} x & x & y \end{pmatrix} = 0$ だから，$x \times y$ は x と直交する．y についても同様である．

3. $x \times y$ の長さの 2 乗 $(x \times y, x \times y)$ は，$\det \begin{pmatrix} x \times y & x & y \end{pmatrix}$ と等しく，$x, y, x \times y$ のはる平行 6 面体の体積と等しい．$x \times y$ は x, y と直交するから，この体積は，x, y のはる平行四辺形の面積と $x \times y$ の長さの積に等しい．よって $x \times y$ の長さは x, y のはる平行四辺形の面積と等しい．

8.4.3 1. (1)⇒(2)：$V' = \langle x_1, \ldots, x_r \rangle, V = V' \oplus V''$ とおけば，$x_1 \wedge \cdots \wedge x_r$ は $\Lambda^r V$ の直和因子 $\Lambda^r V'$ の基底である．

(2)⇒(1) の対偶．$V' = \langle x_1, \ldots, x_r \rangle$ とおく．$\dim V' < r$ なら，$\Lambda^r V' = 0$ だから，$x_1 \wedge \cdots \wedge x_r = 0$ である．

2. $n = \dim V$ なら，$x_1, \ldots, x_n$ が 1 次独立であることと，基底であることは同値である．また，$\dim \Lambda^n V = 1$ だから，$x_1 \wedge \cdots \wedge x_n$ が 0 でないことと，基底であることは同値である．よって，1 よりしたがう．

8.4.4 1. $\det : M_r(K) = (M_{1r}(K))^{\times r} \to K$ が交代 r 重線形写像であることからしたがう．

2. $x_1, \ldots, x_n$ を V の基底，$f_1, \ldots, f_n \in V^*$ をその双対基底とする．$1 \leq i_1 < \cdots < i_r \leq n, 1 \leq j_1 < \cdots < j_r \leq n$ とすると，$(f_{i_1} \wedge \cdots \wedge f_{i_r})(x_{j_1}, \ldots, x_{j_r})$ は，$i_1 = j_1, \ldots, i_r = j_r$ なら 1 であり，そうでなければ 0 である．よって，$\Lambda^r(V^*)$ の基底 $f_{i_1} \wedge \cdots \wedge f_{i_r}$ $(1 \leq i_1 < \cdots < i_r \leq n)$ の，$\Lambda^r(V^*) \to (\Lambda^r V)^*$ による像は，$\Lambda^r V$ の基底 $x_{i_1} \wedge \cdots \wedge x_{i_r}$ $(1 \leq i_1 < \cdots < i_r \leq n)$ の双対基底である．

8.4.5 (1)⇒(2)：V を $V/V^\perp$ でおきかえて，b は非退化かつ $\dim V = 2r$ としてよい．$e_1, \ldots, e_{2r}$ を V の斜交基底とし，$f_1, \ldots, f_{2r} \in V^*$ をその双対基底とすると，$b = f_1 \wedge f_{r+1} + f_2 \wedge f_{r+2} + \cdots + f_r \wedge f_{2r}$ である．

(2)⇒(1)：線形写像 $f\colon V \to K^{2r}$ を $f(x) = \begin{pmatrix} f_1(x) \\ \vdots \\ f_{2r}(x) \end{pmatrix}$ で定める．$\mathrm{Ker}\, f \subset V^\perp$ だから，標準全射 $V/\mathrm{Ker}\, f \to V/V^\perp$ がある．準同形定理より，f は単射 $V/\mathrm{Ker}\, f \to K^{2r}$ を定めるから，$\dim V/V^\perp \leq \dim V/\mathrm{Ker}\, f \leq 2r$ である．

8.4.6 1. 集合 $\{1, \ldots, 2n\}$ の，2 つの元からなる部分集合 n 個による分割全体の集合を X とする．写像 $S : \mathfrak{S}_{2n} \to X$ を $S(\sigma) = \{\{\sigma(i), \sigma(n+i)\} | i = 1, \ldots, n\}$ で定めると，S の $\mathfrak{S}'_{2n}$ への制限は可逆である．

$x_1, \ldots, x_{2n} \in V$ とし，$\sigma \in \mathfrak{S}_{2n}$ に対し $P(\sigma) = \mathrm{sgn}(\sigma) b(x_{\sigma(1)}, x_{\sigma(n+1)}) \cdots b(x_{\sigma(n)}, x_{\sigma(2n)})$ とおく．$S(\sigma) = S(\tau)$ なら $P(\sigma) = P(\tau)$ である．$1 \leq i < j \leq 2n$ に対し $x_i = x_j$ ならば，$P((ij)\sigma) = -P(\sigma)$ であり，さらに $S(\sigma) = S((ij)\sigma)$ なら $P(\sigma) = 0$ である．よって，このとき，$P_{2n}(b)(x_1, \ldots, x_{2n}) = \sum_{\sigma \in \mathfrak{S}'_{2n}} P(\sigma) = \sum_{\sigma \in \mathfrak{S}'_{2n}, S(\sigma) \neq S((ij)\sigma)} P(\sigma) = 0$ である．

2. 命題 5.4.3 と同様に，V の基底 $x_1, \ldots, x_m$ で，b の行列表示が $\begin{pmatrix} 0 & 1_r & 0 \\ -1_r & 0 & 0 \\ 0 & 0 & 0 \end{pmatrix}$

となるものが存在する．$b(x_i, x_j) = P_2(b)(x_i \wedge x_j)$ は，$\{i, j\} = \{k, r+k\}, k = 1, \dots, r$ でなければ 0 であり，$i = k, j = r+k, k = 1, \dots, r$ ならば 1 である．よって，$f_1, \dots, f_m \in V^*$ を双対基底とすると，$b = f_1 \wedge f_{r+1} + f_2 \wedge f_{r+2} + \dots + f_r \wedge f_{2r}$ である．同様に，$P_{2n}(b) = \sum_{1 \leq i_1 < \dots < i_n \leq r} f_{i_1} \wedge \dots \wedge f_{i_n} \wedge f_{r+i_1} \wedge \dots \wedge f_{r+i_n}$ である．

$$
\begin{aligned}
b^{\wedge n} &= \sum_{1 \leq i_1, \dots, i_n \leq r} (f_{i_1} \wedge f_{r+i_1}) \wedge \dots \wedge (f_{i_n} \wedge f_{r+i_n}) \\
&= \sum_{1 \leq i_1 < \dots < i_n \leq r} n!(f_{i_1} \wedge f_{r+i_1}) \wedge \dots \wedge (f_{i_n} \wedge f_{r+i_n}) \\
&= \sum_{1 \leq i_1 < \dots < i_n \leq r} n!(-1)^{\binom{n}{2}} f_{i_1} \wedge \dots \wedge f_{i_n} \wedge f_{r+i_1} \wedge \dots \wedge f_{r+i_n}
\end{aligned}
$$

である．

3．$P_{2n}(f^*b) = (\Lambda^{2n} f)^*(P_{2n}(b)) = \Lambda^{2n} f^*(P_{2n}(b))$ である．

4．2 の記号で，(1) は $n = r$ と同値であり，(2) もそうである．

5．3 より，f が V の自己準同形なら，$\mathrm{Pf}(f^*b) = \det f \cdot \mathrm{Pf}(b)$ である．b が非退化で $f \in Sp(V, b)$ なら，$\mathrm{Pf}(b) \neq 0$ かつ $f^*b = b$ だから，$\det f = 1$ である．

6．2 の解答の中で示されている．

参考書

この本で扱ったような線形代数の内容について，

[1] 佐武一郎，線型代数学（行列と行列式 (1958) 改題），裳華房 (1974)
[2] 齋藤正彦，線型代数入門 基礎数学 1，東京大学出版会 (1966)

上の 2 冊は，この本を書くときに参考にした．

この本の内容に続く，群，環，体など代数学の基礎について，

[3] 桂 利行，代数学 I 群と環 大学数学の入門 1，東京大学出版会 (2004)
[4] 堀田良之，代数入門　群と加群，裳華房 (1987)

現代の数学を線形代数が果たす役割も含めて学ぶには，

[5] 斎藤 毅，数学原論，東京大学出版会 (2020)

選択公理やツォルンの補題など，無限集合については，

[6] 斎藤 毅，集合と位相 大学数学の入門 8，東京大学出版会 (2009)

数学に慣れるには，

[7] 佐藤文広，これだけは知っておきたい数学ビギナーズマニュアル，日本評論社 (1994)

現在の数学を展望するには，

[8] 斎藤 毅，河東泰之，小林俊行 編，数学の現在 i, π, e，東京大学出版会 (2016)

記号一覧

$(123\cdots k)$ 175
$+$ 2, 6, 174
$\cdot$ 2, 6, 174
0 2, 7, 15, 39
0^0 15
1 3, 174
1_n 48
1_X 9
$\emptyset$ 7
$\Leftrightarrow$ 11
$\Rightarrow$ 11
$\bigoplus_{i\in I} V_i$ 33
$\prod_{i\in I} V_i$ 32
$\sum_{i\in I} Kx_i$ 33
$\circlearrowleft$ 58
$\perp$ 134
$\top$ 134
$\langle\ ,\ \rangle : V \times V^* \to K$ 152
$\otimes\colon V \times W \to V \otimes W$ 212
$\wedge\colon \Lambda^p V \times \Lambda^q V \to \Lambda^r V$ 223
a 48
$-a$ 3
$\overline{A}$ 60
$a \cdot 1_n$ 48
AB 49
af 16, 39, 127
(a_{ij}) 14
A^{-1} 50
a^{-1} 3
(a_n) 15
$A_1 \oplus \cdots \oplus A_r$ 59
$\mathfrak{A}_n$ 185
$A_n(K)$ 19
A^* 165
$A\times$ 47
${}^tA$ 14
$\mathrm{Aut}(X)$ 175
b_A 152
b_f 210
$B(V)$ 179
b_W 158
$\mathbb{C}$ 1
$C^\infty(\mathbb{R})$ 14
$\mathrm{Coker}\ f$ 203
$D\colon C^\infty(\mathbb{R}) \to C^\infty(\mathbb{R})$ 52
$D\colon \mathbb{R}^{\mathbb{N}} \to \mathbb{R}^{\mathbb{N}}$ 53
Δ 53
$\Delta(A)$ 110
$\det A$ 105
$\det f$ 113
$\dim V$ 28
$D_n(K)$ 19
e 174
$e_1, \ldots, e_n$ 9
E_{ij} 14
$\mathrm{End}(V)$ 145
e_V 135
ev_x 135
e_x 20
f 15
(f) 20
$f + g$ 14, 16, 39, 127
$f_1 \oplus f_2$ 51
$f_1 \wedge \cdots \wedge f_r$ 224
$F(A)$ 77
f_a 128
f_A 47
$\bar{f}$ 200
$F(f)$ 77
f_i 128
f^{-1} 10
$f^{-1}(V)$ 10
$f^{(n)}$ 19
$\mathbb{F}_p$ 4
f^* 138, 154, 166
$f \otimes g$ 218

$f(U)$ 10
$f|_U$ 10
$f: V \xrightarrow{\sim} W$ 42
$f: V \xrightarrow{\simeq} W$ 42
$f|_W$ 39
$f(x)$ 9
$g \circ f$ 9
$G \curvearrowright X$ 179
$G \circlearrowright X$ 179
g_* 145
$|G|$ 174
$\#G$ 174
g^{-1} 174
$GL_n(K)$ 50
$\mathrm{Gr}(V, m)$ 191
G_x 185
$\mathbb{H}$ 4
h_A 165
$\mathrm{Hom}(V, W)$ 144
h^* 145
$H(V)$ 180
i 9
i^* 132
id_X 9
$\mathrm{Im}\ f$ 64, 185
$J(a, n)$ 80
$\mathrm{Ker}\ f$ 64, 185
K^I 33
$K^{(I)}$ 33
K^n 8
$K \lhd G$ 184
$K^\times$ 174
$K(X)$ 4
$K[X]$ 16
K^X 16
$K^{(X)}$ 20
Kx 18
$\Lambda^r V$ 223
l_b 154
$M_{mn}(K)$ 13
$M_n(K)$ 19
$\mathbb{N}$ 15
$O_n(K)$ 186
$\mathcal{O}(U)$ 14
$O(V, b)$ 186
p_1 9
$\mathrm{Pf}(b)$ 232
φ 78
Φ 78
Φ_A 112
Φ_f 113
$\mathbf{P}^n(K)$ 190
pr_1 9
$P(\sigma)$ 107
$\mathbb{Q}$ 1
$\mathbb{R}$ 1
$\mathrm{rank}\ f$ 64
r_b 153
$\mathbb{R}^{\mathbb{N}}$ 15
(r, s) 162
$\mathrm{sgn}(\sigma)$ 107
$SL_n(K)$ 185
$\mathfrak{S}_n$ 107
$S_n(K)$ 19
$SO_n(K)$ 186
$Sp_{2n}(K)$ 186
$Sp(V, b)$ 186
SU_n 187
$\mathcal{S}_V$ 133
$s \wedge t$ 223
$T_n(K)$ 19
$\mathrm{Tr}\ A$ 112
$\mathrm{Tr}\ f$ 113
U_n 187
$U(V, h)$ 186
V/W 195
V_a 86
$V_a(m)$ 123
$\widetilde{V}_a$ 92
$V^\perp$ 158
$V_{\mathbb{C}}$ 16
$(V_i)_{i \in I}$ 32
V^n 13
$V^{\oplus n}$ 13
$V \oplus W$ 12
$V_{p,q}$ 98
$V \cong W$ 42
$V \simeq W$ 42
V^* 127
V^{**} 134

$V \otimes W$ 212
$V^{\times r}$ 224
$W + W'$ 20
$W \cap W'$ 20
$W_1 + \cdots + W_n$ 21
$W_1 \cap \cdots \cap W_n$ 21
$W_a(m)$ 123
$W^{\perp}$ 132, 158
$W^{\top}$ 132
(x, y) 8
$-x$ 7
$\langle x_1, \ldots, x_n \rangle$ 21
$x_1 \wedge \cdots \wedge x_r$ 223
$\bar{x}$ 195
$\overline{x_{m+1}}, \ldots, \overline{x_n}$ 197
$(x_i)_{i \in I}$ 32
$\langle x_i | i \in I \rangle$ 33
$x \in X$ 3
$x \notin X$ 3
$x \mapsto f(x)$ 11
$X \neq Y$ 18
$X - Y$ 26
$X \setminus Y$ 26
$X \subset Y$ 18
$X \subsetneqq Y$ 18
$x \otimes y$ 212
$X \times Y$ 8
$Y \subset X$ 18
Y^X 15
$\mathbb{Z}$ 5
$Z_G(g)$ 185

索引

ア 行

r 重線形写像　224
天下り　80
安定部分空間　81
　A——　81
　f——　81
位数　174
1 次形式　127
1 次結合　21, 33
1 次独立　25, 33
一般固有空間　92
　——分解　95, 96
一般線形群　175
上三角行列　19
well-defined　193
A 倍　47
　——写像　47
a 倍　39, 127
x の類　197
エルミート行列　165
エルミート形式　164
　A が定める——　165
エルミート変換　166
演算　174
延長　30

カ 行

可移　181
階数　64, 155
外積　223
回転　49
外巾　223
可換　58
　——群　173
　——体　4
可逆　10, 50
核　64, 158, 185
拡大体　4, 16
加法　2, 6, 174
　——群　174
　——定理　50
関係式　203
関数　14
慣性律　161
完全　70
　——系列　69
基底　9, 33
軌道
　G——　181
逆行列　50
逆元　3, 174
逆写像　10
逆像　10
共通部分　20
共役　16, 87, 166, 185
　——による作用　179, 180
　——類　182, 185
行列　13
　——式　105, 113
　——単位　14
　——表示　56, 152, 158, 165
極性　228
極大元　35
空集合　7
グラスマン多様体　191
グラム行列　163
群　173
　——の公理　174
系　23
ケイリー - ハミルトンの定理　115
結合則　2, 9, 174
元　3
交換則　2, 174

広義固有空間　92
合成写像　9
交代　224
　——化作用素　230
　——行列　19
　——群　185
　——形式　171
　——双線形形式　171
　——双線形写像　224
恒等写像　9
固定部分群　185
固有空間　86
固有多項式　112, 113
固有値　86
固有ベクトル　86
根　86

サ　行

最小公倍式　83
最小多項式　78, 79
再双対空間　134
最大公約式　83
差分作用素　53
作用　178
　——の公理　179
三角化可能　87
軸性　228
次元　28, 35
自己共役変換　166
自己準同形　39
自己同形　42
自然な作用　179
自然な写像　22
射影空間　190
射影子　74
斜交基底　171
斜交群　186
写像　9, 16
　値を対応させる——　135
斜体　4
集合　3
巡回置換　175
準同形　39, 176
　——定理　201
商空間　197
乗積表　175
常微分方程式　19
乗法　2, 174
　——群　174
初期条件　119
ジョルダン行列　80
ジョルダン標準形　101, 103
ジョルダン分解　103
　乗法的な——　103
推移的　182
随伴行列　165
随伴写像　160, 166
数列　15
スカラー行列　48
スカラー倍　6
正規行列　169
正規直交基底　158, 165
正規部分群　184
制限　10, 39, 158
生成系　21, 33
生成される　21, 33
正定値　162, 164, 165
正方行列　19
積　8, 49
漸化式　19
線形空間　6
　K 上の——　7
　——の公理　6
線形形式　126
線形結合　21
線形写像　38
　標準的な——　134
　$y_1, \ldots, y_n \in W$ にうつす——　40
　——の空間　145
　——の公理　39
線形性の条件　39
線形独立　25
線形部分空間　17
線形変換　39
全射　10
全順序集合　35
選択公理　34
全単射　10
像　10, 64, 185

双 1 次形式　151
双 1 次写像　207
双線形形式　151
　A が定める――　152
　q にともなう――　157
双線形写像　207
　――の公理　207
双対基底　129
双対空間　128
双対写像　139
添字の集合　32
族　32
素数　4

タ 行

体　2
第 1 射影　10
対角化可能　87
対角行列　19
対称行列　19
対称群　175
対称形式　157
対称双線形形式　157
対称変換　160
体の公理　2
多項式　15, 77
単位行列　48
単位元　3, 174
単射　10
置換　107
中心化群　185
重複度　92, 116
直積　8, 32
直和　12, 22, 33, 51, 52, 59
　抽象的な――　22
　部分空間としての――　22
　――因子　30
　――分解　74
直交　158
　――基底　158
　――群　186
　――変換　160
ツォルンの補題　35
定義　1
　――域　9
底の変換行列　60
定理　23
テンソル積　212, 218, 219
転置　14
同一視　23
同形　42, 176
同伴行列　79
特殊線形群　185
特殊直交群　186
特殊ユニタリ群　187
特性多項式　112
特徴づける条件　82
閉じている　17
とり方によらない　193
トレース　112, 113

ナ 行

2 次形式　157
任意の　3

ハ 行

掃き出し法　68
パフ式　232
ハミルトンの 4 元数体　5
反対称形式　171
半単純部分　103
反変　139
非可換群　173
非可換体　4
ひきおこされた写像　193
ひきおこされた線形写像　200
ひきもどしによる作用　180
非退化　154, 155, 157, 166
左移動　180
左作用　179
微分形式　228
表現行列　58
表示　203
標準基底　9
標準全射　197
標準双線形形式　152
標準的な写像　22

標準分解　201
標数　4
被零化空間　132
ファンデルモンドの行列式　112
複素化　16, 55, 165
符号　107
——数　162
負定値　162, 164
部分空間　17
部分群　184
部分集合　9
部分線形空間　17
部分体　4
普遍交代 r 重線形写像　225
普遍性　200
普遍双線形写像　212
分配則　2
巾単部分　103
巾等自己準同形　74
巾零　97
——部分　103
ベクトル　8
——空間　7
——積　228
——場　228
包含写像　9
補空間　30
補集合　26
補題　23

マ 行

右作用　179
右随伴写像　154
無限次元　28
命題　23

ヤ 行

有限群　174
有限次元　28
有限体　4
有理関数体　4
ユニタリ行列　167
ユニタリ群　186
ユニタリ変換　166
余因子行列　110
余核　203

ラ 行

零化空間　132
零元　2, 7
0 写像　39

ワ 行

和　20, 39, 127

人名表

エルミート	Hermite, Charles 1822–1901	164
グラスマン	Grassmann, Hermann Günter 1809–1877	191
グラム	Gram, Jørgen Pedersen 1850–1916	163
ケイリー	Cayley, Arthur 1821–1895	115
ジョルダン	Jordan, Marie Ennemond Camille 1838–1922	80
ツォルン	Zorn, Max August 1906–1993	35
テイラー	Taylor, Brook 1685–1731	121
パフ	Pfaff, Johann Friedrich 1765–1825	232
ハミルトン	Hamilton, William Rowan 1805–1865	5
ファンデルモンド	Vandermonde, Alexandre-Théophile 1735–1796	112
ブルバキ	Bourbaki, Nicolas 1935–	15

余談 80　ブルバキは，『数学原論』を書くために結成された，フランスの数学者集団のペンネーム．創立メンバーのヴェイユとカルタンが，1935 年に本を書く相談をはじめた．

著者略歴

斎藤 毅（さいとう・たけし）

1961年　生まれる.

1987年　東京大学大学院理学系研究科博士課程中退.

現　在　東京大学大学院数理科学研究科教授.

理学博士.

主要著書　『集合と位相』（大学数学の入門⑧，東京大学出版会，2009），

『フェルマー予想』（岩波書店，2009），

『微積分』（東京大学出版会，2013），

『数学の現在 i，π，e』（編著，東京大学出版会，2016），

『数学原論』（東京大学出版会，2020），

『抽象数学の手ざわり——ピタゴラスの定理から圏論まで』

（岩波書店，2021）.

線形代数の世界：抽象数学の入り口　　大学数学の入門⑦

2007 年 10 月 10 日　初　版

2023 年 2 月 1 日　第 9 刷

[検印廃止]

著　者　斎藤 毅

発行所　一般財団法人 東京大学出版会

代表者 吉見俊哉

153-0041 東京都目黒区駒場 4–5–29

電話 03–6407–1069　　Fax 03–6407–1991

振替 00160–6–59964

印刷所　三美印刷株式会社

製本所　牧製本印刷株式会社

ISBN 978–4–13–062957–7 Printed in Japan